环保50案例

周厚丰　著

中国环境出版社·北京

图书在版编目（CIP）数据

环保 50 案例/周厚丰著. —北京：中国环境出版社，2011.3（2014.5 重印）
ISBN 978-7-5111-0513-4

Ⅰ. ①环… Ⅱ. ①周… Ⅲ. ①环境保护—案例—汇编—上饶市 Ⅳ. ①X321.256.3

中国版本图书馆 CIP 数据核字（2011）第 032032 号

责任编辑 葛 莉 沈 建
责任校对 扣志红
封面设计 玄石至上

出版发行 中国环境出版社
（100062 北京市东城区广渠门内大街 16 号）
网 址：http://www.cesp.com.cn
电子邮箱：bjgl@cesp.com.cn
联系电话：010-67112765（编辑管理部）
010-67113412（教材图书出版中心）
发行热线：010-67125803，010-67113405（传真）
印 刷 北京市联华印刷厂
经 销 各地新华书店
版 次 2011 年 3 月第 1 版
印 次 2014 年 5 月第 2 次印刷
开 本 787×960 1/16
印 张 22.25
字 数 400 千字
定 价 46.00 元

上饶绿色经济发展战略

序

中共上饶市委书记 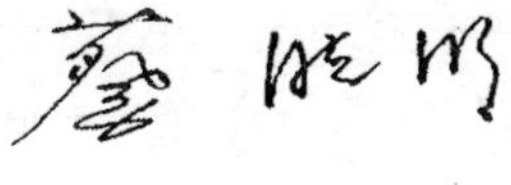

党的十七届五中全会指出：加快转变经济发展方式是我国经济社会领域的一场深刻变革，必须贯穿经济社会发展全过程和各领域。胡锦涛总书记指出：面对日趋强化的资源环境约束，必须增强危机意识，树立绿色、低碳发展理念，以节能减排为重点，健全激励和约束机制，加快构建资源节约、环境友好的生产方式和消费模式，增强可持续发展能力。坚持把建设资源节约型、环境友好型社会作为加快转变经济发展方式的重要着力点，实现经济社会又好又快发展。

2010 年 10 月，上饶市财政收入突破 100 亿元，成为江西省第三个财政收入过百亿的设区市，但人均占有量较低，发展不足仍然是主要矛盾和主要差距，发展方式粗放更是深层次上的落后。在这发展机遇和严峻挑战共存的关键时期，上饶必须积极探索、致力于实践绿色经济发展战略，抢占加快转变经济发展方式的制高点，并以此推动经济结构战略性调整、科技进步与创新、保障和改善民生，实现区域发展的全面性、协调性、可持续性，达到科学发展、进位赶超、绿色崛起的目的。

一、上饶绿色经济发展的优势

上饶区位优势明显、潜力巨大。上饶位于江西省东北部，地处赣浙闽皖四省交界区域中心，自古就有“四省通衢要冲、江浙第一门户”之誉，是中部地区连接长三角经济区的“桥头堡”，是海西经济区的腹地和鄱阳湖生态经济区的核心区。上饶拥有人口 700 万，国土面积 2.28 万 km^2。“十一五”期间，上饶经济得到长足发展，GDP 以 13.6%的年均速度递增，为发展绿色经济奠定了坚实的基础。

上饶历史文化悠久、群星璀璨。自公元前221年秦始皇统一中国设郡县以来，上饶已有 2200 多年的历史。悠久的历史造就了灿烂的文化。上饶是世界稻作文化的发源地，是哲学史上著名的“鹅湖之会”所在地。上饶自古人才辈出，群星璀璨，是理学大师朱熹、中国铁路之父詹天佑的故里。上饶还是一块红色的热土，是闽浙皖赣革命根据地和上饶集中营旧址所在地，也是方志敏烈士的故乡。

上饶生态资源丰富、环境良好。上饶辖区内入目皆景，处处妖娆：东部有世界自然遗产地——三清山，西部镶嵌着中国面积最大、水质最好的淡水湖——鄱阳湖，南部矗立着华东第一高峰——武夷山主峰黄岗山，北部有中国最美乡村——婺源，中部有丹霞地貌世界自然遗产地和世界地质公园——龟峰及世界稻作文化发源地——万年仙人洞。上饶生态环境良好：自然保护区、森林公园、风景名胜区、地质公园等强制性保护面积2 943.82 km^2，占全市国土面积12.92%；森林覆盖率61.2%；地表水水质总体保持优良水平，主要河流水质达标率 100%；城区和县（市、区）环境空气质量均达到Ⅱ级标准。

上饶现代交通发达、纵横捭阖。京（北京）福（福州）与杭（杭州）昌（南昌）长（长沙）高速铁路客运专线与上（上饶）武（武夷山）、昌（南昌）德（德兴）、上（上饶）德（德兴）和沪（上海）昆（昆明）高速公路都交汇于上饶，纵横捭阖、发展迅猛的“双十字”陆路交通构架已经形成。宁德无水港、鄱阳港务区、三清山机场等水、空通道亦将开通。上饶水陆空三位一体的现代交通立体构架初具雏形，已实现由地理中心向交通枢纽中心的跨越，有利于向经济地理中心的转变。

二、上饶绿色经济发展势在必行

历史经验告诉我们，经济发展的快速时代，必将对环境造成很大的破坏。发达国家工业化过程中分阶段出现的环境问题，在我国已经集中出现，生态破坏和环境污染造成巨大的经济损失，给人民生活和健康带来严重威胁。上饶工业化、城市化的发展趋势不可逆转，“先污染、后治理”的前车之鉴不可忘却，绿色经济发展之路势在必行。

发展绿色经济是破解资源环境约束的必然要求。工业化、城市化是人类社会进步不可跨越的阶段，而低端工业化导致环境恶化则并不是必经阶段。工业化、城市化需要消耗大量的资源能源，只有当人均 GDP 达到 10 000 美元左右时，能源消耗和污染排放增速才会放缓，最后保持稳定或略有下降。上饶资源总量虽然比较丰富，但人均资源占有量偏小；经济总量虽有较快增长，但人均 GDP 偏低，离 10 000 美元更是相去甚远。因此，上饶工业化和城市化进程必须加快。但若继续走粗放型发展的传统老路，资源瓶颈约束力和环境污染压力必然加大。上饶经济发展必须由主要依靠增加物质资源消耗转向主要依靠科技进步、劳动者素质提高、管理创新等，才能避免走发达地区曾经走过的弯路，才能跨越低端工业化导致自然生态环境恶化的阶段，才能使经济变“绿”。

发展绿色经济是提高产业竞争力的必然要求。国际金融危机之后，全球经济结构已经进行了重大而深刻的调整，新能源、新材料、生物医药、节能环保等产业已经成为发展的重点。上饶只有在工业化发展进程中特别注重绿色经济产业的发展，才能扬长避短，把握现代文明变革的主进程，破除不利于科学发展的消极因素；才能充分发挥自然禀赋和人文优势，最大限度地集聚发展要素；才能在落后中抢占发展先机，推动产业结构优化升级，形成新的经济增长点，提升产业竞争力，在经济发展中赢得主动。

发展绿色经济是策应鄱阳湖生态经济区发展战略的必然要求。鄱阳湖生态经济区已上升为国家发展战略。“生态经济”决定了鄱阳湖生态经济区的发展方向。上饶作为鄱阳湖生态经济区的重要组成城市之一，致力于保护生态与发展经济是时代赋予上饶人民的责任和义务。鄱阳湖生态经济区建设要求上饶必须坚持发展生态经济优先、生态保护优先、生态建设优先，选择绿色经济发展战略，走绿色经济发展之路，为子孙后代谋福祉，永葆鄱阳湖“一湖清水”。

发展绿色经济是实现可持续发展的必然要求。可持续发展是人类共同的目标。可持续发展强调经济、生态、社会发展的协调性，要求人类在发展中讲究经济效率、关注生态安全和追求社会公平，最终达到人类生活质量的提高。上饶在发展中必须十分注重生态安全，注重环境保护，充分发挥环境保护参与宏观调控的先导作用，以环境容量瓶颈约束促使区域布局优化，以环境管理促使产业结构提升，以环境成本内部化推动增长方式转变，实现环境保护与经济发展“共赢”。

三、上饶绿色经济发展措施

绿色经济是以市场为导向、以传统产业经济为基础、以经济与环境和谐为目的而发展起来的一种新的经济形式，是产业经济为适应人类环保与健康需要而产生并表现出来的一种发展状态。绿色经济是一种平衡经济，以维护人类生存环境、合理保护资源与能源、有益于人体健康为特征。只有加快转变经济发展方式，致力于发展绿色经济，才有希望把上饶建设成国际和沿海产业转移的承接基地、国家粮仓和优质农产品加工生产供应基地、全国一流和世界有影响的旅游休闲基地以及区域商贸物流集散基地。

着力绿色 GDP 取向，树立正确的价值观和政绩观。世界观决定方法论，价值观是世界观的具体体现，价值观决定政绩观，有什么样的政绩观，就有什么样的工作方式、方法。“生态环境好，经济总量小，欠发达地位尚未改变”是上饶最大的实际，加快发展是第一要务。因此，上饶发展的核心不能动摇，关键是为谁发展。所以，上饶要牢固树立正确的价值观和政绩观，倡导绿色 GDP 价值取向，转变基本价值理念，对发展方式和生活方式进行根本性变革，正确处理加快经济发展与保护生态环境、全局与局部、目前利益与长期利益的关系，在加快发展中切实保护好、建设好青山绿水，使资源和环境能够支撑上饶区域经济社会的长期可持续发展。

着力绿色经济发展，统筹规划布局。2010 年，中央经济工作会议首次提出要大力发展绿色经济。上饶要把绿色经济作为重要发展战略放在突出位置，将绿色经济发展理念融入各部门、各领域的发展规划，推动市域经济各行业全面“绿色化”，充分体现科学发展观和建设“两型”社会的要求。注重经济增长方式的转变，实现由数量型增长向质量型增长转变、由粗放型增长向集约型增长转变，促进向绿色经济转型；促进城乡和区域经济平衡发展，在产业梯度转移中避免污染转移；改造和“绿化”传统制造业，推动产业技术升级，降低高污染、高耗能产业在经济和产业结构中的比重；培育低污染、低能耗的新型产业；大力发展绿色生态农业、环保产业、文化创意产业和循环经济产业。

着力产业结构优化，做大做强战略性新兴产业。节能环保、新一代信息技术、生物、高端装备制造、新能源、新材料、新能源汽车七大战略性新兴产业既是当今世界经济发展的趋势，又是对产业结构进行战略性调整和优化的方向和着力点。上饶新能源重点龙头企业——晶科能源有限公司在美国成功上市和中国科学院与博能上饶客车厂“新能源汽车项目”合作正式签约，标志着以光伏和新能源汽车生产基地为主的新能源产业已经成为上饶工业新的主导产业和重要增长点。

上饶要把握国家将发展低碳经济作为新型战略产业予以重点扶持的先机，利用良好的生态环境、深厚的文化积淀、和谐的社会氛围和独特的区位优势，继续加大发展新能源产业的力度，延长产业链。以风光电互补的太阳能产业发展为重点，在有条件的县（市）开发建设太阳能城镇。以新能源产业发展为手段，加快转变经济发展方式，着力建设“绿色生态强市”。

着力科技进步和创新，提升产业领跑、支撑和配套能力。科学技术是第一生产力，创新是社会进步的不竭动力。欠发达地区有一个非常重要的后发优势，能以更小的成本率先引进、推广、使用更先进的科学技术与创新。上饶要注重加强对节约资源、保护环境等技术的研发和引进消化力度，对重点行业、重点企业、重点项目和重点工艺流程进行技术改造，提高资源生产效率，控制污染物和温室气体排放。注重执行严格的环境、安全、能耗、水耗、资源综合利用技术标准，严格控制高耗能、高污染工业规模，依法淘汰关闭浪费资源、污染环境和不具备安全生产的落后产能。充分发挥工业园区科技创新、产业集聚和集群的平台功效，大力引进、改造和发展生态型、环保型、低污染、低消耗的大项目，建设新型生态工业园。

着力绿色优势产业提升，从绿水青山中挖掘金山银山。生态环境好是上饶最宝贵的财富，最大的优势，最大的潜力，最强的后劲。绿色生态经济既不是固守着绿水青山受穷，也不是牺牲绿水青山一味追求经济增长，而是强调在发展中保护，在保护中谋求发展，在更好发展中保护。

围绕“一圈三带”，提升生态旅游层次。坚持生态保护为主、适度开发为辅的原则，着力提升上饶生态旅游层次。突出特色旅游，完善三清山自然遗产观光旅游圈、婺源生态文化旅游带、上饶集中营革命传统教育红色旅游带、鄱阳湖候鸟观光旅游带的“一圈三带”旅游发展格局。重点建设国家级和省级风景名胜区、旅游度假区。实现由景区旅游向服务旅游转变、由观光旅游向休闲旅游转变、由纯旅游向综合旅游转变，推动旅游产业化，做优做强上饶旅游品牌。

依托基地和龙头企业，提升特色农产品知名度和附加值。创新农业发展理念，大力发展特色生态农业，培育壮大农业龙头企业。加快农业产业园区建设和优质农产品基地建设，提高农业产业化水平，推进农业现代化。

着力民生保障和改善，建设绿色生态之城。城市化是经济社会发展的强大助推器，欠发达地区城市化建设是一道亟须破解的难题。上饶要以鄱阳湖生态经济区建设为契机，坚持造城与造人并重，以建设充满现代气息的宜商、宜居、宜游之城为目标，以打造特色生态旅游城市为抓手，加快城市扩容提质步伐，全面提升城市软、硬竞争力。统筹建设交通、通信、环保等公共设施，构建和完善城市区域功能。谋划和建设功能性民生工程。挖掘和创新城市文化，聚集与提升城市产业，塑造与提升城市品牌，保护与提升生态优势。创新城市管理机制，推进城市管理专业化、属地化、人性化、精细化、市场化。努力把上饶建设成富有特色的生态山水城、生态旅游城和生态工业城。

前　言

人是自然之子，又是具有主观能动性的社会产物。追求文明与进步，是推动人类社会车轮滚滚向前的两个原动力。从原始文明到奴隶文明再到封建文明，人类的足迹离开山洞走向河流迈进平原，文明进程似一首田园牧歌，舒缓、悠扬、婉转而富有诗情画意。18 世纪，以蒸汽机革命为标志、以资本扩张、殖民扩张和资源掠夺为特征的传统工业革命轰然而至，人类社会步入工业文明。

社会进步的车轮在蒸汽机的推动下骤然加快了前进的速度。短暂的三个世纪，人类社会财富呈几何级数倍增，物质文明空前繁华，人类上天入地下海，俨然成为世界的主宰。然而，传统工业革命所依赖的高投入、高能耗、高污染、低产出的经济增长方式，在工业革命后期开始崭露其残酷的另一面。作为工业文明副产品的环境污染和生态破坏，就像一团阴影笼罩着人类社会。

同时，人类造人的速度丝毫不逊色于造富速度。目前，地球上已生活着近 70 亿人，这是一个规模空前庞大、令地球不堪重负的特殊消费群体。人类为了自身生存与发展，利用一切可利用的资源、能源，回报给地球的却是超过其自净能力不可估量的生产生活废弃物。

在人类诞生数十万年后，地球这个原本生机盎然的绿色星球开始变得满目疮痍。地球母亲第一次发出负重前行的深切警戒。然而，大多数人思维方式仍然停留在工业革命初期，总以为自然资源取之不尽、用之不竭，还在一味索取、压榨早已遍体鳞伤的大自然，习惯的惰性驱使人类活动继续破坏自然、污染环境。终于有一天，人类一觉醒来，空气已无法正常呼吸，水已无法正常饮用，气候极端反复无常，土地被蚕食，生物群体自杀事件此起彼伏……

无路可退的人类这时才翻然醒悟：人类必须转变对资源和环境掠夺式的经济增长方式，发展经济时要注重人与自然和谐相处。

这个觉醒，对中国的发展具有非常重大而深远的现实意义。改革开放以来，中国打破姓社姓资的理论桎梏，致力于发展中国特色社会主义市场经济，工业化、城市化进程波澜壮阔，成就令世人瞩目。国民生产总值年均以两位数的速度增长，与发达国家和地区的差距迅速缩小，国民经济总量成为仅次于美国的世界第二大经济体。但是，这种高速增长是以巨大的投入和资源能源消耗为前提，以牺牲生态环境为代价，中国的快速发展并没有跨越西方发达国家曾经普遍采用的“三高一低”的经济增长方式，仍然重复“昨天的故事”。中国今后能否继续保持高速稳定可持续的经济增长，关键的制约因素仍然是劳动力素质、土地成本、资金投入、资源能源、生态环境条件等。其中，资源能源和生态环境的制约作用尤为突出。

进入新世纪，中国政府提出了科学发展的重要思想，将环境保护和经济社会发展纳入到一个有机统一的科学体系，正确地把握自然环境与经济社会发展的关系与规律，为破解资源能源、生态环境制约和中国未来发展指明了方向。

在“民生”“转型”成为中国经济社会发展战略的关键时期，国家把环境保护上升为国家意志，并在理论认识、战略部署和具体措施等方面做了相应准备，环境保护面临着历史性转变。当环境监管囿于传统的“检查”“处罚”“关闭”而陷入山重水复疑无路之时，改变传统思维，积极探索“智慧规划”“环评预防”“防治兼顾”的环境保护之路，终将实现柳暗花明又一村。

“例以辅律，非以破律”。案例和评析已经成为促进立法和执法的重要依据。因此，作为环境保护工作者，不但要了解环境法治建设过程中典型案例的成功做法，更要善于透过环境案例的表象探索环境保护与经济发展的内在规律。笔者不揣浅陋，在对大量案例进行分类、归纳、剖析、提升的基础上，尝试撰写了这部《环保 50 案例》。

《环保 50 案例》分为十篇，囊括了亚洲最大铜矿——德兴铜矿环保变迁史、中国第一例环境影响评价单位——永平铜矿执行环评的经验、江西第一例环境维权司法诉讼案和最大环境污染处罚案等，案例是广义的，不但包括各种生态环境保护案例，还包括重要的、典型的环境事件或环境纠纷。

第一篇：生态文明建设。包括生态文明建设应从区域抓起；立足环保调结构　生态优先促发展；保护“一湖清水”从我做起；保护是基础　管理是关键　利用是目的等 4 篇。

第二篇：主要污染物减排。包括火力发电厂是 SO_2 减排的主角；污水处理厂：让城市的灵魂更清澈；企业越重视环保　发展空间就越大；减排要舍得牺牲局部利益；转变生产方式　拓宽发展空间等 5 篇。

第三篇：饮用水源保护。包括饮用水安全事比天大；一个有益的创新举措；“好孩子”到“坏孩子”的演变；用科学发展观衡量经济发展的得与失；非法企业是饮用水安全的最大隐患等 5 篇。

第四篇：城市环境保护。包括群众利益高于一切；斩断噪声扰民祸首，还原安静宜居环境；规划用地要优先考虑对环境的影响；以人为本和谐发展是处理环保纠纷的最高准则；经济发展绝不能留下环境风险隐患等 4 篇。

第五篇：农村环境保护。包括加强水库环境保护刻不容缓；规模化养殖治污必须管制与引导并重；因地制宜处置养殖污染企业；“拿来主义”，不失为解决规模化养猪污染的好办法；基层环保部门必须强化对外来物种入侵的监管；积极探索农村垃圾无害化处理之路；建设农村污水处理厂是时代发展的必然要求等 7 篇。

第六篇：工业园区环境保护。包括经济发展不能以牺牲环境为代价；环保优先才能保证工业园区可持续发展；重拳出击报建不符违法排污企业；科技创新天地宽；环境权益诉讼是群众维权的有效途径等 5 篇。

第七篇：建设项目环境管理。包括环境影响评价是环境保护不可替代的“调节阀”；大型重点企业环境保护绝不能出现特例；强化环境管理是民营企业发展的先决条件；跨省企业不注重环保，将造成“小污染、大影响”；环境影响评价绝不是“纸上谈兵”；环境监管要从污染防治向生产环节延伸等6篇。

第八篇：严把建设项目选址关。包括环保要重防严管化工企业；发展经济“先上车　后买票”不受保护；严管行政交界区域的环保真空地带；小型企业选址不当也会引起大的环境纠纷；端掉偏僻山村污染小窝点等5篇。

第九篇：挂牌督办和限期治理。包括环保挂牌督办不能“挂而不办”；“厂中厂”是滋长环境污染的温床；制止工业污染向农村蔓延；企业要做“三同时”制度的执行者，而不是糊弄者等4篇。

第十篇：污染事故应急处置。包括化工企业防范突发性污染事故是生产管理的重中之重；危险化工废物绝不能非法转移；矿山尾砂坝泄漏是环境安全的重大隐患；处置危险化学品交通事故必须先控制住污染源等4篇。

撰写环境保护案例是一项创造性的工作，不等同于个案的简单堆积或分类，需要对大量案例进行精深加工和提炼。因此，本书还存在不少需要商榷之处，敬请读者不吝指正。

本书在撰写过程中，得到了上饶市委书记蔡晓明，上饶市委副书记、市长董仚生，江西省环保厅厅长邓兴明，上饶市委副书记尧希平，上饶市委常委、纪委书记赵力平，上饶市委常委、副市长张鸿星等领导的关怀和指导，付梓前蔡晓明书记亲自撰写文章为本书作序，在此深表感谢！

同时，本书的撰写，得到了上饶各县环保部门的大力支持和帮助。初稿完成后，中国环境科学出版社沈建、广丰县横山镇程梁斌、市贸促会毛通水、市环保局张志豪、丁林勇、唐军、游汉兴、张建卫、周红华等同志参与了大量的修改工作，在此一并致谢。

作　者

2010年12月

目 录

第一篇 生态文明建设

第二篇 主要污染物减排

第三篇 饮用水源保护

第四篇 城市环境保护

第五篇 农村环境保护

第六篇　工业园区环境保护

第七篇　建设项目环境管理

第八篇　严把建设项目选址关

第九篇　挂牌督办和限期治理

第十篇　污染事故应急处置

第一篇
生态文明建设

建设生态文明是人类自身生存与发展和区域经济发展的需要，也是中华民族面对全球日益严峻的生态环境问题作出的庄严承诺。生态文明建设是一个复杂的系统工程，既博大精深又任重道远，不可能一蹴而就。生态文明建设必须正确处理好生态文明建设成果保护与利用的辩证关系，从区域抓起，依靠政府引导，企业、社会、民众共同参与，以点带面、以线扩面，在实现绝大部分区域生态文明量变的基础上，实现整个区域生态文明质的提升。

1 生态文明建设应从区域抓起
——婺源县生态文明建设的启示

党的十七大提出："要建设生态文明，基本形成节约能源资源和保护生态环境的产业结构、增长方式、消费模式。"倡导生态文明建设，不仅对中国自身发展有深远影响，也是中华民族面对全球日益严峻的生态环境问题作出的庄严承诺。一个区域的生态文明建设如果取得成效，就能起到辐射、带动作用，从而造就更多的区域生态文明。

江西省婺源县近 10 年来坚持走生态立县、科学发展之路，全力打造"中国最美乡村"，着力实施生态建设、山林水体保护、环境整治、文化挖掘保护、生态富民"五大工程"，把全县作为一个生态文化大公园来进行规划和建设，推动了县域生态文明、经济文明和社会文明的协调发展。

一、婺源概况

婺源位于赣浙皖三省交界处，人口 34.1 万，国土面积 2 947km^2，素有"八分半山一分田，半分水路和庄园"之称，是一个典型的山区县。该县拥有独特的区位优势、优美的生态环境、深厚的文化底蕴和富集的旅游资源，是全国著名的文化与生态旅游县，被誉为"中国最美乡村"。该县自古文风鼎盛，人杰地灵，有"书乡""茶乡"称谓，是鸿儒朱熹的故里、铁路之父詹天佑的桑梓。从宋至清，该县考中进士 552 人，历朝仕宦 2 665 人，著作 3 100 多部，其中 172 部入选《四库全书》。该县博物馆馆藏文物万余件，被誉为"中国县级第一馆"；傩舞、茶道、抬阁等民间文化艺术绚丽多彩；历代名人遗迹和明清徽派古建筑遍布乡野。

二、生态文明建设硕果累累

近年来，婺源县积极推进生态文明建设，生态县、生态示范区、生态乡镇、生态村等创建工作此起彼伏，生态文明建设一步一个台阶，各种荣誉称号接踵而至。

生态环境优美。婺源县境内山林葱翠、水质清澈、空气清新、环境幽雅，生态与人居环境协调发展。林地面积达 25 万 hm^2，森林覆盖率为 82.5%。境内有许多世界和国内濒临绝迹的动植物，其中草、木本物种 5 000 余种（其中国家一、二级重点保护动、植物 80 余种）；拥有世界濒临绝迹鸟种——黄喉噪鹛和世界最大的野生鸳鸯越冬栖息地——鸳鸯湖，每年冬天有 2 000 多对鸳鸯来此越冬；华夏第一高瀑布——大鄣山瀑布也在该县内。县域环境质量各项指标达到优级，空气和水环境质量达到国家 I 级标准。该县先后被评为“全国生态示范县”、“全国绿化模范县”、“全国封山育林先进县”、“全国绿色小康县”和“江西首届十佳绿色生态县”的称号。

婺源鸳鸯湖鸳鸯戏水

生态文化繁荣。婺源现有国家级文物保护单位 13 处，历史文化名村 18 个（其中国家级 2 个，省级 16 个），2 个古村落列入世界文化遗产预备名单。婺源古村落保护工程荣膺“中国人居环境范例”奖。

生态经济发达。2009 年，婺源县接待游客 490 万人次，实现门票收入 2 亿元，综合收入 16 亿元，旅游产业占 GDP 比重达 42%，从业人员逾 6 万人，是“中国旅游强县”。婺源是“中国绿茶金三角核心产区”，婺源绿茶驰名中外，是欧盟有机绿茶市场的免检产品。该县建有生态农业生产基地 3.3 万 hm^2，无公害绿色食品供不应求，现有农业产业化龙头企业 59 家，带动农户 5 万多户，农民增收 60%来源于生态农业。

婺源生态茶园

生态家园和谐。近年来，婺源没有发生过群体事件、重大治安案件，也没有发生过重大环境污染事故。安全感调查指数连续几年保持在 100%，是“全国平安建设先进县”。婺源“路不拾遗”“夜不闭户”已成为名副其实的游客休闲“后花园”和群众生活的“享乐园”。

婺源江湾全景

三、生态文明建设五大工程

生态建设工程。良好的生态环境是发展生态文明的前提和基础。多年来，该县坚持“以封为主，封、改、造相结合”的原则，进行大面积封山育林和造林绿化。按照“林相更优化、农田林网化、城镇园林化、道路林荫化、景区花园化、河岸滩涂绿洲化”目标，认真实施造林绿化“一大四小”工程。每年造林近3 300多 hm^2，新增良种茶园666 hm^2，栽种果树20万株以上。按照山水文化旅游城市定位，从点面绿化、滨河绿化、环状绿化和生产防护绿化四个层面，构建城市绿地体系，建设园林城市。城市绿地率达43.4%，人均绿地面积15.5m^2。全县犹如一幅“茂林修竹映村廊，飞禽走兽相对鸣”的优雅画卷，魅力无限地展现在世人面前和天地之间，人与自然和谐共处在这里得到了最好的诠释。

山林水体保护工程。一是采取有效措施减少森林资源消耗。关闭“五小”企业近200家，每年节约能源性消耗木材9万 m^3。2007年，婺源县不惜减少财税收入千万元，关闭年消耗阔叶木材近10万 m^3 的木材加工企业——迈尔泰木业。改善能源结构，大力开发水电资源，积极推广“林—水—电—林”生态建设模式，推广“以电代柴”，推行以“改燃节柴、改灶节柴”为内容的“双改双节”工程。大力推行农村沼气工程，已建成沼气池6 000多座，全县基本实现以电代柴、以气代柴。2009年，该县人民代表大会又做出决定，以地方立法形式规定10年内全县禁伐阔叶林。同时，进一步加大林政管理力度，建立健全县、乡、村、组四级联防网络。二是创立自然保护小区。采取山林权属不变，实行“自筹、自建、自管、自受益”办法，在全国首创自然保护小区模式。建立自然景观、珍稀动植物保护等各类自然保护小区193处，保护面积达4.3万 hm^2。三是加强水体保护。出台《婺源县加强饮用水源保护决议》，在全县山塘水库禁止化肥、药物养殖，严厉打击炸鱼、毒鱼、电鱼行为，积极开展河道卫生清理活动，依法规范河道采沙。开展“渔业资源人工增殖放流”活动，每年投放各种鱼苗100万尾以上，有效净化水体生态环境。四是不断完善污水处理设施。投资8 000万元的城市污水处理厂及管网工程竣工投入运营，沱川乡河东村建成江西省农村第一座污水处理厂，同时不断完善“农家乐”酒店污水处理设施。

环境整治工程。一是建立农村生活垃圾处置长效机制。2008年，婺源县出台《关于加强农村生活垃圾处理工作的实施意见》和《关于各乡镇农村生活垃圾处理工作的几点要求》等文件，县财政每年安排环境卫生专项经费100万元（每个行政村平均5 000元），年终考核前五名乡镇再给予3万元奖励。投资3 000万元建成江西省首家县城垃圾处理场，各乡镇建成垃圾焚烧炉 160 个、填埋场 70 个、垃圾屋 65 个、垃圾池 610 个。配备各类垃圾桶 6 253 个，转运车 67 辆，大板车 376 辆，配保洁员 589 人，农村垃圾“有人清理、有地方存放、有设施集中处理”。二是建立环境整治长效机制。建立与经济社会发展要求相适应的城乡管理体制和运行机制，成立城乡管理局，组建联合执法大队，开展城乡管理联合执法，加大执法力度。大力开展坟墓搬迁、烟囱拆除和违规建筑整治等工作，对主要公路沿线、景区景点 3 000 余座坟墓进行搬迁或改造绿化。三是建立树立婺源良好形象长效机制。动员全县上下积极开展国家级、省级生态县和生态乡镇创建活动，提升城乡品位，展示旅游大县良好形象。现有 8 个国家级生态乡镇、7 个省级生态乡镇。

文化挖掘保护工程。婺源素有“书乡”美誉，自古文风鼎盛，名人辈出，历史遗迹、明清古建筑遍布乡野。在生态文明建设过程中，为了维护和开发利用好文化资源，该县十分注重加强文化资源保护。一是建立健全县、乡、村“三级”文物保护管理体系。对各自然村的建村历史、文化特色、民间风俗进行调查摸底，对年久失修的古建筑进行抢修，强化对古村落内重点文物的保护。二是成立县文化研究会，负责对县内民间文化进行挖掘整理。设有国内唯一的徽剧组织——婺源徽剧团，徽剧、傩舞、抬阁等民间艺术得到较好的传承和发扬。将地方文化融入现代村镇建设当中，兴建茶博府、博物馆、景观桥等人文建筑景观。三是抢救地方文化。传承与发扬徽派建筑特色。为传承徽派建筑特色，先后投资 8 000 多万元对公路沿线村庄和旅游景点 3 000 多幢非徽派建筑进行改造。城乡新建房屋按照统一规划设计的徽派建筑图纸进行建造，粉墙黛瓦与青山绿水交相辉映、相得益彰。

婺源段莘乡庆源古村落

生态富民工程。生态文明是一种既要生态优美又要发展良好的文明形态。只有让人民群众在生态文明建设过程中享受到实惠，才能得到群众的衷心拥护和支持，这种模式才有可持续性，才能做到“既要金山银山，更要绿水青山”。为此，该县改变过去“先污染再治理”的发展模式，确立经济发展“生态优先”理念，主攻乡村旅游、茶业、高新技术三大特色产业。乡村旅游业已成为农民创业增收的主要途径。该县从事旅游产业农民达 23 000 多人，人均年收入 12 000 元以上。景区农民以资源入股每年分红收入达 680 万元，受益群众 2 900 余户、11 190 人；每年新增或改造茶园 666 hm^2，国内和港台茶企业纷纷进军婺源，延长了茶产业链，提高了附加值，增加了茶农收入；主攻高新技术产业，机械电子、新型材料、旅游商品、绿色食品等高科技、无污染企业陆续落户该县，其中，投资 8 亿元的国家高新技术“新型电子芯片及控制系统”和投资 1.2 亿元的国家科技部重点扶持的上海金滋彩色液晶背光源等项目已落户该县生态工业园。

四、生态文明建设的启示

1．生态文明建设就是践行科学发展观

生态文明是科学发展的重要组成部分。全面开展生态文明建设，积极探索生产发展、生活富裕、生态良好的文明发展道路，就是践行科学发展观。我们必须站在保护地球、保护人类生存环境的高度出发，把环境保护与生态文明建设目标任务分解到具体工作中，纳入各级领导干部考核内容和评价指标，并完善配套的奖惩机制。不断改善生态环境，优化城乡人居环境，提高城乡人民生活质量，积极倡导绿色生活，建立文明的生产方式和生活方式，促进人与自然和谐共处。

2．生态文明建设要找准保护与发展的契合点

物质决定意识。生态文明建设只有让群众从中得到更多实惠，享受到更多成果，才能得到老百姓的衷心爱戴和积极参与。找准生态文明建设与经济发展的契合点尤为关键。婺源县以生态文明建设为契机，以独具特色的生态文明底蕴为平台，大力发展旅游业、茶叶和高新技术产业，走出一条生态保护和经济发展互促“双赢”之路。事实证明：生态建设与经济发展并非传统意义上的一对不可调和的矛盾，而是共存于人类社会这一矛盾统一体中的两个方面。两者

关系并非传统意义上的非此即彼，在人类社会发展中可以是一种相互联系、相互制约、相互转化的良性循环。加强生态建设可以促进经济发展，经济发展反过来又支持生态建设；生态环境是经济发展的基础条件，经济是促进生态环境的有力保障。

3．生态文明建设要着力提高群众参与度

群众是生态文明建设的重要主体之一。自觉的生态意识是推进生态建设的关键。要建立完善的生态文明教育机制，强化从家庭到学校再到社会的全方位生态教育体系建设，建立农村生态文明规范，利用各种宣传手段，广泛宣传生态文明建设的科普知识和价值取向。开展丰富多彩的生态文明实践活动，形成个体自觉、家庭参与、全社会共建的文化氛围；切实增强公众的生态文明观念和责任意识，树立全新价值观，倡导生态价值观，转变百姓观念，形成人与自然和谐相处的生产生活方式；通过开展“生态乡镇”“生态村”“绿色社区”等创建活动，使群众积极投身到生态文明建设中，真正认识并体会到生态文明建设的好处，让每个人参与到环境保护中，从我做起，从小事做起，自觉与环境违法行为作斗争。

4．生态文明建设要重视生态技术开发与应用

凡是破坏生态平衡，导致环境污染、经济非持续发展的技术，都与生态建设相违背。解决的根本出路在于结合生态学原理，依靠现代科学技术，重视生态技术的开发与应用。生态建设必须重视增加科技投入，研究、开发生态技术、生态工艺。加快农业科技进步，以发展绿色农产品和开展农业标准化建设等为载体，壮大特色产业；大力开发节约资源、保护环境的农业技术和可再生能源开发利用技术，形成农业生产废弃物处理与利用的良性循环；积极选择适宜技术，推广生态产业，保证发展过程低（无）污、低（无）废、低耗，提高资源循环利用率，逐步走上清洁生产、绿色消费之路。

5．生态文明建设要加大执法力度

严格执行和遵守《环境保护法》《森林法》《文物保护法》《野生动植物保护法》等与生态环境密切相关的环境保护法律法规。全力整治工业污染、城市生活污染和农业面源污染，开展农村环境治理，为全面建设小康社会提供安全的环境保障。地方政府应结合实际，不断出台和完善相应的配套规划与政策，并保证政策的连续性和长久性，确保生态文明建设各项要求落到实处。例如对生态保护区

的开发，要根据各地自然资源禀赋和环境法律法规，明确哪些禁止开发、哪些限制开发、哪些准予开发以及开发规模、开放季节等；规定哪些地区禁止带火种和狩猎，哪些地方禁止遗弃垃圾和生活用品。提高农民对滥施化肥、农药危害性的认识，推广高效、低残留化肥和农药的使用，进一步加强对化肥和农药的生产、销售、使用等环节的监管。加大对违法侵害自然资源者的罚处力度，使其承担相应的民事和刑事责任。

2 立足环保调结构　生态优先促发展

——婺源关闭迈尔泰木业有限公司的启示

2007 年 5 月，“靠山吃山”的山区财政穷县婺源县一举关闭了近百家竹木加工企业。6 月 29 日，当地财政收入第一利税大户、工业龙头企业——婺源县迈尔泰木业有限公司（下称迈尔泰木业）也彻底关停。“中国最美乡村”立足环保调结构，生态为先促发展的帷幕缓缓拉开。

长期以来，受地理位置、交通条件、历史沿革等客观因素制约，婺源工业基础差、底子薄，处于相对封闭状态。2006 年，该县国民生产总值为 27.87 亿元，财政收入 1.86 亿元，人均 GDP 和财政收入仅为 8 445.45 元和 563.64 元。“靠山吃山”，全县上百家竹木加工业是当地财政收入的主要来源，而迈尔泰木业正是其中的佼佼者。

如今，婺源以“资源可持续利用、经济可持续发展、人类可持续生存”为核心的生态环境发展之路初战告捷。2009 年，该县国民生产总值达到 41.5 亿元，同比增长 12.2%；财政收入 3.3 亿元，同比增长 17.8%。

一、迈尔泰木业概况

1．迈尔泰木业是县级财政收入“龙头”企业

迈尔泰木业的前身是国营婺源县纤维板厂，创办于 1970 年。1997 年纤维板厂通过技改扩建后“变脸”为婺源县人造板有限公司，成为一家年产 3 万 m^3 “高峰”牌中密度纤维板，兼营硬质纤维板、木材加工、高档家具、木竹工艺品和脲醛树脂胶的国有骨干企业。2003 年 9 月，该企业被浙江迈尔泰木业有限公司收购，改为民营企业——婺源县迈尔泰木业有限公司。改制后企业年产中

纤板 6 万 m^3、硬质纤维板 6 000m^3，是该县最大的木材综合利用企业。公司从业人员 300 余人，占地面积 10 多 hm^2，固定资产 7 000 万元，年销售收入超亿元，年上缴税收 1 200 万元，占该县财政收入的 15%，成为地方财政收入的“龙头”企业。

2．迈尔泰木业是一只吃木头的“老虎”

迈尔泰木业是木材加工企业，原建有中密度纤维板（干法）和硬质纤维板（湿法）两条生产线。2005 年，国务院颁布关于实施《促进产业结构调整暂行规定》，湿法纤维板生产工艺被强制淘汰。该企业改用干法生产工艺，以木质（或其他植物）纤维为原料，经过纤维制备、施胶施蜡、铺装成型、热压等工序压制而成新型中密度纤维板。企业生产的主要原料是原木，年消耗原木 11.65 万 t，约 18 万 m^3。当地百姓形象地称其为吃木头的“老虎”。

3．迈尔泰木业是“生态立县”的拦路虎

改革开放初期，迈尔泰木业规模较小，当地林业资源充足，原料需求没有后顾之忧。随着迈尔泰木业生产规模的扩大，对林业资源消耗不断增大，当地政府和村民的林业生态环境保护意识在逐步提高，木材使用计划逐年减少，原料供给开始“捉襟见肘”，常常“食不果腹”，迈尔泰木业原来的优势逐渐变成劣势。

国家森林资源紧缺制约着迈尔泰木业发展。中国森林资源十分贫乏，资源结构不尽合理。目前，中国年木材供需缺口达 1 亿 m^3 以上。为保护生态环境，提高森林覆盖率，国家启动天然林保护工程，限制采伐天然林，大力开发代用木材。但迈尔泰木业没有抓住这一发展机遇，既没有启动人工造林工程，又没有进行产品深度开发或者企业转型，更没有及时调整相应发展规划，仍然停留在靠山吃山的传统模式。工艺落后、资源利用率低、品种单一、附加值低、产品知名度不高，企业逐渐失去市场竞争优势。

迈尔泰木业与婺源县域经济发展战略相抵触。2006 年，该县确立“生态立县”的发展战略，出台全面封山、十年禁伐阔叶林的规定。所以，尽管迈尔泰木业在其发展历程中为当地社会经济发展做出较大贡献，但以消耗林业资源为主的生产方式，极大地破坏了当地的生态环境，生存“空间”越来越小，注定没有发展前途。

二、迈尔泰木业主要污染物及处置情况

迈尔泰木业被列为国家限制发展产业，其生产工艺设备落后、污染治理设施不全。其中，中密度纤维板生产所排放废水中污染物浓度高、纤维细，含有松油黏性大、处理难；企业采取 24 小时工作制，排污时间长、排污量大，主要排放污染物有废水、废气、固体废物、噪声等。据 2006 年环境统计显示，该企业年排放 SO_2 934.345 t、工业粉尘 1.5 t、工业废水 18.5 万 t、COD 142 t，是婺源最大的排污企业和重点污染企业。

迈尔泰木业纳污水体是婺源主要河流——星江，星江又是乐安河源头，乐安河经德兴、乐平、万年等县（市）汇入饶河，最终流入鄱阳湖。因此，迈尔泰木业是乐安河源头保护的重点治理企业。

迈尔泰木业建厂时，企业坐落在农村地势较高处，周边无村民居住。但随着城区面积扩大，厂区由农村变为城区，逐步被居民住宅所包围。按照常规，木材加工企业治污技术成熟，可以满足环保要求。但该企业环保意识淡薄，在不断扩大生产规模的同时，并没有配套建设相应的环保治理设施，“三废”治理欠账太多，污染扰民事件时有发生。企业产生的废水、烟气、噪声导致周边区域环境质量明显下降、区域水环境质量严重恶化、区域环境噪声严重扰民，厂群污染纠纷不断，一度成为该县群众上访的热点。

2006 年，迈尔泰木业被列为江西省环保挂牌督办企业，省、市环保专项行动检查组多次赴该企业进行现场调查。2007 年，企业因污染问题引发居民封堵厂门事件。2007 年 2 月 28 日，市、县环保部门对迈尔泰木业环境污染情况进行联合执法检查，并根据检查情况于 3 月 26 日依法建议婺源县政府责令该企业停产治理。5 月 17 日，婺源县政府下达《关于迈尔泰木业有限公司政策性退出经营的通知》。6 月 29 日 24 时，迈尔泰木业熊熊燃烧二十余年的炉火缓缓熄灭，标志着该企业从此退出婺源历史舞台。这是环境保护与经济发展相互博弈并最终以环境保护为先的结果；这是以环境保护为抓手调整产业结构的结果。

三、关停迈尔泰木业的启示

胡锦涛总书记指出：“实现国民经济又好又快发展，关键要在转变经济发展方式、完善社会主义市场经济体制方面取得重大新进展。”一个在当地炙手可热的纳税大户，何以让地方政府忍痛割爱，痛下“杀手”？分析此案例，我们不难

发现，剔除企业本身对环保重视程度不高的内因外，企业粗放型经济发展与产业结构优化升级的要求也是格格不入。迈尔泰木业退出经营是调整产业结构、转变经济增长方式的必然选择。

1．保护生态环境是当今经济发展的必然趋势

当前，世界经济正处于大变革、大调整之中，全球气候变化、能源资源安全等重大课题提上重要议程。清洁能源、节能减排等新技术革命方兴未艾，绿色经济发展已成为国际发展新趋势和新潮流。这既给我们带来一系列严峻挑战，也带来新的发展机遇。我们应适应国际发展趋势和国内发展要求，把保护生态环境作为经济结构战略性调整的重要任务，促进经济长期平稳较快发展。

中国正处于工业化、城镇化快速发展阶段，现代化建设任重道远，环境保护责无旁贷。加强生态环境保护与节约能源资源一样，都是经济结构调整的重要手段和发展方式转变的关键环节。通过加大环保工作力度、建设环保治理设施、发展环保科技产业，有利于抑制高能耗、高排放、高污染的落后生产能力，有利于鼓励清洁发展、节约发展、安全发展；也有利于构建资源节约型、环境友好型的产业结构、增长方式和消费模式，形成新的经济增长点，从而促进经济结构调整、实现可持续发展。

2．加快产业结构调整是实现节能减排目标的根本途径

调整结构不等于不发展，而是为了更好地发展。落实党的十七大精神，走全面协调可持续发展之路，关键在于“建设生态文明，基本形成节约能源资源和保护生态环境的产业结构、增长方式、消费模式”。当前中国经济社会发展已经站在一个新的历史起点上，从一定意义上说，产业结构调整的目的就是以更少资源消耗和环境代价生产出更多的财富。因此，运用经济、法律、行政、技术等手段，加快产业结构调整，促进经济发展方式转变，是实现节能减排目标的根本途径。加快产业结构调整步伐要切实推进经济增长方式由粗放型向集约型转变，加快发展资源消耗少、环境影响小的现代服务业，促进一、二、三产业协调发展。大力发展高新技术产业，积极推动电子、新材料、新能源等新兴产业发展，遏制高耗能行业过快增长，不断提高高新技术产业增加值占工业增加值的比重，改造提升各行业的技术工艺水平，促进产业优化升级，以较低的消耗需求促进经济的跨越式发展。

3. 关闭能源资源消耗高、污染重企业是促进产业结构调整的重要措施

实践证明，落后产能是造成资源过度消耗、环境严重污染的主要原因。其中，技术和工艺最落后、处于行业末端的那部分产能，消耗资源更甚，污染环境更重。据估计，在许多地区，这些落后设施和企业实现的增加值只占当地工业增加值的10%左右，但排污量要占 20%以上，能源资源消耗更是大大高于其增加值所占的比例。对污染最严重的企业实施末位淘汰，坚决压缩落后生产能力，是保持经济社会持续快速发展的需要，是节能减排的重中之重。

关闭资源消耗型工业，发展高科技、生态工业，保护生态环境是改善人居环境和社会发展的必然趋势，也是落实科学发展观的需要。从迈尔泰木业退出经营可以看出，无论一个企业对社会贡献有多大，只要不符合科学发展观，最终必定遭到社会淘汰。

3 保护"一湖清水"从我做起

——鄱阳生态渔村建设的启示

鄱阳县，位于江西省东北部和鄱阳湖东岸，国土面积 4 215km^2，总人口 150 万，是江西第一人口大县和第二地域大县。境内有生态良好的湖泊 1 067 个，是中国湖泊最多、最密集之县。全县水域面积 949km^2，占国土面积 1/5 强，占鄱阳湖面积 1/4，有中国湖城之称。临湖居住人口 110 余万，占全县总人口 78%以上。仅沿湖岸线 257km、纵深 2km 范围内就有渔村 309 个。这些渔村是鄱阳湖最前沿地带，其环境状况与鄱阳湖水质息息相关。

鄱阳，以鄱阳湖为骄傲。鄱阳湖作为中国最大淡水湖，被誉为"中华大地之肾"，是目前中国四大淡水湖中唯一一个没有出现富营养化的湖泊，被称为长江"最后一盆清水"。2009 年 12 月 12 日，国务院正式批准《鄱阳湖生态经济区规划》，标志着建设鄱阳湖生态经济区已上升为国家战略。

鄱阳湖生态经济区建设特色是生态，核心是发展。为策应这一发展战略，鄱阳着力推进生态渔村建设，从 2008 年开始，计划用 5 年时间，对鄱阳环湖 2km 范围内的 300 余个自然村实施清洁家园、清洁田园、清洁水源、清洁能源"四大"工程，并以此发挥示范、辐射、带动效应，确保实现"泥沙不流失到鄱阳湖，垃圾不流落到鄱阳湖，污水不流入到鄱阳湖"，实现保护鄱阳湖"一湖清水"的目标。

一、生态渔村建设措施

1．组织有方，宣传到位

鄱阳高度重视生态渔村建设。明确县、乡（镇）主要领导为项目建设第一责任人，采取以县新农村建设办公室为平台、以乡镇为依托、以部门参与为支撑、以农民为主体的方式，形成县、乡、村、组四级联动工作局面，大力推进生态渔村建设。充分利用报纸、电视、网络等主流媒体，大造舆论声势，多层次、广渠道宣传生态渔村建设意义。采取群众喜闻乐见的宣传形式，动员广大群众、中小学生开展“小手拉大手”、“学生与家长共建生态渔村公约”等活动，普及生态环境保护知识，增强全民生态渔村建设的责任感。

2．注重规划，彰显特色

生态渔村建设注重规划先行，按照全面、协调、可持续发展的要求，拓展生态渔村建设的发展潜力和空间。坚持生态渔村建设规划与区域发展规划相衔接，严格执行生态环境保护与建设规划，避免大拆大建，做到节地、节能、节水、节材，让生态渔村真正接受县城和小城镇辐射和带动，从而得到协调发展；坚持因地制宜，注重特色，扬长避短，分类指导，并考虑村与村的差异性，科学确定建设目标任务，不搞“百村一面”，不盲目攀比，不浮躁冒进，最大限度保护农村“原始”田园风貌。

3．突出重点，整体推进

生态渔村建设有切实的抓手和载体，重点实施“四大”工程，开展“四大”行动。

“四大”工程：一是洁净家园工程。重点推进农村生活垃圾无害化处理，开展生活环境卫生清洁活动。二是洁净田园工程。建立以“两减一禁一提高”（即减少农药、化肥用量，禁止高毒高残留农药使用，提高农业“三废”资源化利用水平）为重点的推进机制，有效控制农业污染，推动无公害农产品、绿色食品开发和乡村生态旅游发展。推进水产生态养殖，禁止向湖内投放无机肥，禁止签订新的珍珠养殖等污染水源的养殖承包合同。三是洁净水源工程。禁止在湖区新设排污口，确保污水不入湖，保障水源清洁安全。把湖区改水工程、安全饮水工程和新农村建设三者有机结合起来，全面实现农村饮水安全目标。四是洁净能源工程。推进“一池三改”（沼气池，改厕、改厨、改栏），推广太阳能、液化气等清洁能源，使农民洗澡不出门、厕所无臭味、畜禽栏舍无蚊蝇、烧火做饭不用柴和煤、居住环境清洁美化。

“四大”行动：一是绿化美化家园行动。因势利导，动员千家万户在房前屋后、村庄周边和路边沟渠开展植树造林活动。在宜林地区大力发展泡桐、杨树等经济林，力求形成产业。努力构建“村在林中、院在园中、路在绿中、人在景中”的优美人居环境。二是处理生活垃圾行动。建立渔村生活垃圾管理机制，配备户用或联户用垃圾箱，购置垃圾清运工具，建设垃圾处理场所，落实专人管护，做到生活垃圾集中收集、定点掩埋，保持村容村貌整洁。三是治理生活污水行动。根据农村人口分布密度、自然环境和经济条件，以村或联户为单元，重点建设湿地处理、植物吸收处理设施和厌氧处理池，逐步消除渗坑、渗井和乱排现象，确保污水不入湖。四是清洁能源进农家行动。大力推进沼气池建设，每个生态渔村都建设沼气池20户以上，鼓励有条件的渔村推广使用太阳能、液化气等清洁能源。

4．多元投入，形成合力

生态渔村建设采取农民自筹一点，项目捆绑一点，乡镇支持一点，部门帮扶一点，社会捐赠一点的办法筹集建设资金。一是发挥广大农民群众生态渔村建设主体的作用，鼓励农民投资投劳；二是利用富民政策、法律道德、科技文化、矛盾化解、治安防控、扶贫济困、文明新风、平安创建“进村入户”活动平台，有关部门及时跟进，主动作为，把生态渔村建设列入项目建设规划，有效整合项目资金；三是落实乡镇激励推进措施；四是责任部门挂钩投入支持资金；五是采取冠名权拍卖、树立功德碑等形式，动员社会力量参与生态渔村建设。

5．责任量化，创新机制

创新五大实施机制，把生态渔村建设责任量化到单位（部门）和个人。一是建立部门驻村挂钩机制。每个挂钩责任单位落实一名副职具体负责，选配2名工作人员驻村组织开展工作；二是建立部门服务责任机制。明确农业、水利、规划、环保、建设等21个部门的服务职责，要求相关部门主动做好支持与服务。三是建立乡镇工作落实机制。明确建设标准和时间要求，由乡镇为主负责组织实施，确保完成目标任务。四是建立激励机制。实施动态督查和考评验收相结合的工作制度，对实施进度快、建设效果好的在资金扶持上给予倾斜，予以奖励。五是建立高规格、高密度督查机制。全县成立统一督查组织协调机构，建立周督查、旬调度、月通报制度。

二、生态渔村建设成效

1．生态环境得到改善

每个村均建立卫生保洁制度，落实人员及经费，做到生活垃圾定时收集、集中掩埋。所有村均落实每户植树30株。珠湖乡荣七村根据自身实际，采取多级湿地净化过滤方式，解决村内污水处理问题，不让一滴污水流入鄱阳湖。团林乡狮子山村在整治过程中，积极引导村民使用洁净能源，沼气池建设如火如荼。

2．生活方式得到改进

通过生态渔村建设，渔村村民靠捕鱼为生的简单而落后的生产生活方式悄然发生改变。一座座崭新的农家乐和生态农庄雨后春笋般矗立在湖光山色之间，吸引着各地旅游者前来被誉为“珍禽王国”、“候鸟乐园”的鄱阳湖国家湿地公园观鸟和休闲。生态旅游不仅成为渔民“当饭吃”的“时尚”，更已成为“赚钱花”的富民产业。

3．生活水平得到提高

一是引导每个生态渔村大力种植泡桐。据测算，栽种一棵泡桐树，能为农民带来 700～800 元收入。二是大力发展沼气建设。通过县、乡、村补贴，农民一次性投入 300～500 元，五口之家每月节省开支约 50 元。三是鼓励农民发展生态养殖。严控化肥养殖鱼类与珍珠养殖，加强水体保护，走可持续发展之路。四是结合湖区特色资源，把生态渔村建设与旅游景区建设结合起来，引导农民通过发展生态旅游、休闲旅游增加收入，有效促进农民增收。

4．保护母亲湖意识得到增强

生态渔村建设正在鄱阳热火朝天地进行着。其最大成效并不在上述几个方面，而在于潜移默化地教育渔民更加热爱母亲湖——鄱阳湖。当一种朴素的、发自内心的情愫最终汇聚成一种理性的、常规的意识，并转化为实际行动，生态渔村建设的最高目标才可以实现。

5．主体作用得到发挥

有全民参与的浓厚氛围，有增收致富的利益驱动，有生态环境的不断改善，农民参与生态渔村建设的热情被充分激发出来。村民理事会成员夜以继日忘我工作，农民积极捐资、踊跃投劳。农民户建工程，尤其是改水改厕、沼气池建设进度很快。团林乡狮子山村保洁工作由村民轮流负责。珠湖乡羊园村在外创业人员感受到家乡的变化后，积极捐资，累计超百万元。

三、生态渔村建设的启示

1．生态渔村建设要因地制宜、彰显特色，实现资源配置最优化

鄱阳生态渔村建设之所以取得成功，并显示出强大的“生命力”，关键在于它没有生搬硬套其他地方“经验”，而是切合当地实际，实现了人力、物力和自然资源有效配置和最佳整合。比如在编制生态渔村建设规划中尽量彰显特色，并根据各渔村不同条件，充分考虑差异性，量化不同建设目标。又如在生活垃圾处理上，采用填埋、焚烧、转运等多种形式，不搞“百村一面”。在生活污水处理方面，荣七生态渔村村民结合滨湖地貌特性，利用周边沼泽、洼地、溪河，自创人工湿地污水处理系统，不需投入任何化学药剂，能够处理全村 1 000 多户村民生活污水，有效避免污水直排鄱阳湖，而且还能生产莲藕、茭白等经济作物。

2．生态渔村建设是实现生态保护与经济发展有机结合的良好平台

生态渔村建设，启动四大工程，开展四大行动，让常年困扰农村生活的污水乱泼、垃圾乱倒等“脏、乱、差”问题迎刃而解，这和目前倡导的生态乡镇、生态村创建异曲同工、殊途同归。良好的生态环境、富有特色的渔村，就像一张张熠熠生辉的生态旅游名片，吸引四面八方的游客纷至沓来，生态旅游经济得到极大发展。同时，鄱阳湖最后“一盆清水”也得到保护。生态保护和经济发展互利共赢的目标，通过生态渔村建设这一平台得以实现。

3．生态渔村建设要开发和保护并重

生态渔村建设不能一味搞“拆旧建新”，要加强生态建设和人文保护，提升村庄品位，保持农村特有风貌。生态渔村显著特点是生态环境优于城市，且河汊密布、临湖而居。因此，生态渔村建设不能像城市建设一样“大拆大建”，而应开发和保护并重。对延续村庄文脉的古树加以重点保护，对年久失修的古迹、古屋进行重点修缮，不断挖掘村庄生态的人文内涵，提升村庄建设品位，彰显渔村特色。

4．生态渔村建设要和国家生态创建无缝接轨

生态渔村建设是鄱阳县全面策应建设鄱阳湖生态经济区战略，转变经济发展方式的一项重要举措，与国家生态创建不谋而合。然而从生态乡镇、生态村综合

创建指标分析，国家生态创建内涵要比生态渔村建设更丰富、更深远。为更好地推进生态渔村建设，鄱阳一些乡镇已经开始申报创建生态乡镇，并将生态渔村建设和生态乡镇创建工作紧密结合，一同部署，一同实施。生态渔村建设正在向以人为本、生态优先、科学发展、绿色先行的正确方向发展。

4 保护是基础　管理是关键　利用是目的

——三清山世界自然遗产地保护的启示

1972 年 11 月 26 日，联合国教科文组织第十七届大会通过《关于国家保护文化和自然遗产的建议》和《世界文化和遗产保护公约》。1985 年 12 月，中国成为《世界文化和遗产保护公约》缔约国。2008 年 7 月 8 日，在第 32 届世界遗产会议上，三清山被联合国世界遗产委员会列入《世界遗产名录》，成为中国第七处、江西省第一处世界自然遗产。

三清山“申遗”成功，是对三清山资源具有世界性价值的认定。三清山“申遗”之所以能成功，一是因为三清山自身拥有世界的独特性；二是因为卓有成效的“申遗”工作。三清山管委会“保护是基础、管理是关键、利用是目的”的创新理念，不仅对其他遗产地具有切实可行的指导意义，而且对当前的生态文明建设也具有积极的借鉴意义。

三清山独特景观：神女峰和蟒蛇出山

一、三清山概况

三清山位于江西省上饶市东北部，因玉京、玉虚、玉华“三峰峻拔（主峰玉京峰海拔 1 819.9m），如道教三清列坐其巅”而得名。三清山规划范围 756.57km^2，其中核心区面积 229.5km^2，缓冲区面积 168.5km^2，外围保护区面积 358.57km^2。三清山原生态良好，具有生物物种的多样性和丰富性。野生动物有 1 728 种，其中黑麂、云豹、白颈长尾雉等珍稀濒危动物 54 种；高等植物 2 373 种，其中珍珠黄杨、银杏、南方红豆杉、华东黄杉、白豆杉等珍稀植物 68 种。

三清山先后荣获“国家级风景名胜区”、“国家 4A 级旅游区”、“国家地质公园”、“全国爱国主义教育示范基地”、“中国最美的五大峰林”、“世界自然遗产地”等荣誉称号。世界遗产委员会对三清山的评价是：三清山展示了独特的花岗岩石柱与山峰，丰富的花岗岩造型石与多种植被、远近变化的景观及震撼人心的气候奇观相结合，创造了世界上独一无二的景观美学效果，呈现了引人入胜的自然美。

二、三清山生态保护措施

近年来，三清山管委会紧紧围绕“国内一流、世界著名”自然遗产地保护目标，在“申遗”前后始终坚持“保护是基础、管理是关键、利用是目的”的原则，大力实施“强化保护、狠抓管理、加快发展、积极富民”四大举措，实现保护区经济社会发展和环境保护“双赢”。

1．强化保护，在保护中求发展

世界自然遗产是全人类共同继承和拥有的具有“突出的普遍价值”的共同财富。世界自然遗产地的主要功能是科学研究，次要功能是旅游开发。因此，必须坚持“保存和保护遗产的真实性和完整性，世代传承、永续利用”宗旨。三清山被列入《世界遗产名录》，固然是国际社会对其珍稀资源的价值确认。同时，对当地政府而言，意味着多了一份艰巨而崇高的职责——为全人类更好地保护这一世界自然遗产地。

从 2005 年开始，当地政府借“申遗”契机，制定了规划、立法、行政、科学、共建共享等一系列保护措施。在规划保护上，坚持规划先行，先后投入 1 800 余万元编制景区总体规划、控制性详细规划、遗产保护管理规划、各类小区修建性详细规划及村庄规划。在立法保护上，通过江西省人大颁布了《江西省三清山风景名胜区管理条例》，明确三清山管委会行政执法主体地位，开创遗产地科学化、规范化、法制化保护管理新局面。在行政保护上，将保护管理工作纳入各级领导责任制和财政预算，建立独立财政科目，实行一级财政体制，确保遗产地门票、税收及其他规费等收入用于保护管理上的比例。在科学保护上，通过国内外知名专家学者实地考察，对遗产地资源进行科学研究和国际对比，完成三清山地质地貌及生物多样性论文集、生物多样性图谱、动植物标本集等一系列科研成果，为科学保护和展示三清山奠定坚实基础。在共建共享保护上，引导公众主动参与，增强公众了解三清山、热爱三清山、宣传三清山的自觉性。

2．狠抓管理，在管理中求突破

管理水平的高低，决定遗产地价值的体现。三清山管委会对传统管理模式进行创新，实行所有权、管理权、经营权三权分立。在自然遗产地景点和旅游产业开发管理方面，组建国有独资“上饶市三清山旅游产业发展集团有限公司”。在自然遗产地管理方面，新建遗产展示中心和自然遗产地视频监控系统，设立森林防火、景点监测、交通监测点，建立管理站、气象和环境监测站。在遗产资源保护管理措施方面，实施“无烟山”工程，拆除各类违章建筑和有碍景观建筑 10 万 m^2（其中核心景区 2 万 m^2），对核心区 12 家宾馆近 3 000 个旅宿床位全部下迁，关闭沿线采石采矿企业 106 家，使核心区保留的宾馆全面实行“煤改电、油改电”；实施“遗产地全绿化、道路林荫化、农村生态化”工程，每年投入 500 万元经费，使森林覆盖率由“申遗”前的 87.4%提高到“申遗”后的 90.3%；实施社区改水、改厕、改路、改灶工程。实施“净菜上山、洗涤下山、垃圾下山”工程，配备 118 名攀岩工和环卫工，每天巡回收集垃圾，统一运送下山后进行无害化处理。为减少遗产地环境压力，保护游客生命财产安全，制定《景区限客工作预案》，每天最大客流量限制在 1 万人以内。

三清山保护管理理念和措施，得到国内外遗产地管理者充分认可和高度评价，引起联合国教科文组织的高度关注。其独特的保护管理措施获联合国教科文组织首肯，为此，2009 年 10 月，在世界自然保护联盟的极力推荐下，三清山管委会在韩国顺天市作了遗产地保护和管理经验专题介绍。

3．加快发展，在发展中促提升

只有自然遗产地经济发展了，才有更坚实的经济基础促进保护措施的提升。三清山管委会充分利用世界自然遗产地这一品牌，在保护资源基础上大力发展旅游经济，走出一条在保护中求发展、快发展，在发展中推动保护的科学发展之路。在山上建成 10 余千米长的东、西海岸高空栈道环线和游步道循环系统，恰到好处地在沿线布设各类服务设施，安装多语种对照标识牌，在为游客提供舒适游览环境的同时，委婉提出保护遗产地的要求；在山下按照“完善外双溪，做靓金沙滩，做精北汾水，做旺枫林区”总体思路，实施“山上游、山下住”工程，打通旅游环山公路，建设金沙索道，改造南部索道，构建快速游览通道，完善“吃、住、行、游、购、娱”旅游六要素。2009 年，推行“山上做减法、山下做加法”，投资 30 亿元加快服务区建设，实现由旅游服务混杂型向游览区与服务区分离的双区结构型转变。

“申遗”把三清山置于一个更高层次、更为严格的保护管理体系，进而步入一条保护中求发展、发展中促保护的科学发展之路。从 2003 年至 2009 年的 7 年间，实现游客从 10 万人到 200 万人的跨越，各项主要经济指标增长超过 20 倍。2009 年共接待境内外游客 227.3 万人次，同比增长 50.9%。其中接待境外游客 10.5 万人次，同比增长 103%。

4．积极富民，在富民中促和谐

在处理遗产保护与提高群众生活水平关系上，三清山管委会始终坚持“共建共享”理念，加大旅游反哺力度和政策支持力度，巧打“保景”与“富民”辩证牌。在旅游反哺方面，大力实施“千户万床”农家乐工程，引导农民参与旅游经营服务；开展农村集体土地房屋确权发证工作，出资 2 050 万元组建旅游服务信用担保股份有限公司，有效解决农民创办农家乐资金短缺问题，创办农家乐 1 710 户；多渠道开发就业岗位，引导农民进入景区从事资源管护、卫生保洁、轿业服务、导游服务、餐饮服务等，吸纳从业人员近万人。结合景区实际，推行强农惠农政策，将遗产地山场全部纳入国家及省级公益林管理，将国家每年安排的补偿基金全额直补给林农，管护经费由财政预算安排，增加林农收入；安排资金帮助群众全额全员办理新型农村合作医疗，对失地农民全部按城镇居民低保标准进行保障，解决群众后顾之忧；实施生态移民，把分散居住在深山区的农民搬迁到旅游集镇和中心村落生产生活。

三、三清山自然遗产地保护的启示

截至 2010 年 8 月，中国已拥有 40 处世界遗产。其中，不乏借世界自然遗产地之名，大肆发展旅游经济、造成世界自然遗产地人为损耗之举。以世界自然遗产地为代表的景区旅游开发与保护之间的矛盾不断升级。如某风景区在“申遗”成功后的短短几年内，过多过滥开发建设，景区里新增宾馆、饭店、棚点等违规建筑面积达 30 余万 m^2，被世界自然遗产委员会“黄牌警告”，受到联合国教科文组织严厉批评。

世界自然遗产是世界上独一无二的珍贵资源，脆弱、易损且不可再生，一旦破坏就将造成不可挽回的损失。因此，不能将其特有的经济价值视同普通经济资源盲目地加以开发利用。在保护和开发利用之间，无疑应以保护为主。

生态文明是物质文明与精神文明在自然与社会生态关系上的具体体现。生态文明建设要求人们在改造客观物质世界的同时，以科学发展观看待人与自然的关系，不断克服人类活动中的负面效应，积极改善和优化人与自然的关系。因此，世界自然遗产地设立的宗旨和生态文明建设的要求相一致，从生态保护的角度考量，世界自然遗产地的保护是生态文明建设的重要组成部分。

1. 三清山“申遗”成功是区域生态文明建设的重大成果

科学发展观本质是经济与社会、地区与地区、城市与农村、人与人、人与社会、人与自然、今人与后人之间的协调发展。发展不是单纯经济增长，而是社会整体进步，既包括社会关系的进步，也包括自然关系的进步。进而言之，物质文明、政治文明、精神文明和生态文明的进步，都包含于科学发展观的丰富内容。

三清山“申遗”实践证明：建设生态文明，是践行科学发展观的内在要求，是建设和谐社会的基础和保障。因此，生态文明与科学发展观在本质上是一致的。文明是人类社会整体进步状态，人类在政治、经济、文化、生态方面的所有进步都是人类文明的组成要素。建设生态文明必须以科学发展观为指导，从思想意识上必须实现三大转变：即从传统的“向自然宣战”、“征服自然”向“人与自然和谐相处”转变；从粗放型以过度消耗资源破坏环境为代价的增长模式，向增强可持续发展能力、实现经济社会又好又快发展模式转变；从把增长简单地等同于发展观念、重物轻人的发展观念，向以人的全面发展为核心的发展理念转变。

2. 合理开发三清山自然遗产地是可持续发展的鲜活诠释

生态文明并不要求人们消极地对待自然，在自然面前无所作为，而是要求人们在把握自然规律基础上积极地、能动地利用和改造自然，使之更好地为人类服务。世界自然遗产地是人类共同拥有的宝贵财产，适当加以利用，为当地社会经济提供支撑，本来无可厚非。然而，一些地方将遗产地开发利用视为快速提升 GDP 的重要手段，助长种种非理性发展理念和行为。“以 GDP 论英雄”，盲目追求、互相攀比，拼资源、拼环境，乱开发，导致遗产地自然景观和生态环境遭到破坏，这与科学发展观和生态文明要求相悖。三清山“申遗”前后，在可持续发展上所做的工作有其独特性。一方面设立了包括环境监测站在内的各种站点，通过系统开展数据调研、收集与分析，确定最大旅游人数，运用各项监测数据在世界遗产保护与当地经济发展中寻求一个最佳的契合点。另一方面以可持续发展理念为主导，提出了旅游依托城市的概念，将玉山县作为三清山旅游依托城市，实现“山上游、山下住”，确保“吃、住、行、游、购、娱”旅游六要素的完整性，自然遗产地的保护没有造成当地 GDP 的萎缩，反而旅游产业有效促进 GDP 的增长，实现经济社会与资源环境协调持续发展。

3．优先保护三清山自然遗产地是人们思想观念提升的集中反映

人类对文明的认识有一个长期的历史过程。按照马克思主义观点，文明是相对于野蛮而言的。从社会形态角度看，迄今为止，人类已经经历了奴隶文明、封建（中世纪）文明、资本主义文明、社会主义文明；从生产、生活方式角度看，人类经历了农业文明、工业文明、城镇文明、科技文明、网络文明等。但从生产方式角度看，以往的文明，其着眼点主要是物质，是物质生产能力的提高，是人类物质生活的改善。因为在生产力水平很低或比较低的情况下，人类对物质生活的追求总是占第一位的，所谓“物质中心”观念也是很自然的。进入工业文明后，与人类物质生活水平不断提高如影随形的还有环境污染、资源破坏，沙漠化、“城市病”等全球性环境问题。人类越来越深刻地认识到：物质生活提高是必要的，但不能忽视精神生活；发展生产力是必要的，但不能破坏生态；人类不能一味地向自然索取，而必须保持生态平衡。

三清山“申遗”是人们对可持续发展问题认识深化的必然结果，“申遗”的过程也是发展与保护思想观念的提升过程。正是因为拥有“先保护、后发展、发展成果共享”的科学理念，三清山“申遗”才获得成功，三清山的保护才得以提升，生态文明建设在区域发展中才得以很好体现。

第二篇
主要污染物减排

主要污染物减排是关系到社会经济可持续发展的政治任务，应当立足于“三个转变”，抓好“二项创新”。在减排工作认识上，实现由减排任务的强制性向企业减排的自觉性转变；在减排措施的落实上，实现由单纯的工程结构减排向提升生产技术水平转变；在减排根本要求上，实现由单一污染物为减排而减排向调整产业结构转变。抓好减排监督机制的创新，提高减排监管效能，实现减排预期目标；抓好减排技术创新，深挖减排潜力，推动减排深入。

5 火力发电厂是 SO_2 减排的主角

——国电黄金埠发电有限公司减排工作的启示

环境承载力已经成为中国经济持续发展的瓶颈，尽最大努力降低能源消耗、减少污染物排放是中国经济发展的内在要求，也是建设和谐社会的必然要求。目前，中国发电装机容量已突破 9 亿 kW，其中火电装机容量占 74.6%。2009 年中国煤炭消费总量超 30 亿 t，其中电力行业煤炭消费量和 SO_2 排放总量占全国 50% 以上。SO_2 对大气影响极大，减少其排放是中国政府的约束性任务，削减火电行业 SO_2 排放量是完成减排任务重中之重的工作。

2008 年以来，国电黄金埠发电有限公司（下称黄金埠电厂）把实施火电机组脱硫减排作为政治任务来抓，在企业巨额亏损的情况下，仍然全力投入污染减排工程，超额完成电力 SO_2 削减任务，受到国家减排核查组的多次好评。事实证明，黄金埠电厂已成为 SO_2 减排的主角。

一、黄金埠电厂是国家重点工程

黄金埠电厂是一个由中国国电集团公司和淮南矿业公司共同控股的现代化火力发电企业，坐落于江西省余干县黄金埠镇凌圹村。项目总投资 455 700 万元，其中环保投资 48 751 万元，占总投资的 10.7%。

电厂规划容量为 4×600MW，工程分两期建设。2004 年 9 月完成《国电黄金埠发电厂一期工程（2×600MW）环境影响报告书》；2004 年 11 月，该环境影响报告书获原国家环境保护总局批准。一期工程于 2005 年 4 月 12 日开工，其中 1#、2#燃煤发电机组主体工程分别于 2007 年 3 月 15 日和 2007 年 7 月 31 日投入试运行发电。一期工程采用超临界燃煤发电机组和低氮氧化物燃烧器，同步建设石灰石—石膏湿法烟气脱硫设施，配备高效双室四电场静电除尘器，设计技术参数达到国内同类机组先进水平。

二、黄金埠电厂减排措施和成效

黄金埠电厂主体工程建设创造了史无前例的“黄金埠速度”，从立项到发电仅用了三年，比正常情况下至少缩短了2年时间。但由于环保治污脱硫工程建设落后于主体工程，1#发电机组延迟至2007年6月18日、2#发电机组延迟至2007年10月21日才完成脱硫系统建设，造成燃煤发电机组在试运行期间烟气中SO_2未经脱硫处理直接排放，大大超过环评审批控制6 600 t的排放指标。导致上饶市2007年新增电力SO_2排放量15 100 t，实际排放总量较上年猛增26.64%，未能完成当年SO_2减排任务。

在严峻的减排形势面前，各级环保部门和黄金埠电厂高度重视，将污染减排纳入日常生产管理体系，制定完善各项减排管理制度和岗位责任制度，创新工作方法，加大资金投入，确保减排目标的实现。

1．建立健全制度，狠抓减排日常管理

没有规矩，不成方圆。黄金埠电厂是新建电厂，各类环保制度很不完善。为此，黄金埠电厂成立由生产经理总负责的环保监督网络，设立负责环保工作的专门部门，明确网络中各级人员环保职责。制定《环境保护监督管理制度》《环境监测人员岗位责任制》《环境监测站职责条例》《环境监测质量保证制度》《环境监测质量管理制度》《黄金埠发电有限责任公司灰场管理制度》《环保设施巡回检查制度》《环境保护监督工作考核实施细则》《脱硫设备运行管理制度》等27项相关的环保管理制度，各环保设施岗位运行维护情况均建立现场记录，将环保管理具体责任落实到人。电厂环保监督工作逐步实现标准化、制度化、系统化。

2．加强设备运行管理，确保完成减排任务

制度是保障，落实是关键。黄金埠电厂按照“把脱硫系统当成一台主设备来管”的指导思想，积极探索脱硫系统的运行、维护和检修工作规律，确保脱硫系统的安全、经济运行。以环保监督会为契机，针对现场出现的各种问题，提出相应解决方案，并要求限期进行整改。对限期内未能解决的，提出考核意见，提请公司绩效工作办公室进行考核。2008年电厂共召开环保监督会9次，对限期内未能解决的实行考核经济处罚5 300元，对积极主动想办法解决环保设施问题的给予奖励1 600元，下达环保监察整改通知书6份，从而促使各种环保设施正常运行。

3．强化减排监管，督促设施正常运行

黄金埠电厂投产之年正是全国减排工作开局之时，投产之初环保设施还存在许多基建遗留问题，特别是烟气在线监测系统、烟气脱硫系统等，很难确保设施正常运行。为此，各级环保部门对黄金埠电厂的 SO_2 排放进行实时跟踪监测和全方位动态管理，将减排工作从行政管理向生产环节延伸，推行减排目标点对点衔接，实行全程监督。

4．创新监管方法，落实驻厂工作制度

黄金埠电厂是 SO_2 排放大户，稍有疏忽，将影响上饶市甚至是江西省减排任务的完成。为确保减排措施落实到位，环保部门创新工作方法，建立驻厂工作制度。从 2008 年 7 月起，派出专职环境监察员驻厂，对黄金埠电厂所有环保设施的运行情况监管，确保达到减排效果。

5．着力技术改进，努力提高减排效能

2007 年投产时，黄金埠电厂脱硫系统设备缺陷很多，脱硫投运率偏低。为迅速扭转现状，黄金埠电厂对整个脱硫系统存在的问题逐个进行分析，制定处理方案。一方面，成立脱硫机组运行管理工作小组，加强与省、市、县环保部门的协作。另一方面，对减排设施进行全面检查，对检查过程中发现的问题逐一制定技术改进方案，认真加以整改。在短短两年时间内，电厂累计投入技改资金 2 000 余万元。完成了 1 #真空皮带机滤布、环浆液泵机械密封、2#脱硫系统增压风机轴承、吸收塔除雾器改进等 12 项技改项目。在保证脱硫系统稳定运行的同时，对脱硫运行人员进行强化培训，提高操作水平，两台机组硫投运率分别达到 96.55%和 95.23%。

三、黄金埠电厂减排的启示

当年创造史无前例“黄金埠速度”的黄金埠电厂，如今通过自主研发、集成创新和引进技术再创新，实现增产减污，SO_2 排放量持续下降、SO_2 减排位居全省前列，2008 年、2009 年，该厂连续被评为“江西省主要污染物总量减排先进企业”。国家环保部 2008 年度减排核查组成员、环保部总量司一博士实地核查后深有感慨地说：“从这里（开始），使我改变了对国电（国家电力集团）的看法”。2009 年上半年和 2010 年上半年，环保部核查组对该企业核查后，又深有感触地

说："黄金埠电厂 SO_2 脱硫减排工作做得很规范，效果很好。"

减排工作任重而道远，火电行业是我国 SO_2 减排的主角，因此，总结和深思黄金埠电厂减排工作对指导、规范减排具有重要的现实意义。

1．减排必须上升到讲政治的高度

讲政治是对人民群众的态度问题，事关党和政府的服务宗旨。节能减排是通过对经济发展、资源消耗与环境影响等方面统筹兼顾，达到以最小的资源环境代价谋求经济社会的最大发展，以最小的经济社会成本保护环境，实现人民群众安居乐业、社会经济可持续发展的最终目的。因此，节能减排不仅仅是单纯的经济领域或社会领域的问题，而是一个高度敏感、极端重要的政治问题。因此，节能减排必须上升到讲政治的高度，必须下最大的决心、花最大的力气、采取最强有力措施抓好落实。

讲政治就必须要求思想上高度重视、认识上高度统一、行动上高度一致，顾全大局，舍得牺牲局部利益和眼前利益。黄金埠电厂身为国有大型企业和减排重点单位，在减排过程中领导重视、机构严密、上下一致、舍得投入、管理得当、成效突出，既充分担当起讲政治所要求的企业社会责任，又充分实现了讲政治所要求的和谐发展的目的。

2．减排必须成为企业的自觉行为

企业减排是要付出代价和成本的。需要打破惯有的生产方式，按照节能降耗减排的要求重新建立、规范生产体系和管理体系，然而，在新的体系运行中会产生巨大阵痛，甚至会导致企业暂时处于困境。但是不推进减排，不加快调整经济结构、转变增长方式，资源支撑不住，环境容纳不下，社会承受不起，经济发展难以为继，改革开放的成果将消失在环境污染、生态破坏的浊流旋涡之中。减排是强制性的，但在过程中必定会产生企业与政府、局部利益与全局、短期利益与长远利益的博弈。而博弈的最终结果已经设定，企业只有将减排工作上升为自觉的行为，才能弱化博弈的程度、降低博弈的行政成本，才能有利于减排工作的顺利推进。

黄金埠电厂从事的是火力发电行业，是经济发展的能源创造者，但又是一个资源消耗大户和污染排放大户，理所当然地也成为节能减排的重点企业。事实证明，只有把减排提升为企业的自觉行为，才能减轻对减排的抵触情绪，才能把减排当成是转变发展方式、提升企业社会形象的重要载体，才能把减排作为体现企业社会责任的重要方式，才能把减排与企业发展紧密联系起来，而不是把减排设施当成应付检查的摆设和走过场的政治秀。

3．减排必须融入企业日常生产管理

减排不是空洞的口号，而是实实在在的具体工作。在操作层面上，如何把减排的各项措施落到实处，是减排能否取得成效的关键。有的企业把减排作为从属于企业生产的附属工作，一旦生产与减排发生冲突，减排必须为生产让路；有的企业把减排与企业生产从两个层面割裂开来，减排与生产两张皮、各管各，不能有机结合，从而使减排效果大打折扣。而黄金埠电厂减排实践说明，把减排融入企业日常生产管理是落实减排的最好方式。只有像管理生产一样管理减排，才能在思想意识上、组织机构保障上真正重视减排；只有像管理生产设备一样管理减排设施，才能真正确保减排设施稳定运行，达到减排预期；只有像重视生产技术革新一样重视减排技术改进，才能真正舍得减排投入，充分挖掘减排潜能，实现企业发展方式转型。

国电黄金埠发电有限公司脱硫系统

黄金埠电厂烟气脱硫采用石灰石—石膏湿法脱硫技术，脱硫率为 95%。SO_2 排放浓度为 119.35mg/m^3，年减排 SO_2 3.5 万 t。

4．减排必须着力于工作创新、技术创新

创新是社会进步永恒的动力。减排工作也必须着力于工作机制的创新、减排技术的创新，这是不断发展的社会经济发展形势、环境保护政策、节能减排技术

对减排工作的必然要求。黄金埠电厂之所以取得较好的减排成效，正是得益于派员驻厂监管和生产全过程监管等减排监管机制的创新；得益于黄金埠电厂针对存在的问题和隐患进行有的放矢的技术改进和创新，确保减排设施稳定运行，提高减排效能。

6 污水处理厂：让城市的灵魂更清澈

——上饶市污水处理厂建设与运行监管的启示

“十一五”以来，上饶市加大了污水处理厂建设力度。截至 2009 年，辖区内所有县市区都建成了污水处理厂。早在 2003 年，上饶市就采用 BOT 模式兴建市污水处理厂一期工程，二期工程于 2007 年投入使用。同时，上饶市加大了污水管网配套建设力度，并强化对污水处理厂运行监管，提前一年完成“十一五”COD 静态减排任务，水系环境质量明显提升。

一、建设城市污水处理厂的意义

水是城市的灵魂。世界最早的城市基本上都出现在黄河流域、幼发拉底河流域、底格里斯河流域及尼罗河流域等四大河川。目前，作为城市灵魂的水资源状况迅速恶化。一方面，人类对水资源的需求以惊人的速度增长；另一方面，水污染日益严重。因此，建设污水处理厂已成为化解水资源危机和防止水污染暴发的一条重要而有效的途径。

1．污水处理厂是完成减排任务的政治工程

在“十一五”规划中，中国首次将水环境主要污染物化学需氧量（COD）减排任务作为约束性指标，层层分解落实到地方各级政府。这是贯彻落实科学发展观的重要举措，是推进经济结构战略性调整的重要途径，是中国政府向世界兑现承诺的具体行动。2005 年底，上饶市环境统计 COD 排放总量是 3.99 万 t；到“十一五”期末，江西省政府要求该市 COD 排放量控制在 3.69 万 t 以内，削减率为 7.6%。上饶市是一个农业地区，工业 COD 排放量占的份额非常小，减排潜力非常有限。城市污水处理厂作为削减 COD 的主要载体，在减排工作中显得尤

为重要。因此，该市将污水处理厂建设与运行作为完成 COD 减排任务重中之重的政治工程。

2．污水处理厂是提高水源质量的保护工程

城市生活污水是指城市居民聚集地区所产生的生活污水，主要由一些无毒有机物，如糖类、淀粉、纤维素、油脂、蛋白质、尿素等组成，氮、磷、硫比重较高。此外，生活污水中还含有相当数量的微生物，其中病原体（如病菌、病毒、寄生虫等）对人的健康有较大危害。为保护饮用水源，上饶市结合实际排放状况筛选出最佳的工艺方案，建成日处理能力达 8 万 t 的污水处理厂。同时，取缔饮用水源保护区范围内的所有污水排污口，城区生活污水经管网收集、干管截污、提升输送进入污水处理厂处理，城市的污水处理率达到 75%。

3．污水处理厂是改善民生的惠民工程

城市污水处理事业的发展，直接关系到城市公共卫生安全与人居环境质量的改善。上饶是一座老城，城市排水体系基本为雨污合流制，生活污水原来仅经化粪池简单处理后排入城市排水管网，就近进入河流。一些小区、居民区、宾馆饭店的生活污水甚至未经任何处理直接排入河道，使流经河段水质日益恶化，部分河段水质变黑发臭，严重影响经济发展和人民生活。建设城市污水处理厂是保证生活污水达标排放的减负工程，是改善民生、提高居民生活质量的惠民工程。

4．污水处理厂是实现可持续发展的保障工程

改革开放以来，城市经济快速发展。同时，经济发展与资源环境的矛盾日趋尖锐，群众对环境污染问题反映强烈。如果不抓好污染减排，一味追求 GDP 增长，让“两高一低”行业盲目扩张，则资源环境成本的外部化将导致过度消耗支撑发展的基本生产要素，从而使经济建设和发展缺乏足够的保障，发展必然难以为继。城市污水处理厂是城市经济、社会发展不可缺少的重要基础设施，其削减的不只是主要污染物的排放量，在更深的层次和意义上，其斩断的更是束缚可持续发展的绳索。

二、污水处理厂建设情况

1．污水处理厂是一个 BOT 招商引资项目

近年来，上饶市大力鼓励民间资本进入城市公益事业，市污水处理厂就是一个范例。2003 年，市政府采用 BOT 模式（即“建设-经营-转让”模式）招商，确定由义垄环保产业开发有限公司投资 1.558 亿元在上饶县旭日镇旭日村新建一座日处理污水能力 8 万 t 的城市污水处理厂。工程分两期建设，总占地面积为 9.6 hm^2。一期工程 2003 年 10 月开工建设，2004 年 6 月竣工并投入试运行；二期工程 2004 年 7 月开工建设，2007 年 10 月完工并投入试运行。

2．污水处理厂采用改进型卡鲁塞尔氧化沟工艺

污水处理工艺决定城市污水处理厂投资和运行成本。目前，在城市污水处理领域，国内外污水处理厂大多采用生物法治污工艺。生物法有活性污泥法和生物滤池两大类，生物滤池的处理效率不高，卫生条件较差，中国只有少数几座生物滤池城市污水处理厂，而活性污泥法占绝大多数。活性污泥法应用最广泛的主要有三类：即传统活性污泥法和它的改进型 A/O、A^2/O 工艺、氧化沟工艺和 SBR 工艺。

氧化沟工艺是活性污泥法的一种变型，在水力流态上不同于传统活性污泥法，是一种首尾相接的循环流，通常采用延时曝气，在污水净化的同时污泥得到稳定，具有传统活性污泥法的优点，去除有机物的效率很高，也具有脱氮的功能。该生产工艺包括预处理系统、生化处理系统、沉淀分离系统和污泥浓缩系统 4 个部分，城市生活污水经处理后，各项污染物排放指标均达到《城镇污水处理厂污染物排放标准》污水一级 A 排放标准。

3．污水处理厂截污管网配套工程

截污管网配套工程是污水处理厂能否达标运行的关键，上饶市把它作为城市建设的重要民生工程。自 2003 年第一条截污管道开工建设以来，上饶市已建成污水收集管网 150.16km（其中 2008 年新建 23.659km，2009 年新建 15km，2010 年新建 30km），新建管网雨污分流，构建了一套完善的、安全的、全覆盖的管网系统。同时，新建、改造现代城泵站、上浮桥泵站、解放河泵站、龙潭等一批提升泵站。改造后的排水泵站进水格栅均为机械格栅（具有工作效率高、清掏及时

的优点），提升了污水的截污、收集和提升能力，解决了原污水输送能力不足、输送管道易堵塞的弊端，解决了老城区污水收集的历史遗留问题，保证了污水截流并全部送往污水处理厂。新城区建设与新增雨污分流制管网和污水管网收集建设同步实施。新建旭日片区、三江片区、新火车站片区及三清大道截污干管23.659km，形成更加有效的污水收集管网系统。新建7.562km的渗滤液集污管线并与水南街污水收集管网对接，将城市生活垃圾填埋厂高浓度渗漏液纳入城市污水处理系统。

三、加强对污水处理厂的运行监管

由于前期截污管网建设滞后，上饶城区污水处理厂在运行中存在负荷率低，碳负荷达不到要求，氧化沟活性污泥数量难以提高，菌胶团的正常生长繁殖得不到保证，进水稀释食微比，活性污泥活性偏弱，出水水质难以达标等问题。为了更好地解决上述问题，充分发挥污水处理厂的治污能力，必须加强对其监管。一是成立专门的截污管网建设小组，制定截污管网建设方案，落实建设资金。二是制定污水处理运行方案，针对进水浓度偏低、活性污泥活性偏弱问题，研究增加进水浓度和提高活性污泥活性的技术措施。三是明确污水处理运行监管责任。对污水处理厂安装在线监控系统，既真实反映污水处理厂进水浓度和出水质量，又明确污水处理厂主管部门和企业的责任。环保部门是监督污水处理厂的主管单位，必须派出专人驻厂监管。四是明确相关部门责任。自来水公司在收取水费必须足额征收污水处理费，财政部门要及时拨付污水处理费，电力部门要保证污水处理厂的用电需求。五是用特许经营的形式和规范的合同来约束各方的责任和权利；建立相应的代表公共利益的政府监管体系，对污水处理水质、收费价格、服务质量等进行监管。

四、启示

中国水资源总量高达27 711亿m^3，居世界第六；但人均水资源量只有世界平均水平的1/4，名列世界110位，已被联合国列为13个贫水国家之一。在水资源量严重短缺且分布极不均衡的情况下，中国的城市污水处理率却达不到70%。日趋严重的水污染不仅降低了水体的使用功能，而且进一步加剧了水资源短缺的矛盾。随着城市污水排放量增加，环境基础设施建设又跟不上城市化发展速度，致使城市生活污水成为水污染的一个重要来源。

德国莱茵河畔碧波荡漾、景色迷人

建设城市污水处理厂迫在眉睫。如何建设污水处理厂？如何确保建成后正常运行？德国莱茵河畔最大内陆港城市杜伊斯堡的成功经验是由政府、企业共同投资兴建独立的污水处理厂，再由政府出人出策来管理和监督，附近企业在交纳一定费用后将污水排进污水处理厂，处理干净的水循环利用。在杜伊斯堡市污水处理不但未成为企业的成本负担，反而有利可图。结合我国实际，应着重从以下几个方面去破解污水处理厂的建设和运行难题。

1．要注重城市污水处理厂投资模式的研究

城市污水处理厂是治理城市生活污水等污染源的最好方式，又是完成减排政治任务的重要手段，是治污的最后一道防线。城市污水处理厂按其性质和功效，最好由政府投资。目前中国污水处理行业仍处于发展的初级阶段，加上政府财力有限，必须在强调各级政府是污水处理厂建设主体的基础上，将其投资权、运营权和收益权推向市场。进一步改革投融资和运营管理体制，全面放开污水处理市场，打破行业、地域和所有制限制，鼓励各类社会资金参与建设和运营。新建污水处理厂可采用独资、合资、合作、项目融资和 BOT、TOT 等多种方式进行项目运作和建设。建立规范的现代企业制度，积极鼓励有实力的大企业、大集团对现有的污水处理企业进行并购和重组，盘活存量资产，促进污水处理产业化、专业化。

2．要注重最优治污技术的研究

中国土地辽阔，气候条件多种多样，城市污水处理厂建设不能搞“一刀切”。各地要结合实际情况，选择成熟的治污工艺和最优治污方案，以降低建设成本、减少运行费用和节约资源。首先，要选择最优治污方案。污水处理厂的功能就是处理污水，它不是形象工程，更不是政绩工程。只要能满足污水集中、废水排放最优流向就是最佳方案。其次，要体现保护基本农田国策。污水处理厂选址应尽可能以城市宅基地和非农业用地为主，不占用农田。再次，要选择切实可行的污水处理工艺。污水处理工艺的选择要充分考虑各地的气候条件，根据各地污水进水浓度高低，选择适宜的技术处理工艺。绝不能“贪大求洋”，把它建成既不能有效运行，又成为浪费资源的摆设工程。

3．要注重截污管网配套工程建设的研究

已建好的城市污水处理厂能否实现治污的目的，关键是截污管网配套建设能否到位。截污管网是连接污水处理厂与城市生活污水的纽带，仅有城市污水处理厂而没有配套截污管网，城市污水处理厂也难为“无米之炊”。上饶市污水处理厂运行中存在的主要问题，关键因素就是截污管网还不够完善。因此，截污管网建设是重中之重的工作。首先，要对老城区全面规划，采取补救措施，因地制宜建设截污管网；其次，在新城区规划建设中要将截污管网建设作为基础设施建设的一部分，同步规划同步建设；最后，在资金不足的情况下，要在重点区域、重点排污地优先建设，提高污水处理厂的效益。

4．要注重运行监管体系的研究

城市污水处理厂是一项惠民工程、德政工程。城市污水处理厂投入大，建设好只是基础，保证其达标运行才是关键。城市污水处理厂的运行费用特别高，不管是由政府直接运行，还是由企业承包运行，都要建立健全运行监管体系。首先，要落实领导责任制。做好城市污水处理工作，主要责任在地方政府。各级政府要把城市污水处理工作纳入干部政绩考核指标体系，作为干部任免奖惩的重要依据。其次，要推行行政责任追究制度。建立公开曝光、行政和纪律处罚、经济制裁相结合的责任监督体系，对没有按期完成污水处理项目建设任务、建成后不正常运行、擅自停止运行和排放不达标的，按照规定追究责任单位和责任人的责任。再次，加强对污水处理运行的监管。要建立健全政策引导、技术规范、监督检查相结合的监管体系，确保污水处理设施正常运转，充分发挥其投资效益和环境效益。改进污水处理经费拨付办法，加快建立以污水处理水量和水质为核算标准的经费核拨体系，充分调动污水处理厂的积极性。要突出重点，狠抓对污水处理厂进出水水质的监管。污水处理企业必须在指定位置安装进水、出水流量计和在线监测系统；要建立污水处理设施停运报告制度，完善应急处置方案，确保达标排放。

7 企业越重视环保 发展空间就越大
——德兴百勤异 VC 钠有限公司治污的启示

江西德兴市百勤异 VC 钠有限公司（下称百勤异 VC 钠）是一家生物型食品抗氧保鲜食品添加剂生产企业。20 世纪 90 年代末，全国类似百勤异 VC 钠的生产企业有 38 家，但因种种原因，有 36 家先后被关停。百勤异 VC 钠能够生存至今并得到快速发展的事实证明：企业越重视环保，发展空间就越大。

一、百勤异 VC 钠的发展历程

1．百勤异 VC 钠是一家股份制企业

百勤异 VC 钠前身是德兴市新岗山垦殖场于 1993 年投资创办的一家乡镇企业。2003 年 4 月，企业改制为股份制企业。公司主要产品为异 VC 钠以及异 VC 酸、维生素 B_2（核黄素）、核黄素磷酸钠等，年产量 2 万 t。公司现有员工 700 人，其中大中专以上专业技术人员 200 余名。2009 年，公司总资产为 2.45 亿元，销售收入 3.9 亿元、利税 8 120 万元、出口创汇 4 000 万美元。作为一家“国家火炬计划重点高新技术企业”和“农业产业化国家重点龙头企业”，百勤异 VC 钠如今已发展成为国家中型一级企业。

2．百勤异 VC 钠是一家朝阳企业

异 VC 钠作为食品抗氧化剂的朝阳产品，兴起于 20 世纪 80 年代。主要生产工艺为玉米或大米经过磨浆后糖化，微生物发酵，酯化转化获得。百勤异 VC 钠大胆创新，改用江西早稻稻米为原料，解决了国际上长期争论不休的“转基因”食品安全问题，为提高农产品附加值、促进农民增收做出了积极贡献。

3．百勤异VC钠是同行全球龙头企业

百勤异 VC 钠以项目为载体，发展步伐不断加快。其主要产品是 D-异抗坏血酸钠。该产品是一种食品新型生物抗氧化、防腐保鲜剂，能够保持食品色泽风味、延长储存期和抑制致癌物质亚硝胺的形成，已广泛应用于石油化工、钢铁、化妆品等行业。目前，D-异抗坏血酸钠已被世界卫生组织和世界粮农组织认定为绿色抗氧保鲜剂，美国（FDA）、加拿大和欧盟先后确认其为安全、有效的食品添加剂。企业产品遍布世界各国，市场占有率达60%以上，位居全球同行业之首。"PARCHN"品牌已被众多国际知名跨国企业（如可口可乐、百事可乐、罗门哈斯、通用电气、亚什兰等公司）选用，并建立战略伙伴关系。

4．百勤异VC钠十分注重科研工作

百勤异 VC 钠改制后，积极主动与国际先进管理理念接轨，十分注重科研工作。近年来，该企业大量引进科研人才，先后承担国家级重点火炬计划、国家农产品深加工、国家科技创新、国家农业科技成果转化、国家重点新产品以及江西省高新产业等国家、省（部）级以上科研项目 32 个，拥有 76 项具有自主知识产权的核心技术。先后通过 ISO 9001 质量管理体系认证、ISO 14001 环境管理体系认证、HACCP 食品安全认证、KOSHER 犹太清洁食品认证和 HALAL 清真食品认证，并获得"全国轻工业绩效管理优秀企业"等称号。

二、百勤异VC钠的环保历程

百勤异 VC 钠的环境保护工作经历了一个曲折的转变过程。企业在垦殖场办企业和改制后的一个时期，废水跑冒滴漏经常发生，烟尘超标排放，废渣露天堆放，群众深受污染侵害，环境信访投诉经常发生。在历经环保挂牌督办后，企业痛定思痛，投入 2 000 余万元分别对"三废"进行治理。企业在发展中进一步认识到环保工作的重要性：不重视环保，企业必将死路一条；只有在做好环保工作的前提下，企业才能迈进科学发展的康庄大道。

1．百勤异VC钠是污染投诉频顾企业

异 VC 钠污染物主要包括废水、废气、废渣。由于起初企业在认识上对环保工作存在一定误区，一味抓生产，忽视污染治理，导致周边环境遭受污染，群众为此投诉不断。2005 年，该企业被列为江西省环保挂牌督办企业和环境后督察

管理企业。2009 年 6 月至 10 月成为环保投诉集中暴发期。国家环保部、环保部华东督查中心、江西省环保厅先后多次派员到该企业实地核查信访件投诉内容，对企业环保工作进行全面检查，指出企业在烟尘脱硫与排放、废水清污分流、固体废物处置上存在较大问题，是污染投诉主要祸首。

2．百勤异 VC 钠实施六项环保工程

在进退维谷中，百勤异 VC 钠视“挫折”为财富，对环保认识有了质的飞跃，把做好环保工作作为关系到企业生死攸关的头等大事来抓。成立了董事长领导下的环保工作部，制定《公司环保工作管理方案》《突发环保污染事件应急预案》《环保工作岗位操作规程》。加大环保投入，近年来先后实施环境影响评价工程、清污分流工程、污水处理达标工程、除尘达标排放工程、固废处置工程、清洁生产六项环保工程。把生态环保作为保持企业取得经济平稳较快发展的重要举措，把节能减排作为调整经济结构的有效途径，朝着清洁发展、节约发展、安全发展和可持续发展的方向迈进。

一是实施环境影响评价和“三同时”工程。企业在发展过程中，为什么环境问题一直得不到解决，其根本的原因是没有认真执行环境影响评价和环保“三同时”制度。企业在项目建设时，没有建设污染防治设施，当企业投入生产时，就必然产生环境污染，造成群众上访。百勤异 VC 钠从垦殖场办企业演变而来，当时企业规模较小，环境污染不大或者没有引起人们足够重视，企业在发展过程中一直没有履行环境影响评价制度，企业治污设施残缺不全。2008 年，企业建设 10 000t/a 异 VC 酸和 800t/a 核黄素扩建项目时，也未办理环保审批手续，受到市县环保部门挂牌督办、限期整改、补办环评审批手续、行政罚款 15 万元的处罚。

经过处罚教训后，企业委托环评单位完成《江西省德兴市百勤异 VC 钠 D-异抗坏血酸和核黄素产业化项目环境影响评价报告书》，该报告书迅速得到省级环保部门审批，企业根据环评批复要求，切实抓好“三同时”制度落实。

二是实施优化清污分流工程。建厂之初，该企业清污没有分流，排放不规范。2005 年开始，企业严格按照要求建设清污分流管道。但是企业在生产过程中仍然存在大量废水跑、冒、滴、漏现象。2009 年 10 月，企业又聘请江西省内专门从事环境治理的高等院校重新设计，进一步优化污水处理厂管网布置，完善污水处理站污泥处理设施，提高污水处理效率。

三是实施污水处理达标工程。2007 年 8 月，企业聘请省级科研院校编写了“废水处理工程方案”，投入 200 余万元建设一座生物氧化污水处理站，并于 2008 年 4 月投入运行。经环境监测部门多次抽查检测，该处理站日处理污水达 600t，

进水 COD 含量 2 000 左右，出水口 COD 含量降至 100 以下，达到废水排放标准。

四是实施烟气达标排放工程。建厂之初，企业生产锅炉均采用小链条炉。2009 年，企业投资 80 余万元新建两台 20t、30t 循环流化床并配套建设水膜除尘装置的锅炉，淘汰原有 4 台链条炉。

2009 年 4 月，企业编制完成《30t/h 锅炉烟气脱硫处理技术方案》，结合实际采用列入国家技术目录和推荐的双碱法脱硫技术，设计处理标态烟气能力达 10 万 m^3/h，脱硫能力为 6t/d。改造现有的除尘器和脱硫塔，新建脱水除雾塔、除尘废水循环系统、脱硫废水循环系统、脱硫剂制备系统及灰渣处理系统。

2010 年 5 月，企业又新建一台 75t 锅炉并投入试运行，安装烟气在线监测系统，实现与省级环境信息中心数据联网，烟气各项指标实现达标排放。

五是实施固废处置工程。企业自主研发的高浓度污水焚烧炉获得国家专利后，经更新换代，污水焚烧炉年处理高浓度污水 40t，能充分满足处理生产污水的需要。企业投资 160 万元新建 4 $600m^3$ 沉淀循环水处理池，冷却水经沉淀后循环使用。2007 年，投资 450 万元，新建年产 2 000 万块新型墙体材料——混凝土多孔砖车间，并被江西省工信委批准为新型墙体材料定点生产企业，年消耗煤渣 6 万 t。

六是实施清洁生产工程。2006 年 4 月，企业启动清洁生产工作，从有关专家提出的 40 多项无/低费、中/高费方案中筛选 21 项无/低费方案实施，取得降耗、减排显著效果。在此基础上，企业结合技术改造，又投入 67.6 万元实施 5 项中/高费方案。企业还长期不懈坚持以技术进步降低污染，先后实现母液回收回用、三效连续低温结晶、连续发酵等新工艺新技术的工业化应用。目前，企业万元生产总值综合能耗比 2005 年降低 20%以上；万元工业增加值取水量年均下降 6%；工业用水重复利用率提高到 85%以上；工业固体废弃资源综合利用率达到 90%。

通过落实上述多项环保措施，企业“三废”排放达到国家标准。流经公司的体泉河，河水水质达到国家地面水Ⅱ类标准，厂区周边山清水秀，厂内生产环境优美。

三、百勤异 VC 钠治污的启示

行业竞争不仅仅是科技进步竞争，而且是环境保护的竞争。百勤异 VC 钠坚持科学技术是第一生产力，其发展壮大之路就是一条科技创新不断深入之路。同时，“环保竞争”更成为企业生存和发展的关键所在。

1．科技创新是企业发展的原动力

科技创新是企业发展的原动力，环境保护离不开科技创新。百勤异 VC 钠随着对环保认识的不断提高而发展壮大。创业之初，百勤异 VC 钠年产量仅为 300t，而且生产成本很高，污染物特别是高浓度废水排放量大，严重影响企业发展。企业改制后，十分注重科技创新，引进大量科研人才，先后完成多项国家级重点科研项目。例如，建厂之初，吨产品甲醇使用量达到 6t，采用母液精馏回收循环使用等工艺后，吨产品甲醇使用量仅为 0.1t。在大大减低生产成本的同时，又大大减少高浓度废水产生，从源头上控制了污染物排放总量。通过不断技术革新、降低资源消耗、挖掘生产潜力、提高产品档次，2010 年，百勤异 VC 钠生产能力已达到 24 000t，进一步巩固了企业在全球同行业规模“老大”的地位。

2．重视环保是企业生存的基础

认真履行环保责任，已成为企业的立命之本。传统的、粗放的发展方式导致资源短缺、环境污染以及影响人类健康和生活质量。作为“世界工厂”，中国也是世界上资源消耗总量巨大的国家之一，如果继续走“拼资源、拼环境”的粗放发展之路，发展必然不可持续。将环境保护纳入企业社会责任是当今社会发展的客观要求，只有采取绿色战略，才能在未来竞争格局中占据主动、赢得成功。因而，企业履行环保责任不再是锦上添花，而是立命之本。如果把环保投入比作企业的绿色投资计划，从短期来看，似乎并没有产生直接经济效益，但从长远来看，将有效促进整个产业的良性发展。不论是在经济效益还是在品牌价值方面，企业都将获得丰厚回报，百勤异 VC 钠就是一个有力的证明。

企业未履行环保责任而导致的巨大生态灾难，一次又一次呼唤企业良知，警醒企业应视环保为本，尊重环境，尊重自然，与环境协调发展。一个企业，若想生存与发展，唯有自觉履行环保责任，遵守国家环保政策法规，摒弃落后产能和不符合国家环保产业政策的项目，坚持节能减排，发展低碳经济，走可持续发展之路。反之，就难以立足生存。暂且不说国家环保政策法规越来越严格，在源头上严把环评关，实行环保一票否决制，落后产能和污染项目一律不批，并实行绿色信贷。加之环境监管日益加强，铁拳治污，难以过关。即使蒙混过关，一时得逞生产，但随着群众环保意识提高，时刻关注自身生活生存环境，有千百万群众的监督，污染企业无处可藏。即使生产出产品，若不符合环保标准，不是绿色产品，也不受消费者欢迎，更难逾越国际绿色壁垒走出国门。

3．履行环保责任是企业的天职

企业道德的最核心内容是自觉遵守经济、环境和社会等三重底线的要求，即企业必须履行最基本的经济责任、环境责任和社会责任。一个企业，想做大做强，应奉行环保为本原则，走良性发展和可持续发展之路。从建立之初，就应以环保政策法规为准绳，自觉遵守。只有符合环保政策法规，才能通过环评；只有按环保产业政策要求，建设治污设施，做到污染物达标排放，不给周边居民生产生活和健康带来不利影响，群众才会接受，企业才能长久立足；只有实行清洁生产，生产出绿色产品，才能提高市场竞争力；只有大力发展循环经济，才能变废为宝，延伸产业链；只有节能降耗减排，才能减少成本，增加利润。履行环保责任意味着自觉治污、达标排放。实行清洁生产，发展循环经济和低碳经济，生产出资源能耗低、科技含量高的绿色产品，使企业与环境共生共荣共存，才是一个负责任企业。可以说，履行环保责任是企业的天职。走生态文明之路，自觉履行环保责任和义务，实现人与自然和谐，企业与环境协调发展，建设环境友好型企业，无疑是现代企业生存与发展的必由之路。

百勤异VC钠在发展过程中历经了一些波折和反复，但一个优秀企业应该有最起码的行为准则和边界意识，即哪些行为是绝对不允许的，哪些模糊地带是绝对不能涉足的。如果企业一旦突破底线，就如同失去道德制约，不能指望这样的企业会为社会带来多少价值。只有更加重视环保，企业的发展步履才能更铿锵有力，才能朝着“海阔凭鱼跃，天高任鸟飞”的境界迈进。

8 减排要舍得牺牲局部利益

——万年鑫银矿业有限公司关停转产的启示

在江西省东北部、鄱阳湖之畔，有一“鱼米之乡”美誉的滨湖县，它就是世界稻作文化起源地——万年。近年来，该县认真贯彻落实科学发展观，积极融入鄱阳湖生态经济区建设。2007 年 9 月 30 日，为完成节能减排任务，该县不惜年减收 1 500 余万元利税，一举关停万年鑫银矿业有限公司（下称鑫银矿业）冶炼生产线。这个建于 20 世纪 80 年代初，曾经红极一时的冶炼生产线在遭遇节能减排的壁垒后轰然倒下，彰显出万年坚定减排的巨大决心。

一、鑫银矿业是一个国有老企业

鑫银矿业原名万年县银金矿，创建于 1983 年，隶属县经贸委，是一家国有企业。1985 年 4 月，建成江西省第一座 50t/d 白银选矿厂，由于银金矿含砷量高，难以销售，被迫于 1988 年 4 月停产。后进行扩建改选，1991 年生产规模达到日采选原矿 200t、精矿 12t。1994 年 12 月，鑫银矿业为提高产品附加值，启动提取金银技改工程，新建冶炼生产线，并于 1996 年 6 月投入生产。主要产品为电解铅、银锭、金锭。1997 年 10 月，企业改制，更名为万年鑫银矿业有限公司。

鑫银矿业从初创发展至今，环保审批手续不全。虽然采选技改工程、新建脱砷车间分别通过环保部门审批和验收，但提取金银技改工程仅委托有资质单位进行了环境影响评价，没有履行环保审批和验收手续。2007 年 6 月由于冶炼生产线仍采用落后的烧结锅工艺，企业被依法淘汰，仅保留采矿、浮选和焙烧脱砷车间。但由于尾砂存量达到尾砂库容量警戒线，企业停止生产。

鑫银矿业被淘汰的烧结锅

二、鑫银矿业主要生产工艺

鑫银矿业创建之初工艺简单，仅为采矿。工艺主要是爆破、采石。1985 年建成选矿厂后，其工艺为爆破、采石、破碎、浮选、精选。1988 年企业扩建改造，形成采选、处理银金混合精矿能力。其工艺为采矿、矿碎、浮选、远红外干燥、回转窑焙烧、焙砂（银金混合精矿）、炉气冷却、白砒。

1994 年 12 月，企业实施提取金银技改工程，增加冶炼和电解生产线。其生产工艺流程为采矿、破碎、浮选、远红外干燥、回转窑焙烧、烧结锅烧、鼓风熔炼炉熔炼、电解、成品。

三、鑫银矿业是万年利税大户

鑫银矿业是万年重点企业。2006 年，企业上缴财政税收达 1 500 余万元，为该县第一纳税大户（除省办万年水泥厂外），安排就业 400 余人，对当地经济贡献较大。虽然鑫银矿业历年来对环境保护比较重视，也曾不断加大对污染治理的投入，但其产生的废气、废水，尤其是尾砂对周围环境造成严重的威胁。1995 年，山洪暴发造成尾砂坝出现缺口，尾砂外溢，流入下游农田，导致 6.6hm^2 农田遭到不同程度污染，经济损失达 200 余万元。

2007 年 5 月，由于鑫银矿业所使用的烧结锅工艺属于国家明令淘汰的落后生产工艺，其生产过程中能耗高、污染物排放量大，万年最终还是忍痛割爱将其关停。此举实现减排 SO_2 2 312t，提前完成该县 SO_2“十一五”减排任务，受到江西省政府表彰。

工人正在切割烧结锅

四、鑫银矿业“三废”治理

1．废水治理

鑫银矿业废水主要有井下采矿废水、选矿废水、脱砷厂和电解车间冷却水。井下采矿废水主要采用加石灰乳中和，并经三级沉淀池沉降澄清后外排。处理选矿废水采取流入尾砂库沉淀，经过滤澄清，流入鑫银矿业租用水库（祝家源水库），又从水库泵回循环使用；脱砷厂和电解车间的冷却水循环使用。经监测，水库出水及尾矿库渗滤水均达到排放标准，采矿废水中总锌略有超标（超标 0.12 倍）。

2．废气治理

鑫银矿业废气主要源自焙烧脱砷车间、精矿烧结车间以及鼓风熔炼炉，主要成分为砷尘、铅尘、烟粉尘及 SO_2 等。各种尘类经重力沉降室二级沉降以及旋风和布袋三级收尘后，经建造在山顶上的 70m 高烟囱外排。该企业虽然建有 SO_2

吸收塔，但因设备和一些技术原因，吸收塔没有发挥吸收作用，冶炼废气中 SO_2 排放浓度高达 4 000mg/m^3。2005 年，曾因气压低、大气扩散条件差等原因，导致附近山坳处林木灼伤，树叶枯黄。2006 年，又引起附近农田水稻灼伤，近 1.33hm^2 水稻受到不同程度损害。

3．固体废弃物处置

鑫银矿业固体废弃物主要是采矿废石和选矿尾砂。采矿废石大部分充填回井下，少部分被当地人用于修路和基建。选矿尾砂储存在专用尾砂库中。尾砂库存积尾砂 50 余万 t，虽然对尾砂库坝进行了两次加高和扩容，但仍超过库存警戒线。环保部门多次责令其整改，要求其增容或清库，避免尾砂外溢或倒坝造成环境危害。

鑫银矿业未经处理的尾砂任意外泄

五、鑫银矿业转产

2007 年 6 月，鑫银矿业烧结锅生产工艺遭淘汰，仅保留采矿、浮选和焙烧脱砷车间。鑫银矿业淘汰的是落后的生产工艺和污染环境的祸根，保留的是企业发展的空间，企业生存并未受到太大影响。企业一方面对尾矿进行再浮选，并将浮选后的尾砂用于制砖。另一方面从外地购买大型矿山机械进行开采。同时设立产业园，专门从事白银、铅深加工和发展新型能源产业等，已建成新能源铅酸蓄电池生产线 56 条，生产能力为 7 500 万片极板，年产值 5 亿元，上缴税收 2 500 万元，是原有企业的近 2 倍。

六、鑫银矿业关停转产的启示

1. 局部利益必须服从全局利益

一些地方为了局部利益，忽视全局利益，甚至不惜损害国家整体利益。有的地方甚至无视国家宏观调控政策，拼命争项目、铺摊子，重复投资，重复建设，造成产业结构严重趋同，生产力布局极不合理。有的大搞地区封锁和割据，垄断市场，阻碍统一市场形成；有的甚至发展到无视党纪国法、保护犯罪的程度。其核心问题是受本位利益驱动，追求地方、部门利益最大化。为此，必须坚持局部利益服从全局利益，当局部利益和全局利益发生矛盾时，坚持以大局为重，把党和国家整体利益放在首位，必要时以牺牲局部利益来换取全局利益。不允许有令不行、有禁不止、政出多门、各搞一套。不允许存在损害全局利益的地方利益，也不允许存在损害全局利益的部门利益。

2. 淘汰落后工艺产能要建立稳妥的退出机制

淘汰落后工艺、产能是一项长期而艰巨的任务，一“淘”了之既不可行，也是另一种不负责任。目前，在落后产能淘汰之后市场需求如何满足？从落后产能中转移出来的资本去向何处？淘汰后如何统筹兼顾解决地方财政压力和下岗再就业压力？这些问题至今没有一个很好的解决方案。因此，必须积极探索建立淘汰落后工艺、产能的退出机制。

首先，要把淘汰落后工艺、产能与企业产业升级和产品提档进行对接。通过加大政府用于技术改造和产品更新的资金扶持力度，激励和促进企业加快产业升级与产品提档速度，引导企业发展新型产业和特色产业，实现企业快速转身，保证企业能够持续、稳定地生存与发展。

其次，要降低社会资本进入垄断性行业的门槛。通过政策引导，帮助那些从落后产能中转移出来的资金寻找到更好的投资领域渠道，将其成功引向国家鼓励发展的新兴产业，从而拥有更好的用武之地。

再次，要在全社会树立积极监督淘汰落后工艺、产能的意识。应该将淘汰落后工艺、产能与当地政府官员的政绩考核相挂钩，实行严格的问责制度。让地方政府有压力和动力来推动淘汰落后工艺、产能政策的实施。对于继续使用落后产能的企业，应该通过限制发展、提高土地和电力使用成本、动用行政处罚乃至截断资金来源等方法，使落后工艺、产能无利可图、无法生存，促使企业主动、自觉地淘汰落后工艺、产能。

3．淘汰落后工艺、产能是腾出环境发展空间的主要方法

资源节约和环境保护事关人民群众切身利益和中华民族生存发展。我国人口众多、资源匮乏，如果不彻底转变传统的粗放式发展方式，资源将难以为继、环境更难以容纳、社会更难以承受、发展更难以持续。因此，淘汰落后工艺、产能，转变经济发展方式是落实科学发展观的紧迫任务。鑫银矿业冶炼生产线所使用的烧结锅工艺在生产过程中不但能耗大，且排放大量污染物，是该县 SO_2 排放大户，按照“削减总量、让出存量、控制增量、提高质量”的总体原则，通过淘汰落后的烧结锅工艺，可减少 2000 多 t SO_2 排放量，为地方腾出环境总量排放指标，从而给新兴企业提供环境发展空间，促使其加快发展。

4．淘汰落后工艺、产能是优化发展环境的重要手段

经济的发展离不开环境的支撑。鑫银矿业在关闭冶炼生产线之后，立即着手组建产业园，转向新型能源生产制造和银制工艺品精加工，产品附加值得以提高，污染物排放得以减少，发展环境得以优化。万年以此为契机，全面开展治理整顿工作，进一步调整和优化产业结构，对全县所有污染物排放量大、资源能源消耗高的企业实施淘汰。破解产业发展与资源环境承载之间的矛盾，确保生态功能不退化、资源环境不超载、排放总量不突破和环境准入不降低四条红线，从而使得万年经济能够有序、健康可持续发展。

9 转变生产方式　拓宽发展空间

——德兴 308 厂关停搬迁的启示

江西有色冶炼加工厂铅冶炼分厂（下称 308 厂）是一个曾经辉煌一时并为社会带来巨大财富的龙头型国有炼铅企业。受环境污染的困扰，企业长期在生死边缘徘徊与挣扎。在新一轮产业结构调整中，面对日益严峻的污染减排形势，308 厂以壮士断腕的气魄，痛下决心，关停落后工艺和产能，取而代之以先进的设备与工艺，在历经产业结构调整的阵痛和磨难后，企业重获新生，实现了由牺牲环境换取经济利益向社会、经济、环境共赢的质的跨越。群众、政府、企业也从产业结构调整、污染减排中得到实实在在的好处。

一、308 厂基本情况

308 厂位于江西省德兴市竹鸡垅村，隶属于江西冶金集团，是华东地区主要电解铅企业。该厂创办于 1958 年，1966 年投产，经过多次扩建后，最终形成年产电铅 20 000t 的生产规模，是江西电铅生产能力最大的国有企业，在岗职工（含退休职工）千余人。

1．308 厂是一个生产工艺被列入淘汰名录的企业

308 厂主要生产粗铅和电解铅。粗铅生产工艺是 20 世纪 20 年代的烧结锅冶炼工艺。主要生产设备产于 50 年代，工艺落后，设备老化、资源利用率低，污染严重。1997 年，国家公布《第一批严重污染环境（大气）的淘汰落后工艺》，308 厂所采用的生产工艺“榜上有名”。但由于该厂在德兴市域经济中处于举足轻重的地位，当地政府、企业主管部门、厂方都担心稍有不慎就将影响企业生产乃至区域经济发展。因此，始终没有对其进行脱胎换骨的更新，只是在原有工艺

设备上进行换汤不换药的技术改造。

2．308厂是一个涉铅重污染企业

虽然企业曾多次投入巨资（甚至采取职工集资筹资方式）治理污染，陆续建设“XP 系列脱硫新设备及亚硫酸钙脱硫法”铅冶炼烧结烟气治理设施等治污设备。但落后的工艺决定了企业污染排放大、治理难的特性，企业铅尘和 SO_2 的污染问题始终没有得到有效解决。据环境监测部门监测，该企业外排的废气 SO_2、铅和锌分别超标 2.6 倍、38.2 倍和 11.8 倍，烟气中的 SO_2 年排放量达到 1 600t。

3．308厂是一个治污设施严重滞后企业

自 1958 年建设投产以来，308 厂污染治理工程建设始终滞后于企业的发展速度。从建厂初期到 20 世纪 80 年代，由于全民环境保护意识以及地方对环境保护的要求不严，再加上各地发展经济的迫切需求，环境保护工作从属于工业生产。在这种大气候下，308 厂污染治理工作基本上没有列入企业生产议事日程，污染物仅通过简易治理就直接排放，导致厂区附近区域山林植被寸草不生、土壤酸化严重和纳污河体鱼虾灭绝。进入 20 世纪 90 年代，随着国家对环境保护工作的日益重视和环境监管力度的加大，环境污染成为关系到 308 厂生死存亡的问题，企业对污染治理工作有所加强。1999 年，为了企业生存，308 厂职工集资陆续建设了“XP 系列脱硫新设备及亚硫酸钙脱硫法”铅冶炼烧结烟气治理、废水循环利用等治污设施。这些治污设施的建设，只是为企业生存赢得了一时喘息的机会，并未从根本上解决生产工艺落后、污染排放严重的问题。

4．308厂是一个信访投诉不断企业

308 厂建厂时，由于没有考虑到环境污染问题，厂区布局、选址极不合理。该厂厂址位于一山谷内，大气扩散条件差，厂区周围 1～3km^2 区域的大气污染特别严重，邻近村民多年深受污染侵害。降雨形成的地表径流顺山势流入厂区内，冲刷厂区及周边地面，沉积于地面土壤的酸性物质和重金属随雨水进入洎水河，造成水系水体污染。同时，随着城市的扩展，特别是近十几年城市化的快速推进，现有厂址已同德兴市城区连成一体，破旧的厂容厂貌与日新月异的城市面貌极不协调，企业与城市发展的矛盾日益突出。更为严重的是厂址位于德兴市中心城区银城镇上风向，尘污染对市民生活环境影响风险极大。企业生产与环境投诉就像一对孪生兄弟形影不离，群众要求企业关停搬迁的呼声不绝于耳。

5．308 厂是一个环保重点监管企业

涉铅企业是环保部门监管的重点。308 厂由于生产工艺技术装备落后、污染严重、厂址敏感、污染投诉多，更是各级环保部门监管的重点对象。环保部门动用各种监管手段，力求尽可能地降低环境污染和风险。在各类环保专项行动中，都将该厂列为整治检查对象，促使企业警钟长鸣，绷紧环境保护这根弦。当发生污染投诉时，及时进行处理，化解环境纠纷，维护社会稳定。最终，环保部门向各级政府提出关停建议，以求彻底解决 308 厂污染问题。

二、308 厂关停搬迁措施

1．环保部门零点行动迫使企业毫无退路

308 厂曾经为社会创造了巨大的财富，为当地经济发展作出过突出贡献，是当地的纳税大户。正因如此，在明知企业污染严重无法有效根治的情况下，政府、企业仍然一直在关与不关、容忍污染继续生产与根治污染关停转产的抉择中徘徊。20 世纪 90 年代后期，特别是进入新世纪以来，以牺牲环境为代价换取经济利益的生产方式已经难以为继，308 厂成为污染环境的众矢之的。

308 厂关停时切割烧结锅的情形

2006 年年底，308 厂被江西省政府列为“存在突出环境问题的企业和单位”之一。原江西省环保局将 308 厂列入环保挂牌督办单位，实施“环境保护零点行动”，明确要求该企业必须于 2007 年 12 月 31 日 24 时前关停。2007 年 4 月 20 日，伴随着隆隆切割声，有着 50 年历史的 308 厂终于走到了生命的尽头。

2．关停企业必须破解职工生存的难题

308 厂是个老企业，职工人数众多，有的工人祖孙三代同在一个厂，关闭后企业职工将面临工作、生存的严重压力。关闭决定做出后，该厂工人多次集体上访，要求解决就业和生存问题。工人群访成为影响当地稳定的最重要诱因，关停工作阻力极大。是一关了之，还是帮企业、工人另谋出路？政府、企业必须作出正确的抉择。

3．各方支持把企业发展推向正路

关停企业不是最终目的。环保部门既有依法履行环境监管职责，更有促进社会经济又好又快发展的义务。308 厂 50 多年的发展，积累了丰富的铅冶炼生产经验，培养了一批技术精干的生产管理队伍，区域内有较为丰富的铅锌矿资源，如果仅仅是简单的关停，而不为其另谋出路，将对人力资源、自然资源造成极大的浪费，也是一种不负责任的消极表现。

金德铅业年产 8 万 t 电解铅新厂全貌

在关停 308 厂和关停后转产过程中，各级政府、相关部门在企业扮演的角色不仅仅是“甩手掌柜”。在 308 厂关停过程中，各级政府和相关部门积极引导，同企业一道妥善处理关停善后工作。在企业新选发展项目时，又在土地供给、银行融资、劳动力保障、政策优惠等方面给企业倾力支持。

企业在关停的绝境中痛定思痛，及时调整发展思路，转变发展方式，引进先进生产工艺，在浴火中重获新生。2008 年 5 月，企业更名为江西金德铅业股份有限公司，采用我国自主研发的具有国际先进水平的氧气底吹熔炼—鼓风炉还原工艺，对冶炼烟气 SO_2 采用两转两吸工艺生产硫酸技术，在德兴香屯工业园新建“年产 8 万 t 电解铅项目”。

该项目建成生产后，将形成年产 8 万 t 电解铅、7.39 万 t 硫酸、205.15t 银锭和 0.29t 金锭的生产能力。新工艺提高了资源利用率，降低了单位产品能耗，提高了综合效益，年销售收入从 308 厂原来的几亿元增长为 20 多亿元，利润总额从原来的 2 000 多万元增长为 2 亿多元。与此同时，企业污染排放大为降低，SO_2 年排放量比 308 厂减少 1 182t，产生的酸性废水经厂内废水处理站处理后全部循环使用，实现“增产减污”。目前，江西金德铅业股份有限公司生产红火，销售火暴，前景美好。原 308 厂区域大气环境质量明显改善，乐安河水质明显好转。

这个案例生动说明，落后工艺产能的关停，对企业来说并不是生命的终结，对当地经济来说也并不意味着绝对的损失。只要抓住时机，合理引导，积极推进技术转型升级，企业必将谋得更为宽广的发展空间，地方经济将获得更加强劲的增长动力，污染减排工作也将得到扎实推进。

三、启示

2000 年，伴随着经济全球化的浪潮，中国加入 WTO，传统的产业结构受到猛烈冲击。实践证明，只有逐步淘汰落后的生产工艺和设备，坚持用先进技术改造老企业，强化企业的环境保护意识，坚持技改项目建设与环保设施建设同步进行，才能积极应对经济全球化的挑战，提高企业参与国际市场的竞争能力，使企业真正成为自主经营、自负盈亏的市场竞争主体。

1．污染减排与企业发展完全可以互促双赢

转变经济增长方式，促进产业结构调整是当前经济发展的主要课题。老污染企业实行产业升级，转变落后的生产方式，是污染减排的重要手段，更是企业长久发展的根本途径。污染减排与企业发展并不矛盾。污染减排、达标排放是企业

生存与发展的前提；污染减排技术的落实，反过来能够促进企业生产向集约化、节约型转变，促进产能和综合效益的提高，并为企业长久发展注入强大动力。反之，若企业特别是污染型老工业企业在面对结构调整与技术升级时，故步自封、裹足不前，则将与国家大力促进发展新型经济的大好政策擦肩而过，将在日益强化的环境监管和激烈的市场竞争中无立锥之地，最终将被淘汰出局。

2．工艺落后企业减排要立足于生产结构调整

工程减排和结构减排是污染减排工作最主要的两种方式。工程减排只是对污染的末端进行治理，达到减排目的，但治标不治本。而结构减排，通过对生产工艺的调整、生产设备的完善，在污染产生的前端加以控制，减少污染生产量和资源能源的消耗量，是最为彻底的减排。特别是对工艺设备落后、污染排放量大的企业，仅采取工程减排措施，减排工程资金投入相对较大，工程实施后污染物实际排放量依然较大，环保效益较低。结构减排改进工艺设备的关键目的就是要降低单位产品的资源能源消耗，在降低生产成本的同时往往伴随污染排放的减少，在增强企业竞争力的同时减轻了对环境的污染，污染减排对企业生产的促进作用相当明显。工艺落后企业减排必须立足于生产结构的调整，这样才能使企业拥有长久的活力和广阔的空间。

3．对群众反映强烈、污染严重、达标无望的企业要坚决关停

308 厂对当地经济的贡献有目共睹，但其造成的环境污染危害不言而喻。政府、企业一直在关与不关的抉择中徘徊，原因固然多种多样，但最主要的还是舍不得眼前看得见、摸得着的经济利益。政府不想放弃，部门不敢得罪，最终受害的是广大群众。要想从根本上解决好此类问题，企业务必要认清形势，不要心存侥幸，企图蒙混过关，也不要瞻前顾后，畏手畏脚，而要抓住机遇，及早应对，谋划好企业的生路与出路。政府要树立科学的政绩观，不要被一时的利益所蒙蔽，丧失和谐稳定的大好局面。部门要敢于碰硬，坚持原则，依法办事；要顺应民意，采取决然措施，坚决关停群众反映强烈、污染严重、达标无望的企业。

第三篇
饮用水源保护

饮用水源地安全与保护事比天大。各级政府和部门必须时刻紧绷这根弦，建立长效管理机制，科学规划与综合整治相结合、区域保护与重点整治相结合、机制创新与日常监管相结合，运用综合手段，确保饮用水源水质安全，真正让群众喝上干净的水。

10 饮用水安全事比天大

——上饶处置信江饮用水异味的启示

一、信江概况

信江是上饶人民的母亲河，是江西省五大河流之一，也是中国最大淡水湖——鄱阳湖水系的主河流之一。信江发源于浙赣边界仙霞岭西侧和怀玉山脉玉京峰的东侧，流域面积 16 890km^2，主干流长 328km，流经上饶和鹰潭两市的 15 个县（市、区），吸纳玉山水、丰溪、泸溪河、铅山河、湖坊河、葛溪、罗塘河和白塔河等支流，流域内有大小自来水厂 60 余家。

信江蜿蜒穿过上饶市（地级市）中心城区，城区 6km 河段上分布着东门洲、铁路、万寿宫和上饶县 4 个饮用水厂取水口，水厂每天从中提取 15 万 t 原水，满足市区工业用水和 50 万居民生活之需。

信江还是消纳工农业生产废水和生活废水的河道。改革开放以来，随着工业化、城市化进程的加快，工业废水和居民生活污水叠加排入信江，已大大超过信江自净能力。2004 年 9 月至 2010 年，为解决信江城区段水质问题，上饶市通过 BOT 形式耗资 1.558 亿元建设了日处理 8 万 t 的生活污水处理厂，长达 150km 的截污干管将信江沿岸污水截入该厂加以处理。市区备用水源大坳水库引水工程也已经开始启动。

2005 年 6 月，为提升城市品位，美化、亮化城区，营造市民亲水环境，上饶市投资 1.26 亿元新建信州水利枢纽工程。信江城区段主河道上形成了一个东西长 17.4km，南北宽 400～500m，总面积达 743 万 m^2 的人工湖。

二、信江饮用水异味产生的经过

2006 年 12 月 4 日清晨，城区市民王某使用自来水烧开水，当水烧开之后，王某闻到一股腥臭味，他以为水壶有问题，便将水壶多次清洗后继续烧水，但烧出的开水仍有异味。其他市民在烧开水时也发生类似情况。一时间，信江河水有问题的消息传遍市区大街小巷。市民人心惶惶，蜂拥到商店、超市抢购矿泉水、纯净水、桶装水。

信江饮用水异味事件发生后，上饶市政府立即组织环保、城管等相关部门开展调查。同时，紧急启用饮用水源应急预案：将信州水利枢纽工程大坝闸门打开，下令信江上游七一水库和军潭水库开闸放水，用新鲜活水冲刷、替换河内陈水。效果立竿见影，信江水质异味很快消除，饮用水恢复正常状态。笼罩在市民心中的饮用水异味阴影渐渐消失。

2007 年 1 月 25 日，时隔仅一个多月，渐趋正常的自来水再度出现异味。饮用水异味问题给当地政府、环保部门带来极大压力，政府又一次启动饮用水安全应急预案。饮用水安全相关管理部门按照各自职责，深入排查饮用水异味的污染源，分析原因和根源。邀请水质处理专家现场指导，并及时召开新闻发布会，向社会公众公布水质调查进展情况。

三、信江饮用水异味产生的原因

2007 年 1 月 31 日，原江西省环保局领导和专家专程赴上饶，对信江城区段饮用水异味产生的原因进行专题研究。通过分析比较，专家组一致认为：信江城区段自来水异味产生的原因是多方面的，主要有两个原因。一是信州水利枢纽下闸蓄水后，形成一座类似于人工湖的河面水库，河水流速变慢，河道自然水流变为相对静止的河水，江水的自净能力下降；二是流域内各种污染源均汇集于坝区内，多种污染因子叠加，打破了江河水体水质原有的平衡状态。

——工业废水影响信江河水体。信江上游是上饶市经济发展较快的地区，广丰、玉山和信州两县一区在信江河沿岸布局了大量的工业企业，有的企业治污设施未配套建设，工业废水直排；有的企业治污设施虽已建成，但运行多年，长期失修，治污不正常，尤以化工类有机废水危害最烈。这是造成信江水污染的主要原因。

——城区市民生活污水影响信江水体。随着城市化的推进，上饶市城区人口由 10 余万增加到 40 多万，居民生活污水排放量猛增并直排信江坝体内，对江河水质直接造成有机废水污染。

——信州水利枢纽工程大坝内现有排污口排污影响信江水体。工程大坝内共有各类排污口 36 个，污水处理厂尾水也排在坝内。按照环境影响评价批复文件要求，大坝蓄水前，要将所有排污口进行截留处理。但由于各种原因，在排污口未能完全截留前，大坝已开始蓄水，加快了信江水质污染。

——城区段周围陆地农业面源污染影响信江水体。为满足市民生活的需要，解决市民“菜篮子”问题，市区周围乡镇分散种植蔬菜和养殖大量畜禽，其化肥残留物和畜禽排泄物未经治理随雨污直排坝内，这是造成信江水体污染的又一诱因。

——自来水公司落后的制水工艺影响饮用水安全。市区内 4 个自来水厂最早的已有 40 多年历史，最迟的也建了十五六年，其简单的生产工艺只能处理Ⅱ类水质水源，不具备处理Ⅲ类水质水源的能力并缺乏除臭功能。

——市区污水处理厂大部分雨污混流式管网仍未实施截污工程改造。每逢雨季，雨水混合着大量污水流入截污干管，污水量严重超过该厂处理能力，绝大部分通过溢流闸门重排信江；另外，信江支流解放河原本就是一条露天排污沟，因截污工程需巨额投资而未实施截污工程改造。

综上所述，在信江河坝内水流速度变缓、河床泥沙淤积、水体自净能力减弱的复杂情况下，由于工业污染、农业面源污染和生活有机污染三种污染源因子的叠加，河水有机物含量陡然增高（经监测水体中总氮、总磷含量偏高）而造成富营养化，致使水体中藻类和厌氧菌大量繁殖，从而引起坝内水体产生异味。

四、信江饮用水异味的应对措施

饮用水异味原因初步查明后，采取了以下处置措施：

——调水稀释污染水体、净化现有水源。水利部门负责科学调度水系水源和疏浚河道。先从上游水库开闸放水调水稀释，使饮用水污染损失和危害程度降到最低限度；及时将稀释后的污染水体排出坝体，并开展河道底泥疏浚、河面漂浮物打捞工作。

——改进自来水制水工艺。自来水公司将取水口移至河面最佳位置；在制水工艺中增加净化技术设施；增加活性炭吸附、二氧化氯杀菌工序，实现除臭除味；加强对原水处理过程、处理深度的全程控制。

——堵截现有排污口。城建和城管部门负责对现有的排污口进行截流配套处置，将现有污水全部接纳到污水处理厂进行净化处理，并将处理后的尾水排放到坝体下游。

——提高饮用水水质监测频率。环保部门对信江上游沿岸 1 000m 范围内的化工、造纸、印染等重点污染源进行逐个抽样监测，排查产生异味的原因；对饮用水源水质每小时提供一次监测数据。卫生防疫部门每小时提供一次自来水出水水质监测报告。根据水源水体和自来水出水水质监测数据，及时研究水源变化情况，及时作出处置饮用水源异味科学决策。

——严厉查处污染源排放。环保部门负责对信江流域城区段上游水系所有排污企业进行拉网式排查，对污染治理设施运行不正常的或存在重大环境隐患的排污企业一律责令停产整改；对未执行环境影响评价和“三同时”两项制度的违法企业先关停，再视情况进行处置；加强对信江城区段两岸生产生活废水排放口、截污干管提升泵站和污水处理厂运行情况的督查力度。饮用水异味应急处置期间，排查情况每日向市政府和有关部门报告和通报，对存在问题的排污口提出整改建议。

通过上述多项处置措施，信江城区段饮用水源水质趋于稳定，至今再未出现过异味现象。

为彻底解决威胁饮用水安全的隐患和长期保障饮水安全，上饶市以这次突发性水污染事故为契机，从建立饮用水源保护长效机制、加强饮用水源保护和提高水体质量入手，及时制定《信江城区段饮用水源保护管理实施意见》，并公布于社会，接受群众和舆论的监督。

1．划定城区饮用水源保护区范围，明确水质达标要求

依法划定科学合理的保护区范围和明确水质达标要求是饮用水源保护工作的重中之重。城区饮用水源保护区的范围突破了一般水源保护区的划分规则。

根据信江城区段水域和陆域现状，将饮用水源保护区划分为一级、二级和准保护区。一级保护区范围：信江上饶县旭日水厂取水口下游 100m 至五三大道与沿河东路交汇处的水域和两岸防洪堤护栏为界的陆域；槠溪河、丰溪河汇入信江口分别向上游延伸 1 000m 的水域和槠溪河、丰溪河该段迎水面堤坝向背水面延伸 100m 的陆域。二级保护区范围：信江五三大道与沿河东路交汇处向上延伸至灵溪电站坝下的水域和信江该段迎水面堤坝向背水面延伸 100m 的陆域；槠溪河、丰溪河一级保护区上界向上延伸 3 000m 的水域和槠溪河、丰溪河该段迎水面堤坝向背水面延伸 100m 的陆域；旭日水厂取水口下游 100m 至信州水利枢纽坝址的水域和信江该段迎水面堤坝向背水面延伸 100m 的陆域。准保护区范围：信江

灵溪电站坝址起上溯 6 000m 的水域和该段迎水面堤脚向背水面延伸 100m 的陆域。

一级保护区水质标准要求达到《地表水环境质量标准》II类水质标准和《生活饮用水卫生标准》的要求。二级保护区、准保护区水质标准要求达到《地表水环境质量标准》III类水质标准。

2．明确信江城区段饮用水源保护主要任务

一是强化对信江饮用水源保护区内企业的监管。督促企业污染治理设施正常运转，确保污染物达标排放。对区域内畜禽养殖、矿山加工等企业进行清理整顿，依法对违规排污企业给予严厉处罚，杜绝其废水直排。二是强化对信江城区段所有排污口的截污、整治和监管。由规划、建设等部门依法督促所有城区段排污口废水排入污水处理厂截污管网，确保所有截污工程正常运转，杜绝污水直接排入一级、二级保护区。三是强化对集中式治污工程的监管。督促市污水处理厂治理设施正常运转，发挥治污效能；督促信江上游县域加快污水处理厂建设步伐，确保其城镇生活污水进入污水处理厂并督促污水处理厂正常运行，减少生活污水对保护区水质的污染。四是强化对信江城区段地表水水质监测。建设水质自动监测站，及时掌握信江城区段地表水水质状况，为政府决策提供科学依据，及时有效防范水体污染。

3．出台信江城区段饮用水源保护办法

明确政府各部门严厉管制污染源的办法。一是加强对新增污染源的监管。严禁在饮用水源保护区以及沿信江、丰溪河两岸 1km 范围内新建化工、造纸、电镀、皮革、印染等污染项目。发改委、工信委、财政、工商部门按照饮用水源保护和污染防治的规定，调整产业结构和项目规划布局，按照“谁受益、谁负担”的原则，合理安排利用饮用水源保护资金，落实各项政策。规划、国土资源部门按照饮用水源保护区的规划和土地资源的管理规定，优先安排饮用水源保护工程用地建设和发展用地。环保部门按照环境影响评价和“三同时”两项制度的要求，严把项目准入关。建设、城管、卫生、水利等部门按照饮用水源保护区的规划和各自职责做好饮用水源保护工作。

二是加强对老污染源的监管。信江上游各级政府和环保部门切实加强对已投产项目尤其是信江沿岸 1km 范围内的化工、造纸、电镀、皮革、印染、石材、矿山加工等重点污染企业的监管，对污染物排放不能稳定达标的，依法责令停产限期治理；对治理无望的，依法予以关闭取缔。

三是加强信江城区段饮用水源保护环境监管。环保、水利部门优化信江城区段水质监测点位，建立信江水质自动监测站，加大监测范围和监测频率，定期公布监测结果，发布环境质量公告。实行污染物排放总量控制，对饮用水源保护区开展环保大检查，对查出的隐患进行专项整治并挂牌督办，严厉打击违法行为。

四是加强对生活污染源的监管。信江上游各级政府加快城镇生活污水处理厂和工业园区污水集中处理厂建设步伐。建设部门加快城区截污管网建设，力争在2010 年前将城区截污管网分批建设到位，将所有生活污水纳入污水处理系统。城管部门做好污水提升泵站的监管工作和监督污水处理厂正常运行；建设、城管部门做好城市生活垃圾管理工作，确保城镇生活垃圾及时收集、及时清运和垃圾处理厂正常运转。污水处理厂按照处理工艺要求，投加药剂，满负荷运转，确保污水达标排放；保证自动在线监控设施稳定运行，污水排放口一律设在饮用水源保护区外。此外，新建项目的排水工程要实行雨污分流、清污分流。

五是加强信江饮用水供水卫生安全管理。卫生部门对自来水厂取水、制水、供水全过程进行监督管理，增加水样监测密度，定期公布检测结果。自来水供水部门建立以水质为核心的质量管理体系，建立严格的取样、检测和化验制度，按国家有关标准和操作规程检测供水水质。当原水、供水水质发生重大变化时，必须立即采取措施并报请市政府及时启动应急预案。

六是加强对农业面源污染的管理。信江上游各级政府和农业等部门把农业污染源控制摆上议事日程，对畜禽养殖场进行全面规划，划分出禁养区、限养区、宜养区，对违法畜禽养殖企业依法予以查处。农业、工商、质监等部门查禁销售和使用国家明令禁止的高毒、高残留农药。农业部门指导合理使用农药、化肥，防止农业面源污染；推广水产生态养殖，推进禽畜粪便资源化利用；严格信江捕捞许可证发放，规范捕捞场所工具和时限，禁止在饮用水源一级保护区内的一切捕捞行为。

七是加强饮用水源保护区的水政管理。水利部门定期对信江城区段饮用水水源保护区进行河泥清淤，科学开闸换水，防止水体富营养化。对飘浮聚集在信江城区段水面上的杂物及时进行打捞清理，禁止在饮用水源保护区内采砂等违法行为，禁止在饮用水水源一级保护区内从事旅游活动，在饮用水水源二级保护区内从事旅游活动的，应当按照规定采取措施，防止污染饮用水水源水体。

八是加强对信江两岸植被的保护和管理。林业部门要加强信江饮用水源保护区水源涵养保护，严禁破坏涵养林，防止因水土流失而造成水体污染。

九是加强对剧毒、危险化学品的管理。公安部门加强对剧毒、危险化学品存放、运输和使用的安全管理，严禁在饮用水源保护区内运输剧毒、危险化学品。

十是加强对信江城区段运输船舶的管理。交通、海事部门要加强对信江城区段运输船舶的管理，在该河段上航行的船舶应当配置符合国家规定的防污设备，并持有船舶检验部门的船舶防污染证书，否则不得在该航段航行。

十一是加强饮用水源保护的舆论宣传和监督。报纸、广播、电视、网络等新闻媒体要积极开展信江河饮用水源保护区环保公益宣传活动，对重点环境问题和环境案件及时予以曝光。

4．强化信江饮用水源保护的组织领导

强化组织领导，建立健全工作、应急、行政效能监督管理、考核奖惩机制，抓好各项管理制度的落实。一是成立市级信江城区段饮用水源保护工作领导小组。领导小组由水源流域县区政府和市相关部门组成。由政府分管领导任组长。二是建立信江饮用水源保护工作机制。领导小组定期召开联席会议，研究部署和通报信江城区段饮用水保护和污染防治工作。环保、建设、城管、农业、水利、卫生等相关职能部门对饮用水源保护区及上游区域要定期不定期地开展联合执法专项检查、集中整治，着力解决饮用水源保护区违法排污问题，消除一切污染隐患，切实保障饮用水安全。三是建立信江饮用水源保护应急机制。制定信江饮用水源水质保护应急预案，成立应急指挥机构，建立技术、物资和人员保障系统，落实重大事件的值班、报告、处理制度。建立信江河枯水年或连续干旱年以及发生信江水污染事故的供水安全储备，规划建设城区饮用水备用水源。四是建立信江饮用水源保护行政效能监督管理机制。监察部门全程参与信江饮用水源保护工作，加强事前、事中、事后监督，强化责任追究。对因责任人失职、渎职所造成的社会负面影响、经济损失和人员伤亡，依据党纪条例，提出处理意见，涉嫌犯罪的要移送司法机关，追究法律责任。五是建立信江饮用水源保护考核机制。制定考核办法，将饮用水源保护工作、各县（区）生态环境保护成效、主要污染减排、环境质量、环保投入和能力建设作为重要考核指标，列入市政府对县（区）政府和有关部门政绩考核的内容。

五、信江饮用水异味产生的教训和处置启示

上饶市属于由农业经济向工业经济过渡的欠发达地区，信江饮用水水质异味事件提醒我们，即使在水资源丰沛的南方城市，若不注重饮用水源保护、不加强水污染防治，也会出现水质性和功能性缺水问题，也会造成饮用水源被污染的后果，也会发生“守着一江绿水无水喝”的尴尬。因此，信江饮用水异味的发生和

处置，教训十分深刻。

1．饮用水安全事比天大

水是生命的源泉，是人类及一切生物赖以生存不可缺少的重要物质。在正常情况下，每个人昼夜需水 2 500mL 左右（除随食物摄入和营养物质在体内氧化产生的部分水分外，单是饮水每天就需要 1 500mL 左右）。水不但是满足人体正常生命活动的必需物之一，还是人体营养物质的重要来源之一。水中所含的钙、钠、铁等多种微量元素，对保护身体、治疗某些疾病十分有益。水也是工农业生产、经济发展和改善环境不可替代的极为宝贵的自然资源。

饮用水必须清洁、卫生，符合国家规定的饮用水水质标准。饮用水必须感官性状良好、透明、无色、无臭、无异味；不含病原体和寄生虫卵；不损坏或污染衣物，不使食物变质；含细菌数、重金属数以及硬度都要在国家规定的标准以内。李时珍在《本草纲目》中专列药食用水 40 多种，提出“人赖水以养生，可不慎所择乎”的观点。《保生要录》说：“土厚水深则不易病，土坚润水甘美。”污染水体会引起人急性和慢性中毒、引发癌变、引发以水为媒介的传染病、引发对健康的间接影响。可见，饮水与健身祛病的关系十分密切。因此，饮用水安全是天大的大事。信江饮用水产生异味而市民人心惶惶是人们为生存作出的本能反应。

2．信江饮用水异味产生的教训是深刻的

信江水体污染主要是工业污染、农业污染和生活污染叠加作用的结果，是环境破坏潜在性，污染危害潜伏性的集中反映。信江饮用水异味产生的原因表明：工业、农业、生活污染源的产生既有历史的原因，又有现实的问题。假如信江上游两岸所有企业排污都能达标排放，环保部门又能将污染物排放总量控制在信江水体自净的容量以内；假如信江上游两岸在城区段附近农业面源污染物都能得到有效处置，尤其是畜禽养殖废水经处置后都排入城市污水处理厂；假如在信州水利枢纽工程大坝蓄水前能全面整治排污口和排污管道，将市区居民所有生活污水排入城市污水处理厂，而城市污水处理系统经处理后的废水全部排到坝体之下，信江饮用水异味就完全可以避免。但实际情况恰恰相反：信江上游许多企业污染物排放未经处理直排信江；信江上游农业面源污染，其中畜禽养殖十分分散、星罗棋布，废水直排信江；信州水利枢纽工程大坝蓄水时未经整治的排污口，污水直排信江。

3．信江饮用水异味产生的启示是多方面的

首先，要加强对污染物排放的管制。政府在考虑发展时要研究区域环境容量，经济发展不能超过环境容量的承载能力。企业生产排污必须严格执行环评要求，污染物排放必须达标。要严厉打击违法排污企业，违法排污企业是产生、制造环境污染、环境危害、破坏人与自然和谐的元凶，信江饮用水异味的主要污染源来自于企业违法排污。对违法排污企业，除运用法律手段、经济手段、行政手段要求所有企业遵纪守法外，还要依靠社会力量、专业监管部门的力量，实行严厉监管、严厉打击。对违法排污企业，要发现一起处理一起，对初犯者可以从轻处罚；对重犯者处以重罚；对屡教不改者限期治理、关停整顿，对造成污染事故和环境危害的企业要依法取缔。让违法排污企业没有生存的时间与空间，使企业不敢违法，杜绝污染物流入江河。

其次，要加强对生活污水的收集和处理。近年来，城市生活污水的排放量逐年上升，已经取代工业污水而成为信江水污染的第一大户。政府要千方百计建好污水处理厂，污水处理厂建成后，要特别注重截污管网配套建设，将城市污水全部接纳到污水处理厂。要监管督促污水处理厂正常运行、达标排放，消除生活污水对江河水质的污染威胁。

再次，要加强对农业面源污染的整治。农业面源污染是指农业生产及其相关活动中产生的环境污染。农业面源污染整治工作面广量大，涉及流域水系中千家万户的利益，各种矛盾与利益交叉在一起。要根据环境状况进一步制定和完善农业产业化和畜禽业发展整体规划，根据规划整治农业面源污染。提倡大力发展生态农业，推广科学施肥，对农业病虫害综合防治，实现有机肥资源化利用、减量化处置。进一步规范规模化养殖场建设，防止新的污染源出现。制定畜禽业发展规划，处理好畜牧业发展与环境保护的关系。在城区禁养畜禽。在农村，引导养殖户走规模化养殖、无害化处理，畜禽粪便等污染物做到循环利用，变废为宝。要严格执法，对造成环境严重污染的养殖场、养殖户，加大依法整治和打击力度。

最后，政府在作出重大决策时必须首先考虑民生。信江饮用水水质异味事件从某个侧面向致力于河道开发、景观改造的人们敲响了警钟。当前很多地方政府醉心于建设拦河坝，极少或根本就没有顾及流域生态保护问题，人为地将河流拦腰截断。孰料在“一江两岸”工程赏心悦目之时，也许已经埋下了新环境的隐患种子。作为决策者和指挥者，应该以更高的政治敏锐性、更宽广的视野看待环境问题，树立和落实科学发展观，要紧紧依靠法治、科学、民主，依靠广大人民群众，重大决策要“问计于民”。

4．信江饮用水异味得以及时处置，其经验值得借鉴

处置必须及时、快捷。信江饮用水异味产生后，市政府在第一时间就启动饮用水源保护应急处置预案，调集部门领导和专家及时研究异味产生的原因，当初步查明原因后，迅速开展处置，使事件损失减到最低限度。

处置必须多部门配合。信江饮用水水质异味事件是环境灾害。环境灾害的暴发具有偶然性、突发性，在应对环境突发事件时，尊重公民的知情权、参与权尤为重要。在整个事件的处理过程中，政府各部门齐心协力，全力以赴，宣传、广电、应急办多次邀请环保专家做客当地电视栏目，召开新闻发布会，向公众介绍水质异味的原因及应对措施，发布事件处置进展情况；环保部门每天在部门网站公布当天水质监测结果，设置专门的举报电话接待公众举报和咨询；卫生部门及时公布当天饮用水水质监测情况。正是采取了这些有效措施，公众最初的恐慌情绪才没有进一步扩大，并较快地得以消除。

处置必须彻底。信江饮用水水质两次异味处理的过程表明，对水环境污染进行有效治理的前提是控制污染源，只有外源得到有效控制，作为末端治理技术的生态调水措施才能见效，不然只能事倍功半，甚至徒劳无益。在第一次出现异味时，单纯的调水冲刷只能在短时间内压制住水质异味的暴发。在停止调水后不到1个月，异味再次出现。第二次处理异味事件时，采取调水冲刷、彻查饮用水源上游流域水系，排查企业污染物排放情况，切断污染源等措施，达到治标又治本的效果。

城市饮用水必须配有备用水源。我国大部分城市的饮用水水源是江河湖泊水库，许多饮用水源和信江一样面临着工业、农业、生活污水的污染，甚至有过之而无不及。在居民饮用水水源主要依靠江河湖泊水库的基础上，还应建立设备完善、随时能够启动运行的备用水源系统。值得欣慰的是，上饶市顺民心、合民意，在市区新水厂即将投入使用时，又启动饮用水备用水源工程，将大坳水库作为新的水源。

总之，居民饮用水安全是最大的民生，真正的民生，事比天大。各级政府、环保部门有责任、有义务搞好饮用水源保护，给百姓一个安全、方便、舒适的生活环境。

11 一个有益的创新举措

——德兴设立专职管理机构保护水库饮用水源地的启示

改革开放以来，随着经济社会的迅猛发展，一些地方未能正确处理发展与保护的关系，致使部分江河湖泊丧失饮用水源的功能。地处偏僻、远离污染的山塘水库纷纷成为新的或备用饮用水源。然而，若不根本解决环境污染问题，水库也不是一块不受污染的净土。

1992 年，德兴市在江西省率先把双溪水库作为市区饮用水源地。历经多年运行，2005 年，双溪水库频频出现被污染的威胁。2006 年 10 月，德兴市人大通过《德兴市双溪水库饮用水水源保护办法》，通过设立专职管理机构保护水库饮用水源，堪称有益的探索和创新。

一、德兴选择水库作为饮用水源的原因

1．德兴是一个矿山资源型城市

德兴市位于江西省东北部，地处赣浙两省接壤处，与浙江开化县和江西玉山、上饶、城北、弋阳、乐平、婺源等县（市）毗邻，总面积 2 101km^2，人口 31.8 万。

德兴自古就是一个重要的矿山基地，素有“铜都”、“银城”、“金山”之美誉。北宋湿法炼铜家张潜曾经在此撰写《浸铜要略》，总结出一整套胆水浸铜工艺。德兴铜矿是亚洲第一大斑岩矿山，也是世界五大斑岩铜矿之一，其铜、金保有资源储量分别占全国总量的 12.45%和 9.08%。大型采选矿工业是德兴经济的重要支柱。

2．选择水库作为饮用水源的原因

德兴境内有乐安河和洎水河两条河流。1992 年以前，德兴市城区居民的生活饮用水一直取自洎水河，其水质符合饮用水标准。

伴随着悠久的矿山采选历史是挥之不去的环境污染。采选产生了数量庞大的含硫尾矿，经风吹雨淋后变成酸性废水，将尾矿残留的铜、铅等重金属离子淋溶出来，通过地表径流汇聚到洎水河，并逐步侵蚀污染地下水。1992 年以来，各种污染因子引发的水污染量变最终聚变为质变。德兴境内洎水河、乐安河及其流域范围内的地下水都因重金属、pH 值超标严重而不适合饮用。部分河段水体水质已污染为Ⅴ类水，河内鱼虾皆无。城区成为结石病、癌症等疾病的高发区。

1992 年，遭受着饮用水污染之灾的德兴，把饮用水源地改造作为民生工程摆上议事日程。经过反复论证，该市将双溪水库作为饮用水源地，并举全市之力实施引水工程，建设输水管线 13.56km，供水规模达 3 万 m^3/d，受益人数 6.5 万，占该市人口的 20%。从此，城区居民告别了饮用污染河水的历史，喝上清洁、卫生的饮用水。

二、双溪水库污染隐患

1．双溪水库的基本情况

双溪水库位于德兴东南部的饶二镇，是一座以发电为主，兼顾灌溉、防洪和城镇供水等综合功能的中型水利枢纽工程。双溪水库横贯上饶县、德兴市，水库汇水面积较大。双溪水发源于德兴大茅山梧枫洞水和上饶县桐西水，流域面积 150km^2（德兴境内 75km^2、上饶县境内 75km^2），水库面积 260hm^2。其中双溪水库 200hm^2，正常蓄水水位 180m（海拔），相应库容 5 226 万 m^3；盘石山水库 40hm^2，库容 600 万 m^3；瑞港水库 20hm^2，库容 150 万 m^3 左右。双溪水库森林面积 300hm^2，库区群山环抱，风光秀丽，水库水质经环保部门监测达到国家地表水环境质量Ⅰ级标准，大大优于饮用水源地的标准。

2．经济发展与环境保护的矛盾

进入 21 世纪以来，随着区域交通通讯等基础设施的改善，双溪水库一改往日的平静。一方面，自然资源丰富的优势得到较好的发挥。库区流域内梯次建有多个小型水电站，廉价的电力资源吸引一批玻璃拉丝、小炼钢、小化工企业在此安家落户。库区拥有丰富的萤石、煤炭、花岗岩、石灰石资源，小矿山企业星罗棋布。水库部分水域承包给养殖户从事网箱养鱼。另一方面，在库区经济得到长足发展的同时，水污染隐患在不断累积。

3．特殊地理位置与水源保护地的矛盾

双溪水库库区总体呈狭长带状，所处的地理位置较特殊。一是横跨上饶县、德兴市，且源头在上饶县，水源保护工作需要两地协商开展；二是水库岸边紧邻上德公路，这条公路是上饶县、德兴市的主要通道，日常运输车辆较多，其中不乏装载化学危险品的车辆，水库的风险防范范围较大；三是水库周边环境较复杂，有山林、矿山、公路、企业、水电站等，饮用水源保护牵涉的职能管理部门较多。

三、确保双溪水库饮用水源地安全的措施

1．保护双溪水库饮用水源地成为人大代表多年提案

曾经饱受集中式饮用水源地污染之害的德兴人民十分注重对双溪水库饮用水源的保护。新饮用水源地一产生污染危害苗头，群众就纷纷投诉反映情况。

2005 年以来，德兴市人大每年都以提案方式反映双溪水库污染问题。人大建议出台《德兴市双溪水库饮用水水源保护办法》，设置双溪水库饮用水水源保护局，定期对保护区范围内的水质进行监测，取缔保护区内污染企业，消除污染隐患。2008 年，上饶市二届人大三次会议将德兴市人大代表提出的加强对双溪饮用水源保护区跨行政区域的桐西水流域管理的建议交给有关部门办理。群众呼声在人大代表提案中得到充分体现。

2．开展专项整治行动，排查饮水安全隐患

该市人大、政协每年组织代表和委员进行饮用水安全检查和视察；政府组织由多个部门参加的环境执法大检查；环保部门组织饮用水安全专项整治行动；水利部门组织水库安全和经营污染排查；公安部门组织打击饮用水安全专项行动。对威胁饮用水水源安全的污染企业，坚决关停，彻底拆除，形成了饮用水安全齐抓共管的局面。

2006 年 9 月 8 日，该市环保部门收到人大关于双溪岭背化工生产污染水源的信访案件后，就在第一时间赶赴现场调查，依法关停取缔了该违法排污企业。在德兴开展的环保专项行动中，炸毁多处萤石矿开采点，拆除玻璃拉丝厂等污染

企业2家。如徐公堂电站，由于该建设项目所处位置在双溪水库饮用水水源保护区范围内，2007年5月8日被环保部门责令停止建设。另有一养殖户在即将划定的保护区内进行网箱养鱼，以承包合同与执法人员抗衡，经过政策宣传，养殖户最终理解政府这一关系民生的举措，自愿终止承包合同，德兴市政府出资10万元对其予以补偿。

经整治后，双溪水库饮用水水源保护区内无任何工业污染源，森林植被良好，也无工业、生活污水的影响。但是，在一系列整治行动中，执法部门饱尝执法的艰难。一是双溪水库流域范围的乡镇经济基础都比较薄弱，矿山开采、水库养殖、小化工企业是其财政收入的主要来源，关停、取缔这些企业势必造成当地的财政困难；二是所有的整治行动都是以专项行动的形式开展的，在实施关停取缔时，总是感觉国家、省有关饮用水源保护的法律条款不够具体，不好操作，迫切需要一部地方性的法规予以必要的补充。

3．环保部门主动出击，积极协调跨区域污染治理

双溪水库饮用水主要发源于大茅山梧枫洞水和桐西水，而桐西水位于上饶县境内，流域面积75km^2，占总流域的50%，不受《德兴市双溪水库饮用水水源保护办法》的约束。但是桐西水的水体功能、水量、水质将直接影响到双溪水库的水体功能、水量及水质。因此，双溪水库桐西水水源保护区已跨行政区域。根据《江西省环境污染防治条例》相关规定，需要德兴市政府与上饶县政府协商划定，取得统一认识，或由上级人民政府协商解决。为此，德兴环保部门在上饶市环保局的协调下，积极与上饶县环保部门取得沟通，主动配合上饶县环保局加强对桐西水流域的保护和管理，严格控制该流域范围内的开发与建设。同时，由于桐西水是长乐水的源头之一，根据出境水质有关规定，桐西水出界断面水质必须达到《中华人民共和国地表水环境质量标准》Ⅱ类标准，以确保德兴市双溪水库水源保护区的水质安全。德兴环保局要求上饶县环保部门对华坛山乡的桐西水流域周围的工业企业情况进行调查，加强对桐西水流域的保护和管理，严格控制该流域范围内的开发与建设，禁止新建可能污染水源水质的项目。并要求出台《上饶市水库环境保护管理实施意见》，确保源头水质符合国家标准。

4．划定饮用水水源保护区

双溪水库饮用水水源保护区的范围：自瑞港水库饮用水水源取水口上溯100m水域。一级保护区范围：瑞港水库、盘石山水库，双溪水库上游1 000m水域至瑞港水库坝址下游100m范围内的水域及与之相邻山脊以内的陆域范围。二级保

护区范围：自双溪水库 1 000m 一级保护区上界起上溯 3 000m 内的水域，包括自双溪水库 1 000m 一级保护区上界起上溯至茅山岗电站水域水域；自双溪水库 1 000m 一级保护区上界起上溯至桐西村村头水域，陆域范围为与水域相邻的山脊以内的陆域。准保护区范围：双溪水库茅山岗电站至梧枫桐水，双溪水库上溯 4 000m 水域至桐栖水外延伸 200m 的陆地，以及流入水库河流的水域及其河岸两侧外延 200m 的陆地。输水管线保护区范围：管线及管线两边延伸 50m 范围的陆域。特别是将库区流域划定为准保护区，扩大了保护范围，以法律形式解决了库区水源保护的根本性问题。

5．通过地方性立法，建立饮用水源保护长效机制

一是制定饮用水源地保护的办法。2006 年 10 月 31 日，德兴市人大通过《德兴市双溪水库饮用水水源保护办法》。《办法》开创了江西饮用水水源地管理地方性法律保护的先河，弥补了地方执法操作上的缺陷。

二是明确部门职责和任务。《办法》要求：保护区范围内的各级人民政府必须采取有效措施，切实保护和改善本辖区内的水源生态环境。各级政府和有关部门，以及报刊、广播、电视、网络等媒体应当加强饮用水水源污染防治的宣传教育，增强公众保护饮用水水源的意识。任何单位和个人都有保护双溪水库饮用水水源环境的义务，并有权对污染和破坏饮用水水源环境的行为进行检举和控告。保护区范围内的乡（镇）、村和其他单位应把水源保护列为年度考核与评定文明乡（镇）、村和单位的必备条件。市人民政府对保护和改善双溪水库饮用水水源环境及实施本办法有显著成绩的单位和个人，给予表扬和奖励。

《办法》明确：市环境保护行政主管部门是饮用水水源污染防治的统一监督管理部门，其主要职责是：组织协调有关部门开展生活饮用水水源保护区的划分、生态环境保护与污染防治工作；负责对饮用水水源保护区内的水质监控；负责对环境违法案件的调查处理；制定污染事故应急处理预案，组织各相关单位协调处理污染事故；在生活饮用水水源受到严重污染，威胁供水安全等紧急情况下，报经同级人民政府批准，采取强制性措施，包括责令有关企业、事业单位减少或者停止排污。

为加强管理，及时掌握双溪水库饮用水水源水质状况，贯彻落实《德兴市双溪水库饮用水水源保护办法》，该市专门设立隶属环保部门的双溪水库饮用水水源保护局（副科级事业单位）。由其定期进行地表水环境质量例行监测，在保护区范围内设置五个监测点位，分别位于瑞港水库坝前（取水口）、盘石山水库坝前、双溪水库坝前、茅山岗电站坝前（源头水）和桐西村村头（源头水）。编写

《水质监测月报》，并于每月上旬将双溪水库饮用水水源环境质量状况公布在《德兴报》、德兴电视台、德兴铜都网等媒体上，自觉接受群众监督。

四、启示

《德兴市双溪水库饮用水水源保护办法》从立法的高度明确多部门齐抓共管饮用水源的各项措施，是一次保护、改善生态环境，防治生活饮用水水源污染，保证生活饮用水水质的有益尝试。

1．饮用水源保护地方立法是对相关法律法规必要的补充和完善

饮用水源保护应当依法进行，《中华人民共和国水污染防治法》《江西省环境污染防治条例》对饮用水源保护有专门规定。然而各地的饮用水源地都有其自身的特殊性，在部门分工、日常管理、污染防治等方面也有其特殊的要求。因此需要一个针对性强、可操作性高的地方法规对其进行必要的补充、细化。

德兴率先在上饶市乃至江西进行饮用水源保护地方性立法，确立保护饮用水源从“源头”抓起的工作思路。《德兴市双溪水库饮用水水源保护办法》从饮用水源保护区的划分到水质标准，从监督管理到法律责任都进行了细化，为饮用水源保护工作进入法制化管理的轨道提供了强有力保障。

2．设立专门的饮用水源保护机构是完善当前饮用水源地保护机制的有益创新

饮用水源地的保护涉及的行政管理部门较多，环保、水利、林业、土地、规划等部门或多或少肩负着保护饮用水源地的职责。这种管理模式是把“双刃剑”，一方面有利于各部门发挥专业特长和职能优势，对饮用水源地的保护起到积极的推动作用；另一方面也可能在某些关键问题，造成政出多门、推诿扯皮的局面。《中华人民共和国水污染防治法》规定：县级以上人民政府环境保护主管部门对水污染防治实施统一监督管理。然而在实际工作中，统一监督管理却很难在各部门履行保护饮用水源地职责中得到体现，往往成为“各拿各的号，各吹各的调”。因此，有必要成立一个集各部门饮用水源地保护职责于一身，专职行使饮用水源地保护职能的管理局。双溪水库饮用水水源保护局就是一个这样的管理机构，各相关职能部门在饮用水源保护上的职责在其身上得以充分体现或协调，创造出一种有机构办事、有钱办事的饮用水源保护模式，不失为当前饮用水源地保护机制的一种有益的探索和创新。

12 “好孩子”到“坏孩子”的演变

——明星化工环保观念转变的启示

广丰县明星化工有限公司（以下称明星化工）是该县从浙江引进的一家化工企业，也是一家建在环境敏感区域的化工企业。明星化工依托其浙江母公司先进的现代管理理念，曾一度成为当地乃至江西化工行业环境保护模范企业。

在荣誉光环的照耀下，明星化工顺利获得二期扩建许可。但是，此时明星化工为了追求企业利益最大化，管理者打出一套“迷踪拳”，不但配套环保治理设施建设滞后，而且违法私设排污暗管，多次偷排、漏排工业废水，严重污染下游水系，引发群众举报和新闻媒体曝光，收到环保部门严厉处罚。

痛定思痛，明星化工决心赎回“环境账”，一方面加强投资，加强废气、废水的治理；另一方面，加强管理，使污水排放达到规定要求。

明星化工从“好孩子”蜕变为“坏孩子”再转变为“好孩子”的典型案例，是大多数化工行业环境保护深层次矛盾的集中表现。

一、明星化工基本情况

明星化工位于江西广丰芦林工业区，总投资超过 1 亿元，注册资金 2 000 万元，占地面积 $8hm^2$，拥有员工近 200 名。主要生产医药中间体。年产量 500t，年上缴税收 500 余万元。二期建设投产后年将上缴税收 1 000 余万元。

明星化工南面紧邻仅仅一墙之隔的丰溪河。作为明星化工主要供水水源及纳污水体的丰溪河是江西五大河流之一——信江的支流，其最大流量为 1 260m^3/s，最小流量为 0.6 m^3/s，年平均流量 68.3m^3/s。

二、案例回顾

1．筹建期获得环保准入

2005 年 9 月，明星化工建设项目开工。同年，企业委托省级环评机构编制环境影响评价大纲和环境影响报告书，并分别于 2005 年 11 月、2006 年 1 月通过专家评审。2006 年 7 月，环评通过环保部门行政审批。

2006 年 6 月，明星化工着手二期项目的环境影响评价工作，分别编制了环境影响评价大纲和环境影响报告书。2006 年 8 月，二期项目的环境影响评价大纲通过专家审查。2007 年 11 月，环境影响报告书通过专家评审和环保部门行政审批。

2．建设期成为环保模范企业

明星化工作为一家化工企业，生产废水主要为高浓度有机废水，主要污染物 COD 浓度通常在 10 000mg/L 以上。明星化工采用气浮除油、酸化水解、好氧生化等综合处理方式，投资 600 万元建成一座日处理能力达 200t 的污水处理站，对生产污水和生活污水合并进行处理。2006 年 9 月，环境监测部门检测结果表明：明星化工污水处理站进口废水中 COD 浓度高达 16 000mg/L 左右，经处理后，出口废水 COD 浓度约 60～70mg/L，符合国家排放标准。

基于此，2007 年 11 月，为推动化工行业环境保护管理工作，预防和减轻化工行业环境污染和环境风险，环保部门在明星化工召开县（市）环保局局长、分管局长以及化工企业负责人参加的化工行业建设项目“三同时”管理现场会。选择在明星化工开现场会，是对明星化工重视环境保护工作的充分肯定。之后，省、市、县各级领导多次到企业实地视察，明星化工一度成为化工企业环保工作的榜样。

3．运营期造成环境污染

2009 年元旦刚过，有关部门就接到群众举报，反映明星化工涉嫌向丰溪河偷排工业废水。举报引起环保部门高度重视，环境监察人员现场检查后证实，在明星化工厂区西侧丰溪河岸边发现 3 处排放口。除一处为经污水处理达标排污口外，其余两处均为非法排污口。经抽样监测，两个非法排污口排放的废水中污染物浓度均超过国家规定排放标准，pH 达 5.49，COD 为 517mg/L。由于发现及时，对丰溪河及下游水体未造成严重污染事故。

事后，公司被责令停止生产，封堵排污口，同时接受环保部门的立案处罚。

2009 年 9 月，环保部门再次接到群众举报，反映明星化工污水排放存在违法问题。经环境执法人员仔细调查发现，明星化工违法私设一条暗管从丰溪河取水用于稀释外排废水，以降低废水排放浓度，从而达到废水达标排放的目的。这是一起人为故意逃避废水排放浓度和排放总量双达标的恶劣行径，明星化工为错误行为受到最严厉处理，“埋”了高达 100 万元的罚“单”，这也是江西对医药化工企业的一张最大罚单。

三、启示

如何理解拥有雄厚资金、大量专业技术人员和先进现代企业管理制度的明星化工，在短短 5 年间就由一家环保模范企业蜕变为环保部门重点监管的污染企业。这个堪称经典的由“好孩子”变为“坏孩子”案例，再一次告诫我们：偷排这一环境违法现象在我国许多污染行业企业中很普遍，不值得大惊小怪！“无不偷排的企业”也许过于偏激，“无不想偷排的企业”却司空见惯！

是什么原因促使“好孩子”变为“坏孩子”的呢？

1．违法代价低于守法成本，为违法企业营造宽松的制度环境

按照“看不见的手”原理，所有企业都会从利己的目的出发，采取不顾环境的策略，从而进入“纳什均衡”状态。也就是说，只要不治理环境污染而额外获取收益，这样的最终结果必定促使企业纷纷采取不治理的策略——违法偷排。据了解，明星化工处理每吨废水的成本为 5 元，按照它的生产规模计算，每天仅处理废水一项费用约 1 000 元，如果加上污水处理所需的人工工资、维护费用，则处理成本更高。而明星化工采取铺设暗管，取水稀释污水等手段偷排，除了“节省”处理费外，还能“保持”企业的环保荣誉。假设明星化工每天偷排 200t 废水，则相当于 1 000 人一天的生活污水排放量。而且，化工企业污染排放的有害物质更多，危害性更大。

当一个企业发现偷排产生的“效益”大于处罚代价时，污染就无法避免。在“罚款—污染—再罚款—再污染”的怪圈中，唯一增加的虽然是行政罚没款，但对治理污染于事无补，反而使污染披上一种全新的交易——倒买倒卖环境容量应运而生，并且这种生意竟然相当火暴！结果，企业虽赚到更多的利润，地方政府也赚到政绩，但属于公众的环境却被污染了。

2．监管缺失，污染治理设施自建自管给偷排提供极大便利

环境影响评价制度和“三同时”制度是保护环境的两大武器。企业进入正常的生产经营轨道后，环保部门一般每月或每季度到企业检查一次，然后做出监测报告，排污费也是根据监测报告的相关数据征收。

“谁污染谁治理（承担责任）”原则是环境保护行政法律法规一个十分重要的原则。目前，各类污水处理设施大多由排污单位自行建设、自行管理。企业自行建设治污设施，给企业提供偷工减料、移花接木、私设暗管的极大空间，使企业环评制度沦为“一纸空文”。企业自行管理治污设施也存在诸多问题，如因节约成本或者运行资金难以保障而停止治污、设备维修更新不及时或者管理人员缺乏专业技能而导致治污设施不能正常运行、因污染应急措施不到位而导致污染迅速扩张，等等，“三同时”制度成为“空中楼阁”。如此，两大制度偃旗息鼓，企业排污确实“我的地盘我做主”。

现在，发达地区通常实行企业出资将污水处理站委托给有资质的专业运营公司管理，以解决污染治理设施运行的技术与监管等问题。专业运营公司对污染治理情况实行在线监控，并将监控数据实时传送到当地环保部门监管网络，一旦出现超标问题，专业运营公司将承担污染环境的法律责任。

3．惩治乏力，对“坏孩子”不能以儆效尤，对“好孩子”显失公允

当前，构建和谐社会之风正盛，民生是和谐社会的首要目标。假药品、毒药品、毒气毒水污染环境却是民生的三大毒瘤。在暴利的驱逐之下，一些不法企业无所不用其极，而惩治乏力应是其根源所在。

自20世纪80年代起，随着乡镇企业的蓬勃发展，水污染日益严重，水质不断恶化。而私设暗管排污最为隐蔽、狡猾，是对执法严肃性破坏最大的一种违法行为。几年前，某省有一家印染厂，群众举报它排污，但就是找不到排污口。后经环保专业人员、当地群众、媒体记者联合深入“侦查”，终于在一个芦苇茂密、杂草丛生的地方找到该企业私设的排污暗管，这才真相大白，企业也不得不低头认罚。

2008年6月1日，新的《水污染防治法》开始实施，对私设暗管排污的违法行为作出严厉处罚规定。新的《水污染防治法》一个明显特点就是提高了违法成本，与原来相关法律比较，打击重点更突出，针对性更强，力度也更大。把私设暗管这种违法排污行为作为打击重点，可谓有的放矢。

实施新的《水污染防治法》，标志着治污进入一个新阶段。环保部门应牢固

树立以人为本的理念，把保障人民群众健康，促进人与自然环境、经济和社会协调发展作为执法的最高出发点。对诸如私设暗管排污之类隐蔽性强、危害性大的违法行为，调查取证要缜密细致，打击惩治要坚决果断，要采取舆论曝光和行政处罚等多种手段，重拳出击，绝不姑息迁就，任其逍遥法外。

13 用科学发展观衡量经济发展的得与失

——上饶望仙乡石材企业污染整治的启示

上饶县望仙乡石材产业曾有过辉煌的一页。作为江西省最大的花岗岩石材生产基地，其石材产值对当地财政收入贡献高达80%，是富民强乡的支柱产业。

然而，耀眼光环背后却笼罩着剪不断、理还乱的环境污染阴影。由于缺乏统一规划和管理，无序开采和加工造成了严重的水土流失和生态环境破坏。日益严重的区域环境污染影响到望仙河和信江的饮用水安全，环境污染投诉和上访不断。斑驳裸露的一块块"牛皮癣"和一个个"癞痢头"成为国家级风景名胜区灵山胸口永远的痛。上饶县政府在得与失之间权衡再三，于2009年关停转产50余家石材企业，并斥资用于补偿和善后工作，在取与舍之间作了一次痛苦又正确的抉择。

一、望仙乡基本情况

望仙乡位于上饶县北部，乡政府所在地望仙村距上饶县城60km、距上饶市区55km。该乡人口约2万，区域面积93.26km^2，耕地面积620hm^2，林地面积7 800hm^2，森林覆盖率达88.1%，有4个林场，为上饶县四大林区乡镇之一。该乡拥有丰富的旅游资源，国家级风景名胜区灵山景点主要集中在该乡境内。全乡经济以农业为主，2009年国民生产总值近2亿元，财政收入300多万元。境内主要矿产资源有无烟煤、石灰石，另外还有丰富的花岗岩资源，储量近10亿m^3。

望仙乡地形以山区半丘陵为主，地势南高北低，平均海拔175m。境内主要河流为望仙河，由西向东汇入饶北河，最终在上饶市区上游10km处流入信江河。望仙河和饶北河环境容量十分有限，石材开采加工企业产生的污染物不仅污染当地环境，影响当地群众的生产和生活，而且污染下游饮用水源。

石材开采加工企业群造成生态破坏和环境污染

二、望仙乡石材企业发展过程

望仙乡石材开采加工始于 20 世纪 90 年代末，经过 10 多年的发展，已拥有采石企业 30 余家，加工企业 70 余家，生产线 150 条，年开采、加工石料 2 万 m^3，年产板材 150 万 m^2，是江西最大的花岗岩板材生产基地。鼎盛时期石材开采加工企业上缴的税收占该乡财政收入的 80%，全乡有 2 000 余名村民吃“石材”饭。石材开采加工业对促进当地经济发展、增加地方财政收入、提高农民收入等做出了积极贡献。该乡石材业发展大致经历了起步、发展、瓶颈三个阶段。

1．起步阶段（1998—2003 年）

望仙乡为摆脱贫穷落后的局面，凭借当地丰富的花岗岩资源优势，通过招商引资，从福建引进 10 多家石材生产加工企业，奠定了石材产业发展的基础。

2．发展阶段（2003—2006 年）

石材产业作为该乡招商引资项目，享受到很多优惠政策，反过来又极大地促进当地石材产业发展。同时，石材开采加工准入“门槛”低，工艺设备简单，创办一家企业，仅需投资几万元购置一台锯石机、一台磨石机，搭建一座简易工棚即可。因此，在此阶段，开采加工企业呈暴发式增长趋势。正是由于石材开采加工企业投资“门槛”过低，企业蜂拥而上，形成遍地开花之势。到 2006 年，望仙乡共有石材开采企业 8 家，石材加工企业达 42 家，石材加工生产线 150 多条，年板材加工能力达 150 万 m^2。

3．瓶颈阶段（2006—2008 年）

由于环境监管不到位以及企业主“谁污染、谁治理”环境意识淡薄，加上当地老百姓“污染可怕，贫穷更可怕”的观念根深蒂固，石材开发经营处于无序状态。矿山开发呈多、小、散、乱之势。由于投资少、技术装备落后和土法上马，造成大量资源浪费。粉尘、废水、废石料、锯泥随意排放，当地生态环境遭到严重破坏，群众饮用水安全受到严重威胁。2006 年，上饶县成立环境保护行政主管部门，进一步加大对乡镇企业环境监督管理力度。而石材加工企业普遍存在选址布局不合理、环境污染治理技术差、设备落后的弊端，达不到环保要求，成为制约石材业进一步发展的“瓶颈”。

三、望仙乡石材加工企业对环境的影响

石材加工企业掠夺性开采造成严重山体破坏和水土流失，使郁郁葱葱的灵山景区多处出现岩石斑驳裸露的“牛皮癣”、“瘌痢头”。石材加工企业产生的粉尘、废水、噪声、固体废弃物严重污染环境。

1．大气污染

污染大气环境的主要污染因子是粉尘，来源于干燥后的锯泥。由于各石材加工厂锯泥没有采取任何防护措施，大都露天堆放，刮风时很容易造成扬尘污染。与厂区相邻的村民住房、周围草木、庄稼常年都蒙着一层白灰，厂区公路沿线也是遍地粉尘，大风起时尘土飞扬。

2．水污染

废水主要来源于锯石和磨石工序冷却、润滑用水，其中夹带大量的石粉。废水中悬浮物浓度较高，颗粒较细，较难沉淀，废水流入河中，使整条河流变成“牛奶河”。据监测：每台锯机用水量 15～30t/d，悬浮物浓度 1 500～6 000mg/L；每台磨机产生废水 23～32t/d，悬浮物浓度 370～560mg/L；每台小切割机产生废水 12～32t/d，悬浮物浓度 260～470mg/L。按年加工 150 万 m^2 板材计算，每年产生锯泥约 1.05 万 m^3。企业主出于成本考虑，往往将这些含高浓度锯泥的废水不作任何净化处理直排望仙河，对饶北河乃至信江造成极大污染，导致群众上访不断。

企业生产废水直排情形

3．固体废弃物污染

固体废弃物来源于石料加工后的废石和锯泥。每加工 150 万 m^2 板材约有 1.8 万 m^3 废石产生。这些固体废弃物堆放需要占用一定的土地。一些企业主将废石料随意倾倒，甚至将一些沟渠填满。锯泥干燥后极易造成扬尘污染。

4．噪声污染

噪声来源于锯石机和磨石机的机械噪声。据监测：厂界周边噪声达 80dB 以上，超过国家规定的排放标准。其刺耳的噪声能传播到几百米远，对村民正常生活带来不良影响。

切割噪声污染环境

5．生态破坏

花岗岩石料开采采用传统的爆破方式，对山体破坏较大。炮声响过，往往是飞沙走石、树倒草飞，山体表土被剥离，寸草不生。遇到雨季来临，山水裹挟着泥沙、碎石冲向沟渠，造成严重的水土流失。

四、望仙乡区域环境综合整治

日益严重的环境污染问题引起当地政府高度重视。2006 年年底，望仙乡所有石材加工企业暂时关停，对废水进行集中整治。新建污水沉淀池和抛光、磨光废水沉淀池 286 个，废水实行循环利用，但污染问题没有得到根本性解决。

2007 年以来，有关部门不断接到群众投诉，反映望仙乡多家石材开采企业滥采乱挖、破坏景区景观；石材加工厂废水、粉尘无污染防治设施，对周边生态环境破坏严重。经调查：望仙乡石材开采、加工虽然有一定规模，给当地带来就业、财富和财政收入，但开采缺乏规划，加工设备简单、工艺落后、缺少治污设施，既浪费资源又严重破坏自然生态环境，若任其发展，必将殃及子孙后代。

2007 年 11 月 28 日，上饶县政府通过《上饶县灵山风景名胜区矿业企业整治工作方案》。决定关闭灵山风景区内的所有矿山开采企业，并对石材加工企业进行整治，达不到要求的一律关闭。为此，该县成立工作组入住各企业，县财政划拨专款 1 000 多万元，用于补偿被关停的石材企业。经过近一年的整治，31 家采石企业全部关停，70 家石材加工企业也陆续停产、关闭或转产。

如今，望仙乡巧打“旅游牌”，充分利用灵山国家级风景名胜区旅游品牌，通过保护资源、挖掘内涵、做好规划，积极开发石人、南峰塘、水晶山、石城、道士仙、九牛、茗湖等自然景观。为有序开发建设灵山旅游资源，该乡吸取石材产业发展与环境保护失衡的惨痛教训，以科学发展观为指导，出台一系列资源保护措施、政策。从环山公路建设、高山梯田保护、农民建房规划到规划区内禁伐后农民生活使用的燃料及一些旅游配套辅助设施安排等，事无巨细对每个环节力求做到多方论证，完美操作，力争将灵山变为上饶中心城区的后花园和做大上饶中心城区新的支撑点。

五、启示

望仙乡石材企业群于 2009 年底前彻底退出生产领域，是环境保护与经济发展、局部利益与全局利益、个体利益与集体利益博弈的结果。

中国地大物博，石材资源丰富，有着悠久的石材加工历史。但石材是一种不可再生自然资源，传统落后的生产方式、技术和加工工艺，既造成资源过度浪费又严重破坏生态资源和污染环境。望仙乡石材开采加工企业造成的生态资源破坏和环境污染问题，是我国石材行业发展的一个缩影。它从兴盛走向衰落的历程，从一个侧面反映出我国环境保护和生态建设工作力度不断加大，地方政府和民众环境意识日益提高。

石材开采加工业“门槛”低、利润高，造成的生态破坏十分巨大。从 10 年前当地政府政策扶持，到大规模污染整治，再到今天政府斥巨资补贴关停，望仙乡石材企业的发展历程给我们如下启示：

1．切实转变观念，用科学发展观衡量得与失

望仙乡是一个偏远落后山乡，财政收入 300 多万元，石材产业就占 80%以上。当地政府发展愿望迫切，欲做大做强石材产业。当地村民也有增收基础，许多村民都在从事石材开采加工，每人每月千余元工资相当于他们面朝黄土背朝天时大半年甚至一年的收入。石材产业的退出，虽然使该乡做大做强石材产业、做大财政收入的希望化为泡影，却为该乡腾出更宽广的发展空间。石材产业的退出，虽然使当地村民眼前利益受到损害，但是却让他们从此脱离污染环境，让已受重创的家园得以休养生息。石材产业的退出，彻底根除了望仙河和下游信江的一大污染源，这是更大的“得”。

2．政府必须反复权衡经济发展与环境保护的利害关系，正确“取”与“舍”

灵山风景名胜区绝大部分景点在望仙乡，嶙峋怪石为其最大特色，而石材开采却“大煞风景”。望仙乡石材加工企业主要分布在望仙河岸边公路两侧，几十家企业密密麻麻地挤在不到 1km 距离内，平均每家占地不到 $0.2hm^2$。石材产业群西向大山，东临望仙河，在空间上陷入进退维谷的窘境。石材加工废水中悬浮物浓度较高，颗粒较细，较难沉淀。每个石材加工企业要长期生存必须建设一座面积足够大、有一定深度的沉淀池，而这一要求绝大部分企业都不能做到。因此，望仙乡石材产业发展与环境保护已构成一对不可调和的矛盾。石材加工企业发展末期，企业主曾经进行过污染治理尝试，基本每家企业都建设了 $200m^3$ 以上的沉淀池，但从运行效果来看，沉淀池普遍偏小，无法达到净化处理要求。政府在取与舍之间反复权衡利弊，最终决定取“环境保护”舍“石材产业”。

3．资源的永续利用决定经济发展模式

经济发展离不开资源的支撑，资源利用又有多种途径。望仙乡花岗岩资源一方面可以作为花岗岩板材的生产原料；另一方面它又是构成灵山风景名胜区的重要景观资源。这两种资源的利用途径是相互矛盾、不可调和的。开采、加工花岗岩资源必然破坏灵山风景区景观的完整性，保护灵山风景名胜区景观必然要求关停、取缔石材加工企业。这两种资源利用的目的又是一致的，发展石材加工是为获取经济利益，保护景观资源也是为旅游事业发展，促进地方经济发展。两相比较，石材加工获得的经济利益是暂时的，造成的生态破坏是长远的。开发旅游产业则不但能保护花岗岩资源，而且也能获得长远的经济利益。孰轻孰重，洞若观火。

14 非法企业是饮用水安全的最大隐患

——铅山取缔塑料粒子厂群的启示

事物的发展变化总是遵循由量变到质变的规律。短短4年，铅山县鹅湖镇的塑料粒子厂从2003年的1家发展到2006年的126家，生产方式由零星生产发展到集群生产，生产规模由星星之火发展到燎原之势。其对生态环境的危害也是一个由量变到质变的渐进过程。从污染局部到整个水系，最终对铅山县城饮用水源构成威胁，造成极大的社会影响。2006年，铅山县彻底关停了生命力特别顽强的塑料粒子厂群。其过程可谓一波三折，发人深省。

一、塑料粒子厂群简况

1．务工返乡农民创办第一家塑料粒子厂

铅山县鹅湖镇长期以来就有回收废旧物资生财致富的传统。改革开放之初，鹅湖镇后州村家家户户外出收购废玻璃瓶率先致富的事例在当地传为美谈，并成为其他村村民效仿的典型。进入21世纪，随着国家对循环经济政策支持力度的加大，废旧物资回收市场急剧扩大。2003年，外出务工返乡村民投资创办了第一家简易废旧塑料粒子厂，拉开了该县废旧塑料粒子加工业发展的序幕。一批当地打工者从中看到致富希望，纷纷返回家乡创办塑料粒子加工厂。

2．塑料粒子厂的生产工艺

废旧塑料粒子加工工艺比较简单，设备操作技术要求较低。生产以各类废旧塑料编织包装物为主要原料，先对废旧塑料编织袋拆解，用水进行清洗，然后用电熔化，再经拉丝机拉丝、断碎生产出塑料粒子出售给塑料制品厂。

3．塑料粒子厂群的规模

废旧塑料粒子加工投资少、工艺设备简单、技术含量低、回报率高。创办一个简易塑料粒子加工厂一般仅需投资10万元（包括征地、买设备、盖工棚），用工对象为当地闲散廉价劳动力，年产值可达20万元，年利润可达10万元。鹅湖镇公果、洋洲两村靠近小水电站，直供电价非常便宜。两村又紧邻省道，交通便捷，产业集聚效应明显。这些有利因素促使废旧塑料粒子加工厂暴发式增长，短短四年就发展到126家，并形成原料收购、生产加工、产品销售“一条龙”的生产格局。这种格局，深深影响甚至改变了当地村民的生活生产方式。废旧塑料粒子加工已成为当地农村家庭经济的主要来源，两村大部分村民家庭都在从事这一行业，绝大部分村民已凝结成一个利益共同体。这是造成后来综合整治一波三折的主要原因之一。

二、塑料粒子厂群的主要危害

1．危害生产工人健康

塑料粒子加工厂原材料是废旧塑料包装物，其中包括化肥、化工原料、医药包装物等。在清理这些原材料的过程中，残留化工原料挥发会严重影响工人身体健康。企业在生产过程中，曾多次发生工人中毒事件。2004年8月，鹅湖镇公果村黄某的塑料粒子加工厂，4名工人在拆解废旧化工塑料过程中发生中毒事故，因抢救及时，才未发生人员伤亡事故。

2．污染水环境

公果、洋洲两村的废旧塑料粒子加工厂均为简易粗放式生产，被当地群众形象地称为：“一台机器一个棚，一个池子几个工”。废旧编织袋在清洗时会产生大量废水，这些废水经简单沉淀后直接排入信江铅山段。据监测：塑料粒子加工厂所排废水呈碱性，主要污染物化学需氧量超标4.6倍，悬浮物超标42倍。更为可怕的是，化工包装袋清洗时，有毒化工残余物随清洗废水排入信江，对信江河水环境造成严重危害。而该县城区居民生活集中式饮用水水源取水口就位于公果、洋洲两村下游约3km，两村企业排放的生产废水，就像悬在该县居民心上的一把利剑，令人提心吊胆，惶恐不安。

3．污染大气环境

塑料粒子加工厂未对熔化废气进行有效收集处理，废旧塑料熔化时产生的有害气体全部无组织排放。正常生产时，方圆 2km 范围内弥漫着一股难闻的气味，影响着村民和过往行人的身体健康。

塑料粒子厂废旧塑料堆放地杂乱无章

三、塑料粒子厂群整治过程

2004 年初，铅山县环保部门不断接到县自来水厂及县民投诉：城区饮用水水源有恶化趋势，自来水管网经常被水中的塑料细丝堵塞，有时细小的塑料丝甚至出现在自来水中。公果、洋洲两村废旧塑料粒子加工厂环境污染问题开始显现，历时三年、艰难曲折的整治行动由此展开。

1．环保部门的第一次整治

2004 年 4 月，以县人大开展“环保赣江行——保护母亲河”活动为契机，铅山县环保部门提议将解决鹅湖镇公果、洋洲两村的废旧塑料粒子加工厂的违法排污行为列入活动范围，并得到县人大的高度重视。5 月份，环保部门派员对鹅湖镇的塑料粒子加工厂群进行调查，发现该地已有塑料粒子厂 39 家。当时，环保部门对其中25家问题较大的企业下达了停产整改通知书。

同年8月，该县人大主持召开塑料粒子加工厂业主座谈会，强调所有企业必须落实环保措施方能进行生产。会议要求企业主在一个月内建好污水池，废水经沉淀处理后再循环使用，实现生产废水零排放。否则，将切断生产电源，依法关停。之后，环保部门多次派员进行现场督查，但企业主依然我行我素，污染仍然触目惊心。

环保部门根据《中华人民共和国环境保护法》《中华人民共和国水污染防治法》《江西省环境污染防治条例》等有关法律、法规，于10月中旬向县政府递交《关于要求对鹅湖镇公果、洋洲两村塑料粒子加工厂实行停产整顿的报告》。11月15日，县政府发布《关于对鹅湖镇公果、洋洲两村塑料粒子加工厂实行停产整顿的通告》，供电部门切断鹅湖镇塑料粒子厂群的生产用电，迫使其停产。

2．县政府组织的第二次整治

2005年年初，塑料粒子加工厂业主受利益驱动，在未按政府通告要求整改的情况下，擅自搭电恢复生产，致使违法排污现象死灰复燃。

环保部门又多次派员到两村进行现场检查，发现塑料粒子加工厂违法行为呈愈演愈烈之势。不但原有的在开足马力生产，而且还有一批新厂出现，总数已达74家。2005年4月初，环保部门对徐某、林某、杨某、陈某四家违法排污情节特别严重的塑料粒子加工厂依法给予处罚。同时，向县政府递交“关于鹅湖镇公果、洋洲两村塑料粒子加工厂全面擅自复工”的紧急报告。

2005年11月，铅山县政府下发“关于对县城饮用水源保护区域废旧塑料粒子加工厂实行关停的通知”，责令位于生活饮用水源保护区域内所有要求整改的塑料粒子加工企业必须于2005年12月5日9时前停止生产，并自行拆除加工设施和清理场地。

为抓好落实工作，县政府成立整治塑料粒子加工厂领导小组，由分管县长任组长、环保等相关单位主要领导任副组长，从成员单位抽调30余名工作人员进行现场办公。利用宣传车及宣传单，大力宣传有关法律、法规，增强业主们的环境保护意识。深入业主家中开展思想工作，要求其自觉配合此次专项整治行动。为防止个别不法业主在夜间偷偷生产，领导小组还请交警协助拦截装运原料的车辆。

由于当时没有采取强制措施切断生产电源并拆除机器设备，等到整治小组人员撤离后，已经停产的废旧塑料粒子加工企业在春节前夕又故伎重演，擅自恢复生产。

3．全社会共同参与的第三次整治

面对沉疴，群情激愤。2006 年 3 月上旬，在铅山县人大十三届四次会议上，通过了 27 名代表联名提出的《关于坚决依法取缔公果、洋洲等地有毒塑料粒子厂，确保人民生命安全的议案》。3 月 10 日，铅山县政府下发《关于依法取缔公果、洋洲等地 74 家塑料粒子厂的决定》。取缔工作指挥部在第一时间成立，并制定《取缔塑料粒子企业工作方案》，以确保取缔工作稳妥有序进行。

一是加强法律法规的宣传。推出“中小学生环保信江行”、“同饮一江水，共护母亲河”等社会实践活动，传播绿色文明，弘扬生态文化，倡导“人与自然和谐相处”的理念，并以“小手牵大手”和万人签名及组织环保志愿者进村入户宣传环保知识等形式，为取缔工作大造声势。

二是切断原材料来源。由交警部门分别在通往铅山县主要公路进口处设立关卡，切断非法塑料粒子加工厂的原料来源。

三是加强教育疏导工作。组织干部采取包干负责方式，进厂入户对业主进行思想教育工作，通过宣传法律、法规、政策和对话，并采取适当的奖励措施，引导业主自动拆除厂房，搬走机器设备，为集中强制取缔工作降压减负。

通过卓有成效的工作，一批业主认识到非法排污的危害性和后果的严重性，多数企业在规定期限内主动停止生产并拆除设备。

2006 年 3 月 27 日，指挥部对那些存侥幸心理、持观望态度的“钉子户”开展环保执法大行动。指挥部组织近千名工作人员，切断仍在进行非法生产的塑料粒子加工企业用电，拆除洗涤槽等生产设施，强行取缔关闭违法塑料粒子厂。

2006 年 4 月 20 日，为维护广大人民群众的环境权益，全面打击违法排污行为，铅山县发布“关于依法关闭本县行政区域内非法塑料粒子厂的通告”，对分布在其他乡镇的 52 家非法塑料粒子加工厂进行取缔，新一轮的环保执法行动由此拉开序幕。

按照统一部署，这次执法行动原则上以塑料粒子厂所在地乡（镇）为工作主体组织实施，采取先上游后下游、先关闭零星分散的后关闭较为集中的工作方式。

这次环保执法行动分三个阶段进行：第一阶段由有关乡（镇）组织人员开展入户宣传、教育疏导工作，减轻业主的抵触情绪。考虑到部分群众的切身利益，允许他们在这一阶段抓紧消化现有的原材料，减少经济损失。然后引导他们自行拆除机器设备、清理生产场地。第二阶段对持观望态度以及少数“钉子户”业主，由有关乡（镇）组织力量实行强制关闭。第三阶段由县政府组织有关部门对责令关闭的塑料粒子厂进行检查验收。

在前、后两次大的环境保护执法行动中，铅山县领导高度重视，有关乡（镇）工作到位，措施得当。环保部门全力以赴，跟踪督查。相关部门密切配合，尽职尽责。2006 年 5 月，铅山县境内 126 家严重污染水体的废旧塑料粒子加工厂在规定的期限内全部取缔关闭，整治工作圆满结束。

四、取缔塑料粒子厂群的启示

1．全社会参与、各部门齐抓共管是整治环境违法行为的有力保证

环境保护工作仅仅依靠环境保护行政主管部门一家的力量经常是心有余而力不足。尤其是范围广、对象多的环境违法整治行动，只有全社会共同参与，各职能部门协调配合，才能有足够的力度打击环境违法行为，才能确保整治行动迅速、有力、彻底。

第一次整治，环保部门单打独斗，整治行动草草收场。在发现塑料粒子厂群违法行为后，虽然当地环保部门立即向县政府作了汇报，借用了人大法律监督的力量，并对违法的塑料粒子加工厂下达停产整顿通知，采取拉闸断电措施，但由于塑料粒子厂群违法生产的行为未得到政府及各部门的重视，在具体执行过程中没有得到各部门的有力配合，面对一个被暴利熏红了双眼的群体，环保部门显得势单力薄，力不从心。同时，由于整治行动无功而返，反过来又助长了塑料粒子加工业主的气焰，违法企业不减反增，局面进一步恶化。

第二次整治，政府主导，违法行为有所收敛。第一次整治无果而终引起了政府的高度重视，决定对县城饮用水源保护区内废旧塑料粒子加工厂实行关停。但由于公果、洋洲两村废旧塑料粒子加工已呈蔓延趋势，地方、部门、业主等各方利益掺杂其中，导致整治行动开始后，企业业主瞒天过海、利益部门阳奉阴违、当地政府避重就轻、相关部门虚与委蛇、无关部门高悬免战，导致整治行动失败。整治取缔行动前期有些塑料粒子加工厂所在的乡镇，开始时仅仅考虑当地的经济发展、社会稳定等因素，专项整治没有动真格，整治工作虎头蛇尾、走走过场、虚与应付。甚至有些乡村干部由于自己或亲友办了塑料粒子厂，非但不配合专项整治，反而百般阻挠整治工作，姑息养奸，听之任之。有些相关部门存在本位主义，考虑自身利益，思想上不统一，责任上不到位，未能形成工作合力。

第三次整治，全社会参与，违法行为人人喊打，整治行动彻底有力。2006 年 3 月上旬，该县人大通过人大代表联名提出的《关于坚决依法取缔公果、洋洲等地有毒塑料粒子厂，确保人民生命安全的议案》得以通过，并形成会议决定，

主要领导重视，亲自主持召开有关执法部门会议，把整治工作上升到民生高度，相关部门也真正开始重视起来，形成分工协作、齐抓共管的工作局面，126 家严重污染水体的废旧塑料粒子加工厂在规定的期限内全部取缔关闭。

这次关停公果、洋洲两村废旧塑料粒子加工厂群整治行动，由于违法行为表象明显、后果严重，整治行动得到了群众的广泛支持，整治行动效果明显。由此及彼，我们可以想象，政府、环保部门在处理一些老大难的环境违法行为时，若能正确地引导社会舆论、充分借助社会各方力量，营造全社会对环境违法行为人人喊打的氛围，环境违法行为将无藏身之地。

2．防微杜渐，把环境隐患消除在萌芽之中

公果、洋洲两村塑料粒子厂群的取缔难度之大，其中一个重要原因就是数量多、影响大，处理不好可能引发群体事件。这些塑料粒子加工企业都是当地村民投资创办的家庭作坊式小厂，具有投资少、工艺简单、产品易销、效益好（没有污染治理成本）的特点。在先期少数村民投产获利的情况下，一些村民在未办理任何证照的情况下跟风建厂，以致“地下黑厂”积少成多，发展迅速，渐成燎原之势，造成的环境污染也日趋严重。当政府决定整治取缔这些塑料粒子厂时，由于相关利益群体已经比较庞大，大部分业主持有“法不责众”的心态，联合起来拒不执行政府的整治取缔决定，对环保部门的整改要求置若罔闻、我行我素，甚至对现场执法人员进行围攻谩骂，公然抗法，整治取缔工作难度相当大。显然，塑料粒子厂群的形成是有一个过程的，如果能在事物发展的萌芽状态也就是在仅有少数塑料粒子厂出现之时，就按照法律法规的要求采取坚决、有效措施加以制止，影响面必然不会有这么大，造成的损失会大大减少，处理的难度也会大大降低。这个案例也提醒我们，防微杜渐、把环境隐患消除在萌芽之中是我们做好环境保护工作必须牢牢贯彻的一条基本原则。

3．严格遵守国家法律法规，落实环境影响评价制度是企业避免投资风险的重要保证

废旧塑料回收生产属废物综合利用范畴，是国家鼓励的项目，但其前提是必须做好废水、废气、废渣的治理工作，不得造成二次污染。被取缔的 126 家废旧塑料粒子厂大部分投资者都血本无归，分析其原因主要有：

一是严重违反国家相关法律法规。被取缔的企业均属于规模小、布局不合理、生产技术落后、不具备污染治理能力的小型企业。其生产过程中产生的废水、废气、废渣未经处理直接外排，严重污染河流地表水及环境空气，影响周围群众的

生产与生活。特别是鹅湖镇公果、洋洲两村，坐落在铅山县县城河口镇的上风上水地带，距离县城 5km，位于县城生活饮用水水源保护区范围内。为保护生活饮用水源、维护群众环境权益，关停取缔这些违法企业是必然的选择。

二是没有履行相关的环境影响评价审批手续。如果在投资前开展环境影响评价，这些工艺落后、选址不合理、没有污染治理能力并对环境产生较大影响的项目在前期就会被环保部门否决，就能避免投资失误，也就不会造成投资损失。

第四篇
城市环境保护

随着工业化、城市化进程的加快，与之相伴相生的交通噪声、商业娱乐噪声、饮食服务业油烟交叉污染已逐渐演变成城市污染投诉居高不下的主要诱因和城市环境保护热点、难点问题。城市环境保护要树立以人为本的理念，紧紧抓住与市民生活休戚相关的问题，以规划引领为抓手，以部门联合综合整治为手段，以建立长效管理机制为着力点，以提高全民环保意识为落脚点，群策群力、群防群治，实现环保为民、人与自然和谐、“城市让生活更美好”的目标。

15 群众利益高于一切

——排除上饶市城区空气异味的启示

2003 年至 2005 年，上饶市区居民纷纷投诉：市区空气中时常弥漫着一股难闻的异味，特别是阴雨天气，异味更重。群众利益无小事，为了消除广大市民的疑惑和不安，环保部门在一次又一次认真排查后，监测认定空气异味是上饶线材厂超标排放苯、甲苯等污染物所致。尔后，企业虽经多次停产整治，但空气异味一直难以根除，上饶市政府决定关停该企业。2007 年 10 月，上饶线材厂最后一条漆包线下线，企业彻底关停并整体搬迁。困扰市民的空气异味问题终于彻底解决。

一、上饶线材厂基本情况

上饶线材厂建于 1969 年，是上市公司江西鑫新实业股份有限公司旗下的核心子企业之一。该厂由国有企业改制而来，是专门生产漆包线的专业厂家，为原国家机械工业部电线电缆定点生产企业。其主导产品“方圆”牌漆包线各项技术指标均达到或超过国家标准和 IEC 国际标准，连续多年被评为“江西省名牌产品”、“江西省著名商标”、“江西省重点保护产品”，畅销全国 20 多个省、市、自治区和东南亚国家。

该厂建厂之时，正是我国工业发展初期。为解决企业职工温饱问题，上饶线材厂在磕磕碰碰中走过 20 多年。由于企业身处市区，废气、噪声对周边环境影响很大，企业发展受到限制，陷入两难境地。1996 年，企业决定“退城进郊”，将厂址由上饶市区搬迁到当时的市郊。然而，随着上饶城市化步伐的快步迈进，短短几年后，上饶线材厂再次被城市包围，又一次沦为“城中厂”。

二、上饶线材厂主要生产工艺及污染物

上饶线材厂漆包线生产工艺包括放线、退火（电加热和冷却）、涂漆、烘焙、冷却和收线6道工序。主要污染物有噪声、废水、废气和废渣。

1．噪声

主要为卧式漆包机（包括退火炉及烘干炉）、拉丝机、引风机和排风扇运行时产生的噪声。卧式漆包机、拉丝机、引风机和排风扇噪声达70～85dB（A）。

2．废水

主要为生产废水和生活污水。该企业生产用水主要为卧式漆包机退火设备冷却用水和拉丝润滑油稀释用水，均为循环用水，循环过程中会因自然损耗挥发而减少，没有排放，只需定期补充新鲜水，因此生产废水外排很少。拉丝机在生产过程中采用润滑液进行润滑和冷却，由机器在自带的水槽循环使用。

3．废气

主要是退火、涂漆、电烘干等工序产生的工艺废气。主要污染因子为甲苯和二甲苯。苯及苯系物（甲苯、二甲苯）于1993年就被世界卫生组织确定为致癌物。由于其对皮肤、眼睛和上呼吸道有刺激作用，所以人们对漆包线废气极为敏感。

4．废渣

主要是漆包线生产中产生的少量工艺废渣。所以，上饶线材厂主要污染物是废气。该厂采取的治理措施是催化燃烧法，即将含苯有机废气通过活性催化剂催化，然后加热燃烧分解成二氧化碳和水蒸气。但由于企业生产多年、设备老化和催化剂更新不及时等原因，一部分含苯有机废气没有充分燃烧分解，导致废气不达标排放，从而造成大气环境污染。

三、污染处置情况

1．上饶线材厂废气排放污染环境

2003 年至 2004 年，上饶线材厂附近群众多次向有关部门投诉，在该厂周围经常闻到一股难闻的气味，严重时人身会产生恶心症状，严重影响居民的正常生活和身体健康。当地政府和有关部门立即组织进行排查，环保部门限于当时的执法条件，在目测和鼻闻后，告知该企业加强管理，减少废气排放量。企业在生产不足的情况下，废气排放量确有减少。

2．排查污染源锁定上饶线材厂

2005 年以后，随着上饶线材厂生产规模的扩大，废气排放量也有所增多。在梅雨季节，市区距离上饶线材厂 2km 的区域也时常闻到一股难闻的异味。当地环保部门在排查异味原因时，借用江西省环境监测站设备，经监测：产生异味是因为空气中含有苯、甲苯污染物。经逐一排查污染源后，锁定上饶线材厂。该厂在生产漆包线时，因涂漆电烘干过程中催化剂未充分燃烧分解，导致苯、甲苯等不达标排放，从而造成空气异味。

3．上饶线材厂污染治理整改后仍然不能消除市区异味

群众利益高于一切。上饶线材厂造成的环境污染引起环保部门高度重视。2005 年 10 月，环保部门组织相关人员深入上饶线材厂生产车间，详细了解漆包线生产和废气治理情况，针对企业存在的污染问题，要求企业继续停产整改，彻底解决废气污染。随后，环保工程技术人员会同厂家一起赴上海等地学习漆包线生产污染治理技术和经验，研究分析产生污染的原因，制定整改方案，落实整改措施。

2005 年 11 月，上饶线材厂通过更换排气筒催化剂和增加排气筒高度等整改工作，组织整改后的试生产，监测结果显示：排气筒所排放的废气苯、甲苯、二甲苯、间二甲苯、邻二甲苯五项指标均未超过国家《大气污染物综合排放标准》，一段时间内没有发生群众投诉。

但由于上饶线材厂是一个老企业，生产设备陈旧，26 台（套）机器的排气筒同时排放废气即使达标排放，环境容量也难以满足稀释废气排放的需要，上饶市区的异味难以根除。

4．只有关停上饶线材厂才能消除市区异味

为彻底摆脱“城中厂”的羁绊，为企业谋求更广阔的发展空间，只有彻底关停上饶线材厂才能彻底消除市区异味。上饶市政府经过多方协商，决定实施“退城进区”计划，依法关停上饶线材厂。上饶线材厂积极配合，实施搬迁计划，将上饶线材厂迁入上饶经济开发区“博能线材产业园”。2007 年 10 月，随着最后一条漆包线下线，企业在老厂区彻底关停。上饶城区异味问题也得以有效解决。

四、案例启示

环境保护既是发展问题，也是民生问题。民生，是指老百姓的基本生活和生计基础。从社会学角度看，民生主要包括与经济增长相对应的两个基本方面：一是人民群众的生活水平，二是人民群众的生活质量。民生的内涵随着人类社会的发展而不断发展，在不同的发展阶段，在同一发展阶段的不同时期，民生问题有着不同的内涵。现在我们强调的民生，主要是指在经济增长的基础上，促进经济社会协调发展，促进人民群众共享发展成果，着力改善老百姓的基本生活，不断解决老百姓最关心、最直接、最现实的问题，提高生活质量。因此，环境保护是民生之基。

1．选址不当是制约企业发展的“死穴”

根据《中华人民共和国大气污染防治法》第二条规定，“国务院和地方各级人民政府，必须将大气环境保护工作纳入国民经济和社会发展计划，合理规划工业布局，加强防治大气污染的科学研究，采取防治大气污染的措施，保护和改善大气环境”。因此，政府及有关部门对项目的建设要严把选址关，对选址不当，可能造成环境污染，影响人民群众身体健康的项目，坚决不准其建设。

纵观上饶线材厂磕磕碰碰的几十年发展历程，企业因选址不当问题一次又一次进退维谷，直至退无可退。“城中厂”在计划经济和工业革命初期的耀眼光环已不复存在；相反，它们已成为城市环境污染的主要污染源之一。只有斩断“城中厂”选址不当的羁绊与束缚，“退城进区”，企业才能拥有更广阔的天空。

2．群众利益无小事，维护人民群众根本利益是地方各级政府义不容辞的责任

《中华人民共和国环境保护法》第十六条规定：“地方各级人民政府，应当对本辖区的环境质量负责，采取措施改善环境质量”。污染问题不仅是环保问题，同时也是社会问题和政治问题。让人们呼吸上新鲜空气、喝上干净的水和保护好赖以生存的环境始终是各级政府及环保部门义不容辞的责任。因此，要本着“群众利益高于一切，群众利益无小事”的原则，妥善处理各类环境污染问题，及时化解环境污染引起的矛盾和纠纷，促进社会稳定。

3．城市建设规划要坚持环境保护优先的原则

城市规划要认真贯彻执行《中华人民共和国城市规划法》和《中华人民共和国环境影响评价法》等规定，坚持环境保护优先的原则，开展城市规划环境影响评价工作。未编制规划环境影响报告书或未通过有关部门审查的城市建设规划，该规划审批部门不得审批。要从环境保护的角度论证城市规划的科学性、合理性，坚持社会效益、经济效益、环境效益的三统一，做到城市建设、经济建设、环境建设协调发展，促进经济、社会健康有序发展。在城市布局中，要科学合理划定各环境功能区，合理布局居住区、行政文教区、商业区、工业园区等，避免因功能区布局不合理而造成环境污染。要将工业企业全部规划在工业园区，严禁在城市居住区、行政文教区、商业区内建设工业企业，严禁在城市上风向建设大气污染型企业。对城区已有的工业企业要按照规划的要求“退城入园”，彻底解决“城中厂”对城区的环境污染。

16 斩断噪声扰民祸首　还原安静宜居环境

——上饶市城区噪声污染综合整治的启示

酣睡的婴儿，甜梦被刺耳的喇叭声惊醒，惊恐地依偎到母亲怀里；苦读的学子，思绪被窗外劲爆的歌舞声扰乱，无奈地望向夜空；劳累一天的父母，睡意被麻将声敲打得纷纷扰扰，辗转反侧；颐养天年的老人，脆弱的神经被嘈杂的施工声音反复刺激，无助地低头叹息……

这绝不是我们所能想象的城市生活狂想曲，这绝不是我们所向往的城市生活。

在人们越来越注重生活质量的今天，城市噪声问题受到前所未有的关注。2009年公众对环境满意率调查显示，公众对噪声满意度率低于对空气质量满意率超过10 个百分点。近年来，上饶市城市化、工业化步伐加快，城区娱乐、商业、房地产、建筑业、交通运输、饮食服务等产业快速发展，城市噪声污染呈暴发性增长趋势，在局部区域已成为扰民的祸首。“十一五”期间，为消除这一影响城市和谐平安的重大隐患，上饶市采取合理引导、部门联合、重点整治等措施综合整治城市噪声，城区交通噪声保持在 67.9dB 左右，城市区域噪声保持在 52.4dB 左右，为广大市民提供了一个安静祥和的生产生活学习环境。

一、上饶市中心城区基本情况

上饶市中心城区位于江西省东北部信江上游，地扼赣、浙、闽、皖四省之要冲，是全市政治、经济、文化中心。中心城区所在地信州区自东汉建安年间设县以来，已有 1 700 多年的历史。目前市中心城区建成区面积 55.8km^2，人口达到 52.7 万人，中心城区绿地率达 39.16%，绿化覆盖率达 43.5%，人均公园绿地 13m^2。市中心城区先后荣获国家优秀旅游城市、省文明城市、省卫生城市、省园林城市、省双拥模范城市等荣誉称号。

二、上饶市城区噪声特点

城市噪声主要有交通噪声、商业噪声、建筑噪声、社会生活噪声以及金属加工制造业噪声等。每个城市因建设进程、自然地理地貌、经济发展布局不同，噪声污染特点也有所不同。就上饶市城区而言，噪声污染呈以下特点：

1．交通体系不合理，交通噪声突出

上饶市中心城区是在古老的信州区旧城区基础上逐步发展、扩大起来的。由于历史原因，旧城区交通体系规划欠缺，城市交通道路建设、道路网络不甚合理。由此产生的交通噪声主要表现在：一是城市道路狭窄、弯道众多，城区汽车行驶时怠速、加速、鸣笛频繁，导致交通网络的噪声声级普遍较高。二是城区处于丘陵地貌，道路上下坡较多，汽车上坡加油门时发动机的噪声使得这些路段噪声污染较重。三是交通管理比较滞后，道路上行使的车辆混杂，对噪声较大的卡车、摩托车按时段、路段限行的管制措施尚未到位。

2．区位中心商业发达，商业噪声难以治理

上饶市城市发展定位是“赣浙闽皖”四省交界区域中心城市。近几年，上饶市为实现这一发展战略，倾力打造商贸流通产业，以商贸为龙头的第三产业呈快速发展趋势。中心城区对周边县（市）的商贸辐射带动作用强劲，人气旺盛，交易十分繁荣。随之而来的商业噪声污染日益突出，商铺招揽生意的喇叭声、餐饮业的排风机噪声、娱乐业的音响声逐步成为城市噪声污染投诉的热点。商业噪声点多面广，并有很强的反弹性，整治难度较大。

3．老城区人口集中，小手工业噪声扰民严重

虽然上饶市中心城区已达 55.8km^2，人口 50 余万，但有近 70%的人口集中在约 20km^2 的老城区内，人口密度较大。与之配套的社会服务体系也较为集中，尤其是建材加工、金属切割、家居制造等与群众生活息息相关的小手工业星罗棋布，而且这些行业往往临近居住区，极易引发噪声污染纠纷。要对这种地域选择性很强、数量众多的噪声污染点采取规划引导、划行归市的办法进行整治，需要有很大的魄力、高超的操作能力。

4．城市化进程加快，城市噪声整治压力巨大

上饶是一个快速发展的城市。目前和今后城市化率将以 2%的增长速度推进城市化进程，大量的人口将向城市聚集，商业、交通、手工制造等也将快速发展，城市噪声污染必将随之加重，城市噪声污染控制任重而道远。

三、噪声的危害

1．噪声污染的特点

声音强弱用分贝（dB）表示，声音越响，分贝越高。一般情况下，人在小于 50dB 环境中，会感到非常安静；超过 60dB 时，就会感到喧闹；在 90dB 时，就会使人烦恼；到了 120dB 时，人耳有痛的感觉，听觉受到损伤。当然，并不是所有分贝很高的声音，都是噪声，有时还同声音的音调和人的愿望有关。同样播放录音机的音乐，如课后或工余听听感到是一种享受，如正在朦胧睡觉时听到，却感到是一种干扰。这种不需要的干扰声，就是噪声。噪声属于听觉公害，在环境中不累积、不持久，无污染物也不会给环境留下什么污染物，而且噪声源是分散的，一旦污染源终止，噪声也消失。因此，噪声无法集中处理。

2．噪声危害的表现形式

干扰睡眠。噪声会影响人的睡眠质量和数量，使人出现呼吸频繁、脉搏跳动加剧、神经兴奋等。时间久会出现疲倦、易累，影响工作效率。长期下去会引起失眠、耳鸣多梦、疲劳乏力、记忆力衰退等症状。在高噪音情况下，这种病的发病率可达到 50%～60%。

损伤听力。85dB 以下噪声不至于危害听觉，而超过 85dB 可能对听力造成损伤。这种伤害只是暂时的，只要不是长期生活在这种高噪音条件下听力可以自然恢复。

影响人体生理。噪声会引起人体紧张的反应，刺激肾上腺的分泌，引起心率改变和血压上升。噪声可使人的唾液、胃液分泌减少，胃酸降低，从而易患胃溃疡和十二指肠溃疡。

对儿童和胎儿的影响。在噪声环境下儿童的智力发育缓慢，有研究表明吵闹环境下儿童智力发育比安静环境中的低 20%。噪声还会对母体产生紧张反应，引起子宫血管收缩，以致影响供给胎儿发育所必需的养料和氧气。

四、上饶市城市噪声整治措施

根据上饶市城市噪声污染的特点，为建设平安和谐上饶，提出了“科学规划、合理引导、重点整治、长效管理”的原则，有效遏制城市噪声污染。

1．着眼规划，源头预防

上饶市在城市发展过程中也曾出现过由于城市规划没有考虑城市噪声污染，导致污染矛盾加剧的问题。进入 21 世纪，城市噪声污染引起政府和有关职能部门的高度重视，按照科学规划、预防为主的要求，在历次城市总体规划编制及修编中，都将噪声防控纳入规划重要的考量范围。一是根据不同行业的污染特性和治理要求，在城市功能布局上，结合城市功能区划，力求将这些行业相对集中，统一经营管理，统一污染治理。比如对噪声污染较重的建材加工业（主要从事金属建材切割、石材打磨）和摩托车销售业，在规划时设立集中的江南商贸城大市场，远离人口稠密的老城区，同时规划大市场噪声污染治理设施，减轻噪声污染影响。二是根据各功能区不同的环境要求，对城市功能区进行重新定位。对不合理的进行调整，使各功能区满足环境要求，避免功能区噪声交叉影响。比如由于历史原因，在信州区三江片区形成了一个工业企业相对集中的区域，在原先规划中，该区域有三江工业组团。但组团被居住区和文教区包围，规划实施后噪声交叉污染在所难免。因此，在规划修编时，取消了工业组团的功能定位，全部调整为居住区，从而避免了因规划不合理造成的各功能区之间的相互影响问题。三是在规划中特别重视交通噪声的污染问题。在交通体系规划时对交通网络的规划、道路建设、噪声防治都有明确要求，最大限度降低城市化快速发展带来的交通噪声影响。

2．重点行业，重点整治

经过认真调研和分析，排查出影响上饶市安宁的最大的城市噪声污染源为娱乐服务业、金属加工业和建筑施工噪声。针对这些重点行业的噪声污染，采用集中整治与日常监管的办法予以重点整治。对娱乐服务业，提高准入“门槛”，在项目审批、噪声防治措施上从严要求。对有可能影响周边居民生活的，要求与居民签订补偿协议后再予以审批。对现有的娱乐服务业开展噪声防治专项清理，凡没有设置双重隔声吸声设施，经监测噪声不能达标的，一律下达停业整改通知。对金属加工业，凡设立在居民区的，一律按照划行归市的要求，搬迁至统一的经营市场。对拒不执行的，一律吊销营业执照。对建筑施工噪声，建立建筑施工环境保护许可制度，积极引导施工企业使用商品混凝土和低噪声施工设备，禁止夜间高噪声作业。通过整治，这类现代城市最难治理的噪声污染得到初步控制。

3．突出问题，从严打击

“整治、反弹、再整治、再反弹”。这是全国诸多城市共同面临的噪声治理“怪圈”，令执法者疲于应对，整治成果难以巩固，居民群众反复投诉。面对群众普遍关心、反复投诉的一些突出问题，明确在整治方法上要健全长效工作机制，在整治的手段上要从严从快，不留隐患。建立联动网络，密切配合，实行 24 小时不间断治理，力争在第一时间解决群众反映的噪声扰民问题。增加巡查频次，对产生噪声污染、反复投诉的污染点加强检查和监督。对不听劝阻，屡查屡犯的，依法严惩，从严打击。在中考、高考期间采取环保、行政执法、工商、公安等部门联合执法和舆论监督等噪声行动。

4．部门联动，常抓不懈

以往的城市噪声治理经验告诉我们，单靠环保部门治理噪声受到诸多限制，效果很差。噪声治理不可能一蹴而就，只有通过常抓不懈，才能有效控制噪声污染。为此，上饶市着力构建噪声污染治理长效机制，专门下发《上饶市城市噪声污染综合整治方案》，构建环保、公安、工商、城管、文化、交通、媒体等相关部门联动机制、工作机制和考核机制，扭转以往各部门“单打独斗”及推诿扯皮的局面，形成齐抓共管的“治噪”合力。

五、启示

1000 多年前，西方一个大哲学家就曾说：一个人生活幸福的前提是出生在大城市。车水马龙、商贾云集、灯红酒绿、歌舞升平、人声鼎沸这些专为修饰城市应运而生的成语，总是让城外人充满憧憬。“城市让生活更美好”，是推进城市化的必然要求和根本目的。城市化进程的加快，使这种憧憬一步一步变为现实。然而，城市化必定会带来城市噪声污染。城市噪声与城市化如影随形、互为因果。作为城市管理者，在城市化推进过程中，如何正确履行职能，管控城市噪声污染，促进城市平安和谐，做到有为有位，是对城市管理者执政水平、执政能力的最好检验。从上饶市整治城市噪声污染的实践我们可以得到以下启示：

1．规划优先是基础

规划是城市发展的先导，也是城市噪声污染防控的前提和基础。若城市规划时没有结合城市噪声的特点而合理进行城市功能区划，规划实施后必将出现城市噪声污染。而这种因规划不合理产生的城市噪声，要对其进行整治难度很大，行政成本极高。即使整治产生一定效果，也极易反弹。因此合理的城市规划和建设，对未来的城市噪声控制具有十分重要的意义。噪声环境规划要树立科学发展观，把"以人为本"的思想摆在首要位置，要侧重于功能区划分明确、布局合理，使噪声源分布与功能区相适应。要统筹兼顾，合理控制城市建筑密度，合理划定建筑物与交通干线的噪声距离，最大限度地防止和减轻噪声污染。

2．齐抓共管是途径

城市噪声综合整治是一个庞大的系统工程。要解决城市噪声扰民问题，单靠环保一个部门的力量，整治措施难以到位，整治效果难以保证。只有建立噪声综合整治工作机制，相关部门参与，明确职责，分兵把守，齐抓共管，才能有效控制城市噪声污染，使噪声污染者无处可藏。要着力于明确任务分工、完善考核体系；要提高各部门的环境保护意识，树立环境保护是共同职责的理念，防止"自扫门前雪"现象；要重视群众举报，拓宽群众举报渠道，充分发挥群众的监督作用。

3．严格执法是关键

治理环境噪声污染，是现代化城市管理的重要内容，是衡量一个城市文明水平高低的重要标志。噪声是无法避免的，但噪声又是可以控制的，关键在于城市管理者依法行政的水平和监管执法的力度。要控制城市噪声污染，必须在项目准入、综合整治上下工夫。

一是项目准入时要环保前置、部门联动。对未履行环境影响评价制度和"三同时"制度的新建、改建、扩建产生噪声的建设项目（营业场所），各相关部门不得办理工商执照、卫生许可、文化经营许可、税务登记、开工许可等有关证照，从源头上控制噪声污染。二是严格执法，长效监管。要采取日常监管与综合整治相结合的方法，对那些布局不合理、选址不当、噪声扰民的经营单位及个体工商户进行整治。对整治无望的，工商、公安、文化、建设、城管、环保等有关部门必须吊销相关许可证，依法予以关停或者取缔。

4．素质提高是目标

城市不是政府的城市，也不是一个人或某些人的城市，而是全体市民共同的城市。城市的生活环境需要全体市民来共同维护和关心。城市噪声的产生具有多变性和复杂性，污染的受害者转变一个角色的可能变成城市噪声污染的制造者。若市民对城市噪声污染都停留在“宁可我负人，不可人负我”的境界，而不是从自己做起，从自己工作生活的每个细节做起，以文明市民的良好社会公德来约束自己的行为，那么这个城市将进入无序状态。因此，要提高城市噪声管控水平，必须通过多种渠道，加强宣传教育，努力提高全社会的环境意识和公德意识，提高经营者和广大市民遵纪守法的自觉性，创造宜居宜商宜游的生活空间。

上饶城区噪声污染整治仍处于探索实践中，随着城区规模的逐步扩大，新的噪声污染源也将不断出现。对于一个城市来说，噪声治理只有通过建立长效机制、常抓不懈，才能有效控制噪声污染。噪声防治任重道远，只有起点，没有终点。

17 规划用地要优先考虑对环境的影响

——环保拒批顶佳置业和圣达威电工项目的启示

江西顶佳置业发展有限公司（下称顶佳置业）和江西圣达威电工材料有限公司（下称圣达威电工）均为上饶县招商引资项目。两个项目引进时间虽有先后，但同时选在该县石狮乡同一开发区的前后地块落户。从环境保护的角度去考量这两个项目，它们相互抵触、相互排斥，环保部门据此依法予以否决。

一、案例背景

上饶县石狮乡位于上饶市北部，距离市区 2km、沪昆高速公路上饶市东出口 1km，处于市郊、城乡结合部，国土面积 38.17km^2，总人口约 2 万人。该乡长期以来经济基础十分薄弱，但交通优势却十分明显。为加大招商引资工作，把交通优势变为发展优势，石狮乡政府将石狮村、黄岭村、吉阳村三村交界处规划为工业用地。

2006 年、2007 年间，该乡先后引进顶佳置业（顶佳·珑山林住宅小区）和圣达威电工项目。但由于选址不当，两个项目相互抵触、相互排斥，在环境影响评价过程中，政府、企业陷入进退两难的困境。环保部门考虑对环境的影响后，依法给予否决。当地政府为此也付出一定“学费”，异地选址，重新安置上述两个招商引资项目。

1．顶佳置业项目简介

顶佳置业是一房地产开发企业。2006 年 8 月，该公司通过“招、拍、挂”方式，在上饶县石狮乡石狮、黄岭、吉阳三村交界处取得一块用于房地产开发的土地，拟开发上饶顶佳·珑山林住宅小区项目。该项目占地总面积 133 200m^2，规划建筑总面积13万m^2，容积率1.01，绿化率38.56%，计划居住人口3 000人，总投资2.32亿元。

2．圣达威电工项目简介

2007年5月，香港万嘉实业有限公司在上饶县政府招商引资优惠政策的吸引下，到该县进行考察，经多方了解，认为该县靠近上饶市区，地理位置优越，交通便利，投资环境好，决定在此创办江西圣达威电工材料有限公司。并相中石狮乡石狮、黄岭、吉阳三村交界处这块土地，拟新建年产漆包圆铜线3 194t、漆包圆铝线7 200t的工业项目，总投资2.3亿元人民币。

二、案例介绍

1．后入的工业项目率先要求环保审批

圣达威电工后于顶佳置业进入上饶县石狮乡，由于该公司环保意识较强，立即委托有环境影响评价资质的单位编制《江西圣达威电工材料有限公司铜、铝漆包线生产项目环境影响报告表》。环评单位在编制报告表过程中，发现建设项目选址上存在问题。首先，该地段紧邻中心城区，且在城市的上水上风方向，不宜规划为工业用地。其次，虽然石狮乡已作出将该地段规划为工业用地的决定，但在此前，政府又通过“招、拍、挂”方式，出让了部分土地用于房地产开发，本项目周围就有房地产建设项目。因此，审批部门要求当地规划、环保等部门出具明确意见。项目所在地规划、环保部门回复意见指出：该地已规划用于工业用地，圣达威电工600m范围内无集中居住区，项目建设满足建设单位环境保护影响评价的条件，同意建设单位的选址方案。鉴于此种情况，环保部门召开专题会议研究该项目，并在审批时明确指出：根据该地段的现有规划，同意该项目的选址和环评意见书的评价，但要求当地政府对该项目周边的土地利用进行控制，周围不得新建住宅、学校、医院等环境敏感目标。

2．先期进入的房地产项目遭遇环保拒批尴尬

虽然顶佳置业更早选中这一区域开发房地产，但由于公司环保意识薄弱，在取得土地使用权后，却一直未办理环保等相关手续。2008年，企业准备开工建设时，才委托环评单位编制《环境影响评价报告书》。此时，该地段所在地上饶县石狮乡总体规划已经变更，该乡已把该处土地规划为工业用地。环评单位在编

制环境影响评价报告书调查论证过程中，提出建设项目与用地性质不相符合，环境影响评价被搁置。而此时，上饶县有关部门出具证明，认为顶佳置业房地产是招商引资项目，而且是在规划变更之前就已经确定的项目，要求当地环保部门按照尊重事实保护投资者利益的原则，对该项目予以审批。最后，环境影响评价在有争议中完成，并送上一级环保部门审批。2009 年 5 月，审批部门经过认真研究，认为：该项目选址明显不当，决定否决该项目。原因是房地产建设项目与工业项目紧邻相依，两企业卫生防护距离达不到规定要求，房地产建设项目存在受工业污染的风险。

3．两建设项目因环境影响而相互排斥

圣达威电工是一个废气污染较重的工业项目。根据《江西圣达威电工材料有限公司铜、铝漆包线生产项目环境影响报告表》，项目在生产过程中每年会产生苯 240t、甲苯 481t、二甲苯 803t，其浓度分别为苯 181 mg/m^3、甲苯 363 181 mg/m^3、二甲苯 606 mg/m^3。苯、甲苯、二甲苯等含苯有机废气的异味较大。虽然通过采取催化燃烧法处理，可以大大降低其异味和浓度，但每年仍然有大量含苯有机废气排放。如果在其不远处搞房地产项目，房子卖得动吗？即使卖了，厂群环境纠纷还少得了吗？

三、案例处置情况

1．案例的处置情况

重新调整规划。根据上饶市城市发展规划的调整，上饶县石狮乡石狮、黄岭、吉阳三村已经成为市区组成部分，按原规划建设工业小区已经不可能，因此，该地段改为城市建设用地，并将调整后的总体规划报上一级人民政府批准。

顶佳置业通过“招、拍、挂”方式，取得房地产项目建设用地，符合调整后的土地利用规划，环保等有关部门予以支持，同意其办理房地产建设项目的有关法定手续，对圣达威电工予以搬迁。因为原来规划的工业小区已改为城市住宅小区，城市住宅小区内不宜新建工业企业，更不允许新建排放有害气体的企业。

2．两个建设项目的处置结果

圣达威电工迁入上饶市经济开发区。当地政府收回其土地，重新规划用于商住开发。同时补偿企业征地和项目建设经济损失。2009 年 7 月，圣达威电工选

定新址后，重新聘请有环境影响评价资质单位编制《江西圣达威电工材料有限公司铜、铝漆包线生产项目环境影响报告表》。同年 10 月，环评报告通过环保部门审批。

顶佳置业在当地政府出具处理意见和圣达威电工放弃在该地址上建设工业项目后，环保部门批准了该项目的环境影响评价报告。

四、案例启示

在处置圣达威电工和顶佳置业这个案例过程中，当地政府、圣达威电工、顶佳置业三方当事人都蒙受不同程度的损失。当地政府不仅经济上受损失，还对招商引资形象造成影响。圣达威电工虽然获得了一定经济补偿，可浪费了大量的人力、物力和财力。顶佳置业虽然获得应有的结果，但耗时很长。对于企业来说，"时间就是金钱"，两年的时间流逝，难以用金钱来衡量。

1．编制规划要坚持环境优先原则

《中华人民共和国城乡规划法》第四条规定：制定和实施城乡规划，应当遵循城乡统筹、合理布局、节约土地，集约发展和先规划后建设的原则，改善生态环境，促进资源、能源节约和利用。第十七条规定：城市总体规划、镇总体规划的内容必须包括环境保护的强制性内容。

编制城乡规划要根据城乡经济和社会发展的要求，适应产业结构调整和广大人民生活水平逐步提高的需要，结合当地自然条件和经济水平，对城乡各项建设、布局进行综合部署，做到近思远虑、新旧结合、布局合理、互不影响、协调发展。

石狮乡在编制规划时，因没有充分考虑到环境保护优先原则，致使有污染隐患的工业企业与居民住宅项目相邻，造成布局不合理，从而引发本案例。上饶是经济欠发达地区，面临着发展经济的艰巨任务，必须坚持在保护环境中实现经济发展，要根据环境的容量来合理规划和布局工业。离市区较近、人口密度大的乡镇只适宜安排仓储、物流、包装以及相关的服务和加工企业，应慎重安排制造企业，特别是有污染的企业。

2．编制规划应进行环境影响评价或环境分析

规划的实施往往会给经济、社会和环境带来广泛和深远的影响。为预防因规划实施后对环境造成的不良影响，促进经济、社会和环境的协调发展，国家实施规划环境影响评价制度。

《中华人民共和国环境影响评价法》和《规划环境影响评价条例》规定：国务院有关部门、设区的市级以上地方人民政府及其有关部门，对其组织编制的土地利用的有关规划和区域、流域、海域的建设、开发利用规划以及工业、农业、畜牧业、林业、能源、水利、交通、城市建设、旅游、自然资源开发的有关专项规划，应当进行环境影响评价。

对规划进行环境影响评价，有效分析、预测和评估规划实施可能造成的环境影响，从而提出预防或者减轻不良环境影响的对策和措施。虽然对县级人民政府和政府所属部门以及乡、镇政府组织编制的规划，法律没有规定进行环境影响评价，但该案例的发生说明：对县乡规划进行环评具有十分重要的现实意义。因此，县级政府所属部门以及乡镇人民政府在组织编制规划时应进行简要的环境分析，从决策源头防止环境污染和生态破坏，全面实施可持续发展战略。特别是编制城市近郊乡镇的规划须高起点、高标准，要综合考虑资源、环境和财力条件，同时，又要注重可操作性，使之成为推进生态环境保护与城乡可持续发展的新蓝图，为构建布局合理、景观优美、环境宜人的生态环境服务。

3．编制城乡规划应当充分听取环境保护部门的建议

编制规划要综合考虑资源、环境和财力状况，兼顾近期建设与长远发展，使规划成为引导产业布局结构调整的助推器，推进生态环境保护与城乡可持续发展。

《中华人民共和国城乡规划法》第二十六条规定，规划编制机关在编制规划时，应当充分考虑专家和公众的意见，并在报送审批的材料中附具意见采纳情况及理由。规划编制涉及方方面面，编制机构本身不可能对涉及的领域都充分了解，为此，听取包括环境保护部门在内的各方面的意见和建议是规划编制的必然过程。

城市规划是城市发展和建设的基础。规划编制和修编过程，必须按规定程序进行论证、听证和公开咨询，理顺规划、建设、国土、环保、市政园林、房管等部门的行政职能，充分听取各方面的意见。经审批后的规划，应具有刚性，是城市建设的法定蓝图，各部门必须严格执行；需要修改或变更，也必须依法定程序办理，不能随意修改和变更。

城市规划一定要考虑全局性、长期性、连续性和稳定性，以人为本。在建设中心城市时要强调商贸中心、文化中心、金融中心的建设。目前城市规划存在几大弊病，其中之一就是许多城市为遵从领导意志而忽视规划的严肃性，往往领导一句话就确定了规划，城市规划随着领导人的变更而随意改变，破坏了城市规划

的稳定性和延续性。之二就是有些城市在制定规划中，为促进城市经济的增长，一味追求招商引资带来的经济效益而忽视对自然环境的保护。不尊重自然山水，往往“有山不见山，有水不近水”。城市规划的核心是解决一个空间环境问题，它是政治、经济、社会、文化所依托的载体，也是自然与人工相互结合依存的一个纽带。

城市规划和环境保护的问题归纳起来都是关于“人”的问题，就是要寻求人与环境的和谐，最终实现时间与空间、历史与地理、城市与环境的和谐与持续发展。而要实现这一目标，规划就一定要科学。

18 以人为本和谐发展是处理环保纠纷的最高准则

——江西英腾化工有限公司搬迁的启示

2006年，江西英腾化工有限公司（下称英腾化工）年产4万t无水氟化氢项目落户上饶经济开发区。在该项目建设期间，附近村民上访不断。2008年，该项目基本建成，但因卫生防护距离、群众信访投诉等原因，项目迟迟不能投产。2010年7月，英腾化工顺应民意，积极配合开发区进行异地搬迁。英腾化工决策者顾全大局的胸怀与和谐发展的智慧，值得称许；开发区当政者消除环境隐患的远大眼光值得称颂；群众善于利用法律武器维护合法权益的行为，值得称道。

一、英腾化工基本情况

1．英腾化工生产情况

英腾化工是由英国英力士集团与浙江星腾化工有限公司共同投资建立的中外合资企业。英力士集团是全球三大化工企业之一，浙江星腾公司是一家新兴氟化工企业。2006年2月，该企业与上饶经济开发区签订合同，投资3 200万美元建设年产4万t无水氟化氢项目，项目厂址位于上饶经济开发区G1地块（苏家岭村地界内），占地面积1.4hm^2，产品为高纯无水氟化氢。

2．英腾化工环评情况

英腾化工进入上饶经济开发区后，在选址过程中委托江西省级环评单位编制环境影响报告书。报告书于2006年10月完成，报告书编制期间组织开展了公众意见调查，大部分群众对项目建设持支持态度。

2006 年 12 月，该项目环境影响专家评审会认为：工程的选址、污染治理、污染排放等都符合相关要求。2007 年 3 月 16 日，环保部门根据环评评估意见和经济开发区对项目卫生防护距离内的苏家岭村进行搬迁的书面承诺，批准了该项目环境影响报告书，项目开始建设。

3．英腾化工主要污染和环境隐患

氟化氢生产排放的主要污染物为含氟化氢、二氧化硫的工艺尾气和含氟化物的废水。目前国内氟化氢的生产工艺和污染治理工艺已相当成熟，但若管理跟不上、设备不配套，也会造成污染超标排放和氟化氢泄漏的事故，极易引发环境纠纷。

氟化工是重要的基础化工。1886 年，法国著名化学家莫瓦桑（Henri Mojssan，1852—1907）从铂制 U 形管中利用铂铱合金作电极，通过电解干燥的氟氰化钾制得氟气（F_2）。中国氟化工产业发展较晚，只有 50 余年的发展历史。但近 10 年来，发展速度加快，已形成一定的生产规模，氟产品年销售额约 155 亿元，占全球年销售额的 50%以上。氟产品被广泛应用于军工、电子、化工和纺织等领域。氟化工产品在生产过程常中伴有高腐蚀、高毒性，对人及牲畜危害极大，人体皮肤接触氢氟酸后，氟离子不断解离而渗透到深层组织，溶解细胞膜，造成表皮、真皮、皮下组织乃至肌层液化坏死。氟离子还可干扰烯醇化酶的活性，使皮肤细胞摄氧能力受到抑制。人摄入 1.5g 氢氟酸可致立即死亡。吸入高浓度的氢氟酸酸雾，可引起支气管炎和出血性肺水肿。氢氟酸也可经皮肤吸收而引起严重中毒。所以，氟化工业是被国家列入全程监管的重点环境污染行业。

二、案例发展过程

1．英腾化工严格执行了环境保护“三同时”制度

英腾化工作为一家中外合资企业，其严格规范的管理理念在项目建设过程得到了充分的体现。项目建设中严格按照环评以及批复要求配套建设污染防治设施。对反应炉渣气、氟化氢吸收尾气采用冷凝回收加碱液喷淋中和吸收处理。对烘干含尘废气采用多管旋风加静电除尘处理。对生产废水、地面冲洗水、厂区初期雨水，建设了废水处理站，并采用石灰乳、氯化钙中和、除氟处理。建设了库房式原料、氟石膏堆存场地。安装了废气、废水在线监测装置。其高标准、规范化的建设得到环保部门的充分肯定。

英腾化工全貌图

2. 环境投诉逐渐升级

英腾化工在建设初期就遇到来自民间的阻力，一封名为“今日东阳画水，明日江西上饶”的帖子在网上盛传，部分政府官员和当地百姓认为氟化工污染大，危害重，一旦发生事故后果不堪设想，坚决抵制英腾化工入户上饶经济开发区。英腾化工被迫叫停。后经过反复沟通、协调，又获续建许可。2008 年 5 月，项目基本完工，污染治理设施也相继建成。

2008 年 7 月，英腾化工申请试生产，但因卫生防护距离（600m）范围内居民点未完全搬迁而不具备生产条件，环保部门没有核准其试生产，企业也一直未投料生产。2008 年年底，企业所在地苏家村村民再次对该企业进行信访投诉。由于联名投诉涉及的村民人数多、范围广、影响大，引起上级有关部门高度重视。2008 年 12 月 11 日，省、市环保部门派出调查组对此事进行了专题核查。经查该企业因卫生防护距离范围内尚有部分居民未搬迁，外排污水管网建设没有完全做到雨污分流，试生产报告未获得环保部门批准，企业尚未投料生产，未造成事实污染。为此，根据环评法规定，要求企业在完成卫生防护距离范围内居民点搬迁工作和外排水管网建设完全做到雨污分流之前，不得进行试生产。

3. 英腾化工在发展与保护中作出明智的选择

虽然英腾化工厂群环境纠纷在有关部门疏导说服下有所缓和，但引起纠纷的内因仍然没有根本消除。进入 2009 年，英腾化工与上饶经济开发区产业规划定位的冲突进一步显现，与厂区周边群众的环境纠纷进一步激化。

一是开发区规划调整压缩了英腾化工的生存空间。2006 年，经江西省政府批准更名后，上饶经济开发区由以单一工业生产为主的工业园升格为集工业、商贸、科研等生产经营功能为一体的综合性经济开发区。发展定位、产业规划、空间布局等也随之进行调整，定位更高、规划更严、布局更加合理。新规划摒弃了一些三类工业项目。2008 年，上饶经济开发区提出创建生态工业园区，明确了“生态兴区”的战略定位和发展思路。有色金属冶炼、化工等污染较重项目逐渐淡出。英腾化工厂址正处于上饶经济开发区打造生态工业园区的核心部位，若英腾化工在此生产，因其固有的高环境污染风险性，势必影响其他无污染、轻污染工业项目的引进，影响生态工业园区建设的推进。

二是群众维权意识的提高限制了英腾化工的发展空间。近几年，英腾化工周边的开发区居民实实在在地享受到了上饶经济开发区快速发展的成果。老百姓致富了，自然而然对生活环境的要求也相应提高。群众通过新闻媒体从松花江水污染事件、厦门 PX 事件等典型案件中了解到化工企业的潜在风险和危害，更加坚定环境维权的决心，强烈要求企业关停或搬迁。英腾化工与周边群众的环境纠纷与矛盾已难以调解。

鉴于此，上饶经济开发区审时度势，反复权衡，本着对人民生命安全负责、对历史负责、对企业负责的态度，积极与企业沟通，最终作出了建议企业搬迁的决定。英腾化工的决策者从企业生存与长远发展的角度，本着高度的社会责任感，以顾全大局的胸怀积极配合上饶经济开发区进行异地搬迁。2010 年 7 月，英腾化工异地搬迁工作结束。至此，这一场耗时 4 年的厂群环境纠纷得以圆满解决。

三、英腾化工异地搬迁留给我们的思考

如前所述，英腾化工是一家管理规范的合法企业，投资建设的“年产 4 万 t 无水氟化氢项目”，无论在生产工艺、生产设备上，还是在污染治理技术、治理设施上都是非常先进的。但正是这样一家合法规范的企业，迫于群众的环保呼声和园区产业结构调整的压力，最终忍痛割爱、异地搬迁，其中有许多问题值得深思。

1．以人为本、和谐发展是处理发展与环保的最高准则

全面、协调、可持续是科学发展观的核心价值，以人为本，满足人民群众全

方位的需要是科学发展观的价值体现。十六届四中全会进一步提出“要适应我国社会的深刻变化，把和谐社会建设摆在重要位置”，构建社会主义和谐社会，是立党为公、执政为民的内在要求。落实科学发展观，就是要践行和谐发展理念，和谐发展既是我们处理经济发展与环境保护的根本要求，也是社会经济发展的最高准则。

英腾化工异地搬迁就是一个以牺牲局部短时经济利益获得社会环境和谐稳定的典型案例。在这个案例中，英腾化工、上饶经济开发区、周边群众在法律层面上都没有责任过错，英腾化工最终的异地搬迁，恰恰说明了这是落实科学发展观构建和谐社会的不二选择。不可否认，英腾化工是一个合法企业，但合法并不是企业生存和发展的唯一条件。企业合法建设、合法生产只是企业生存最基本的条件，和谐发展才是最根本的要求。维护和谐、保持稳定也是企业应有的最起码的社会责任。“民意比天大”，当合法企业遭遇民意抵抗且无法化解时，所有的利益只能服从于民意。分析以往环境纠纷案例，正是有的合法企业自以为环评、验收一应俱全，在出现环境投诉时居高临下，漠视民意，导致环境纠纷长期得不到解决，造成社会矛盾激化。当民众无法接受企业落户，落户企业带来的经济效益无法抵消社会失稳的负面效应时，从以人为本、和谐发展的角度，割舍经济利益、维护群众的环境权益是唯一的选择，这是科学发展观对处理经济发展与环境保护关系的新要求，也是最高的准则。

2．和谐发展的最终结果必定是各方利益的共赢

英腾化工异地搬迁后，上饶经济开发区对英腾化工原有区域进行整合，高标准规划，高起点建设，为该区域引进非污染、少污染工业项目拓展了空间，为打造生态工业园夯实发展平台。周边群众在解除了环境风险源后，环境投诉、群众上访事件大为减少，当地社会和谐，人心稳定。对英腾化工而言，搬迁既可以消除在原地无法正常生产的忧虑，又可以节省时间，及时调整发展方向，有利于今后的建设和生产。英腾化工异地搬迁虽然经历过阵痛和曲折，各方也有埋怨和不解，但事情的圆满解决，再次证明了和谐发展的最终结果必定是各方利益的共赢。

3．规划执行一定要严格

上饶经济开发区更名后，对原有的规划进行了调整。新规划更加符合建设生态工业园的要求，更加符合转变经济发展方式的要求，更加符合环境友好型、资源节约型的要求。好的规划要有好的执行措施，基础设施的建设、项目的引进要严格按照规划来执行。上饶经济开发区要求与新规划不符的英腾化工异地搬迁，

既体现了开发区严格执行规划的坚定决心，更体现了当政者构建和谐园区的长远目光。虽然暂时蒙受了一定的经济损失，但这点损失相对于长远经济效益和社会效益是无法比拟的。惟其如此，才能维护规划的严肃性，才能规范区域的发展，才能避免类似英腾化工事件再次发生。

英腾化工搬迁时的图片

19 经济发展绝不能留下环境风险隐患

——民通公司“生猪屠宰加工项目”选址被否决的启示

2010 年 7 月 30 日，上饶市民通肉类加工有限公司（下称民通公司）“年屠宰加工 200 万头生猪项目”因选址等原因被否决。这是上饶市践行科学发展观、预防环境风险隐患的一小步，更是社会文明进程的一大步。

一、案例背景

中国是世界上最大的肉类食品生产和消费大国。2003—2009 年，中国肉制品产值年均复合增长率（CAGR）达到 22%。预计到 2012 年，我国人均肉类消费量将达到 75kg，远远高于世界平均水平，肉制品加工企业的发展潜力非常巨大。

民通公司是江苏一家大型集团企业在上饶设立的子公司。该集团以中西式熟肉制品加工业为主，农工科贸一体化，每年屠宰生猪 1 800 余万头，主要设备均从国外引进，技术和工艺先进，管理模式成熟。为进一步拓展市场，该集团拟投资 2.5 亿元在上饶市经济开发区建设“年屠宰加工 200 万头生猪项目”。

二、民通公司基本情况

1．主要生产工艺

民通公司项目主要采用麻电击晕、机械分割的工艺，对生猪进行屠宰，分为非清洁作业和清洁作业两部分。

2．主要污染物及处置措施

废水及其处置。该项目总用水量为 14 841m^3/d，其中，新水用量 4 637m^3/d，循环用水量 10 204m^3/d，生产用水循环利用率 68.8%。废水主要包括生产、生活、洗车和待宰圈废水等。

屠宰生产废水主要来自于冲洗、胴体分割等工序排水，排水量按用水量 90%计，废水产生量为 3 988m^3/d。其中，待宰间废水主要为地面冲洗水，排水量按用水量 90%计，废水产生量为 1 000m^3/d。洗车废水主要为配送车辆按时清洗水，排放量为 8m^3/d，地面冲洗废水为 4m^3/d。

生产废水中 SS、COD_{Cr}、BOD_5、氨氮、动植物油产生量分别为 868.5t/a、2 700t/a、1 222.5t/a、75t/a、87t/a。

项目废水处理采取气浮—厌氧—射流曝气 CASS 法工艺。处理后 1 000m^3/d 用于待宰间用水，其余外排废水处理达标后排入开发区污水管网。

废气及其处置。废气主要来自于待宰圈、屠宰车间恶臭和污水处理站恶臭。恶臭主要成分为 H_2S 和 NH_3，源强为 0.019kg/h。污水处理站恶臭主要为无组织排放的 H_2S 和 NH_3，源强为 0.7kg/h。项目所在地近五年平均风速为 1.6m/s，根据《肉类联合加工厂卫生防护距离标准》（GB 18078—2000）要求，该项目厂界与居住区之间的卫生防护距离为 800m。项目缺乏对恶臭的处理措施。

固体废物及其处置。固体废物主要为猪脏渣、不合格猪、猪毛、猪粪便、煤渣及除尘灰渣、污泥、生活垃圾。其中猪毛外售综合利用，粪便及污泥外售用于制作肥料，煤渣及除尘灰渣用于填坑铺路或外售做建材材料。猪脏渣、不合格猪采用高温湿化法处理，生活垃圾经市政卫生部门填埋处理。因此，在确保固体废物在中转、运输和综合利用的过程中不造成二次污染的情况下，拟建项目所在地无固体废物堆弃，对环境影响较小。

噪声及其处置。噪声主要来源于屠宰时猪的叫声和设备的噪声。主要噪声防治措施为：选择低噪声设备，车间通风和排气系统采取综合降噪措施，建筑物隔声，加强厂区绿化减低噪声。

3．环评专家审查结果

2010 年 7 月 30 日，评估机构组织专家、建设单位和监管部门代表对《上饶市民通肉类加工有限公司年屠宰加工 200 万头生猪项目环境影响报告书》进行技术评审。

与会代表和专家在听取建设单位、环评单位对项目概况和报告书主要内容的介绍后，实地考察了项目现场、周边环境现状及废水排放情况并提出多条补充修改意见。要求报告书编制单位应根据上饶经济开发区总体规划、功能布局及规划环评的环保审查意见，补充项目选址与规划要求相符性分析内容。

4．项目选址

民通公司拟选址位于上饶市经济开发区野猪垄村，开发区认为该公司落户在此，可以通过项目带动区域开发。两者不谋而合，项目选址一锤定音。殊不知，这一看似政企两利的决策，却被环保部门否决。因为按照建设项目环境保护要求，厂址所处区域的“基础建设应具备专门的供水管网”，而且厂界与居民区的卫生防护距离不得少于 800m。但该项目所选地址 100m 范围内就有几十户集中居民点。按当地居民搬迁补偿费标准，一般每户在 50 万元以上，如果该项目要落在此地，仅搬迁一项，需付出几千万元的安置补偿费用。

基于以上原因，民通公司项目选址最终被环保部门依法否决。

项目拟选厂址

三、启示

1．项目选址事关企业生死，必须慎之又慎

由于我国各地区经济发展不平衡，许多大型企业做大做强向外扩张首选中西部地区。这是因为中西部地区有许多优惠招商政策，土地价格、劳动力价格相对

较低，有利于企业进一步降低生产成本。更重要的是这些地区生态环境相对完好，环境容量较大。但生态优美、环境容量大并不意味着污染企业就可以随意入住，该项目被否决就是一个很好的例子。

2．项目对环境的影响要充分考虑防治技术措施是否切实可行

企业是环境保护的主体，项目对环境的影响有多大，企业本身是最清楚的。项目需要采取什么污染防治措施，效果如何，企业也最有发言权。因此企业必须拿出切实可行的治理方案与项目主体工程相配套，如果方案与现实脱节，那么再好的方案也是水中月、镜中花，无任何现实意义。

民通公司对经济欠发达的上饶而言是个大项目，既可以充分利用当地丰富的生猪资源创造良好的经济效益，又可以带动当地群众就业，产生巨大的社会效益，对当地社会经济发展有很强的拉动作用。项目选址被否决，根本原因之一在于按照现行技术条件，企业防治污染措施难以满足周围环境安全的需要。

3．发展经济绝不能留下环境风险隐患

“发展是执政兴国的第一要务”。但发展并不简单地等同于增长，发展既要讲速度，又要讲效益。既要讲经济效益，又要讲环境效益和社会效益，不能离开环境效益片面追求经济效益。

民通公司既符合国家产业政策，又切合上饶经济发展的现实要求。项目最终被否决，并不是因为产业政策限制或污染不能有效治理，而是因为项目选址与居民点之间的距离达不到卫生防护要求，落户后有可能对周边环境带来环境风险隐患。

环境风险具有突发性和累积性。突发性环境风险具有隐蔽性，正常时并不体现其危害，但条件一旦成熟，风险将集中暴发，引发环境污染事故。累积型环境风险是个渐进的过程，不易察觉，但当风险由量变转化为质变时，环境污染造成的生态破坏已不可逆转，相对突发性环境风险而言破坏力更加巨大。

本案例同时具有上述两种环境风险，且风险程度相当高。因此，否决该项目是一个明智的选择。发展经济的大方向不能选择，但发展的方式可以选择。当发展经济与保护环境产生博弈并出现“零和游戏”时，从科学发展、和谐发展的角度，从为子孙后代留下生存空间的角度，我们都应毫不犹豫地选择保护环境。发展经济绝不能留下环境风险隐患。

第五篇
农村环境保护

农村环境保护是环境保护工作的薄弱点，农村环境状况事关农村社会稳定。在当今城乡二元结构差异快速缩小之时，农村环境保护已经成为环境保护工作的一项重要任务。农村环境保护点多面广，农村环境保护工作要结合农村地区快速发展的环境诉求，紧紧抓住农村地区特有的自然性状和社会经济发展性状，以生态功能保护和恢复为着力点，以垃圾无害化、生活污水处理为突破口，以水源保护、流域治理和区域整治为重点，逐步推进。使功能齐备的农村生态环境成为优化整个社会生态环境的“调节阀”和“稳定器”。

20 加强水库环境保护刻不容缓

——广丰卅八都水库水污染处置的启示

长期以来，自然的、传统的渔业生产方式，水面单产难以提高，经济效益十分低下。近年来，渔业生产采取新式的、人工的养殖方式，水面单产显著提高，经济效益倍增。但新式的、人工的养殖方式对水系会造成极大的环境污染风险。江西省广丰县排山镇卅八都水库，采用人工养殖方式养鱼仅 3 年时间，水库水质就由Ⅰ类突变下降为Ⅴ类，水库下游整个水系受到严重污染，造成群众生产生活用水困难和上访事件，在社会上造成极大的影响。因此，加强水库水质管理，制定水库环境保护管理规定并严格执行，已经成为各级政府的一项重要任务。

一、卅八都水库水污染事件的起因

2009 年 8 月 16 日凌晨 6 时，卅八都村村民扣押了一辆满载啤酒渣液驶往卅八都水库的汽车，制止承包业主把啤酒渣液作为鱼饲料倒入水库。当地村委会及时出面调解，将汽车暂扣在村委会院内，并由承包业主向卅八都村委会交纳押金，承诺啤酒渣液未经处理不再向水库倾倒，纠纷才未进一步恶化。此时，村民派出专人和利用电话将这一情况举报到市、县政府和环保部门。同日上午 9 时许，上饶市环保部门知悉后，派出环境监察人员会同广丰县环保执法人员到达卅八都水库进行现场调查。经查：卅八都水库经过承包业主三年人工养殖后，水质受到严重污染，已导致当地群众饮水困难。水库下游整个水系也受到严重污染。现场群众情绪相当激动，要求环保部门对水库水质进行监测，对水库污染程度进行界定，同时坚决要求政府终止水库养殖承包合同，要求承包业主支付污染损失相关赔偿。市、县环保执法人员根据村民要求立即责令承包业主停止再向水库投放其他任何饲料，同时取水样进行监测化验分析。

二、卅八都水库水污染的原因

卅八都水库（又称新丰水库）坐落在广丰县排山镇卅八都村，是在山沟狭口处拦小溪建造土坝蓄水而成，修建于 1975 年，蓄水量为 306 万 m^3，属于“小一型”水库。其主要用途是灌溉农田和供应下游村庄村民生活用水，同时也被当地村民用于传统渔业养殖。水库水系处于排山小溪发源地，尽管水库上游有一个大村庄和少量农田，村民生活污水和农田农药、施肥后残留部分随泥沙和暴雨径流进入水库，但经过水体自净能力降解后，水质没有发生较大变化，水系水质长年保持为 I 类。

2007 年，卅八都水库被当地政府以公开招标形式承包给蔡某发展渔业养殖，承包期 3 年，时间从 2007 年 1 月 1 日至 2010 年 12 月 31 日。水库招标发包时对渔业养殖方式、水质保护等没有作出明确约定。蔡某获得经营承包权后，为了提高水面单产，采用新式人工养殖方式，年初对水库投放大量鱼苗，而后定期不定期地向水库投放啤酒渣液等鱼饲料。为了追求更大经济效益，蔡某开始不断增加水库的养鱼数量，养殖密度骤增。为满足鱼群生长的需要，向水库投放啤酒渣液的数量也同时增加。过量的啤酒渣液等物质带来大量的外源性氮、磷等营养元素，导致水库内部的藻类暴发性生长，这些藻类大量繁殖后向水体争夺氧分，使水中其他生物死亡，产生恶臭及有毒物质，生物尸体腐败后产生氮、磷等营养物质，再供藻类利用，使得水质富营养化。经环境监测部门监测结果显示，卅八都水库水质总氮、总磷明显超标，水质已由 I 类突变为 V 类。

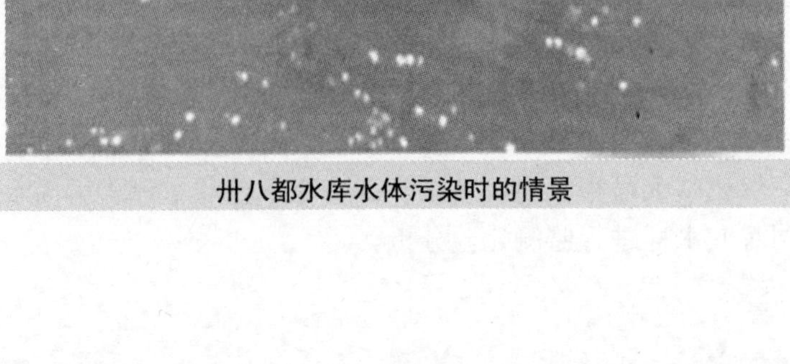

卅八都水库水体污染时的情景

三、卅八都水库水污染处置情况

仅仅一年多时间，卅八都水库水质由Ⅰ类变为Ⅴ类。如果听之任之，整个水库将很快彻底变成一个“臭水塘”，水库下游村民生产生活用水将受到更为严重的危害。

为此，环保部门责令承包主立即停止向水库投放任何饲料或饲料替代品，并向当地政府建议：终止水库渔业养殖承包合同。停止卅八都水库的投料渔业养殖活动，让水库水体通过休养生息，恢复原来的洁静。当地政府最快时间终止了卅八都水库渔业发展承包合同。2009 年年底，卅八都水库恢复了传统渔业发展方式。2010 年，水库水体经过汛期自净，水质明显好转。经检测恢复到Ⅰ类水质标准。

以卅八都水库水污染为鉴，广丰县政府近期还出台了全县水库环境保护的管理办法，对水库开发进行全面的规范管理。

2010 年汛期后水库的水质清新秀丽

四、卅八都水库水污染事件带来的思考

1. 人工养鱼与畜禽养殖是水库水质突变的两个“毒瘤”

进入 21 世纪后，传统的人工养鱼、畜禽养殖已经越来越不适应市场经济发展的需求。为追求经济利益最大化，“靠山吃山，靠水吃水”的传统农业发展模式被赋予了崭新的内涵：大大小小水库都被承包给个人，承包业主山上养鸡、地上养猪、岸边养鸭、水里养鱼，走出了一条“综合利用、充分开发水库价值”的发展模式。此外，一些景色、水质较好的水库周边也逐步成为餐饮业、旅游业、房地产落户的风水宝地。因此，路修上去、车开上去、树砍下来、白色垃圾留下来等现象，已经成为水库“身上长的一长串毒瘤”。人工养鱼、畜禽养殖已成为水库水质突变的两个大“毒瘤”。

卅八都水库的畜禽养殖

2．为追求经济价值而过度开发已经成为水库污染的普遍问题

2009 年年底，某地级市政协对全市水库水质进行了一次摸底调查，调查结果显示：为追求经济价值而过度开发已经成为水库污染的普遍问题。该市有大型水库（总库容≥1 亿 m^3）4 座，中型水库（总库容＞1 000 万 m^3）36 座，小型水库（1 000 万 m^3＞总库容＞10 万 m^3）1 736 座，包括达不到水库规模的山塘，全市水库约有 29 630 座。根据初步调查，在 1 776 座规模水库库区内，共有养猪场 223 座，利用畜禽粪便、饲料、化肥养鱼的 711 座，大量畜禽粪便、饲料、化肥的使用，使水库水质发生很大变化。其中水质较好的有 565 座，占 31.82%；水质一般的有 557 座，占 31.37%；水质差的有 654 座，占 36.83%。由此可见，水库水质令人担忧。

3．水库开发经济价值与水库自身作用矛盾越来越尖锐

从水库的整体功能看，水库养鱼就不同于鱼塘养鱼，水库的功能要比鱼塘广泛得多，后者是专门为养鱼而存在的，但水库毕竟不是私人的鱼塘，它承担着广泛的自然和社会功能。水库一旦承包给个人用于养殖，其功能就只有养殖和防洪两项，承包业主为了追求利益最大化，养殖的功能被放大，而饮用水及防洪等功能不断被缩小。举个例子，当需要水库防洪时，业主就有可能因为鱼苗不走失、减少损失而提前放水。因此，承包人与依托于这个水库的社会群体就会产生利益矛盾冲突。

4．发挥政府在水库环境保护管理中的作用

水库的管理者是政府，要落实环境保护行政首长负责制，强化行政领导的责任意识，协调各有关部门共同做好水库库区及水源地上游水环境保护工作。一方面要加强水库水源地保护宣传工作，在水库周边乡镇宣传水法、水污染防治法等法律法规，宣传水库水源地保护的有关规定和重要意义；另一方面要加大执法力度，严厉打击破坏水库水源地保护的违法行为。

5．有必要制定水库环境保护的法律规定

水库作为饮用水源或者备用水源已经进入政府的视线。近年来，农业、环保部门不断接到水库水质污染的信访，仅靠个别部门管理已经是心有余而力不足。大部分水库特别是小型水库，都是坐落在乡镇行政区划内，管理权也是在乡镇政府，而政府部门的条块管理，很难有一个系统的、有效的手段。因此，把水库管起来，制定出台水库环境保护的法律规定已是迫在眉睫。

一是总体要求和基本原则要明确。总体要求是要坚持以人为本，全面贯彻落实科学发展观，以污染物减排为核心，以保障饮用水安全为重点，综合运用经济和法律手段，坚持不懈地推进污染治理，让水库休养生息，从根本上解决水库水质污染问题，确保水库水环境安全，促进区域经济社会又好又快发展。基本原则是要坚持统筹规划、标本兼治、预防为主、保护优先、防治结合、综合整治、加强领导、狠抓落实。作为饮用水源和饮用水备用水源的水库水质保护的目标是一级保护区的水质标准要求达到《地表水环境质量标准》II类水质标准，二级保护区的水质标准要求达到《地表水环境质量标准》III类水质标准，其他水库的水质应达到相应水质标准。

二是加大对水库周边企业监管的力度，关停搬迁选址不合理企业。对水库周

边现有企业进行调查梳理，针对企业在选址、污染程度、治理措施和风险程度上的不同情况，分别采取搬迁、关闭、整改等措施。对列入国家产业政策明令淘汰范围的企业一律予以关闭；对废水虽经治理仍不能稳定达标排放的企业予以关闭；对向水库饮用水源保护区排放废水的企业进行搬迁；对向水库排放废水、存有环境风险的企业必须制定污染事故应急预案，落实应急措施，建设应急设施。

三是严把水库周边新建项目审批关。坚决落实环保第一审批权制度，严把新建项目审批程序，提高新建项目准入门槛，严禁在水库周边新、改、扩建化工、农药医药及其中间体、电镀、制革、印染、焦化、染料颜料、造纸（制浆）、选矿等对水污染严重的项目；落实建设项目“三同时”制度，严把项目环保验收关，未执行“三同时”和未经环保验收的项目坚决不许投产。

四是加强对农村生活污染和面源污染的防治。因地制宜开展农村生活污水、生活垃圾污染治理，有条件的地方应建设污水处理设施和生活垃圾处理设施，防止生活污水及垃圾渗滤液通过水体进入库区。科学规划畜禽养殖区域，鼓励建设生态养殖场和养殖小区，通过发展沼气、生产有机肥和无害化畜禽粪便还田等畜禽粪污综合利用方式，确保达标排放。鼓励养殖单位（个人）使用符合环保要求的饵料进行水产养殖。推广使用生物农药和高效、低毒、低残留农药。

五是加强旅游业和船舶污染的防治。严禁在饮用水源和饮用水备用水源库区内进行旅游业和船舶运输。科学规划水库周边旅游业，防止超环境容量过度发展。水库周边度假村、旅游宾馆饭店等必须安装污水处置设施，并确保达标排放。进入水库的机动船舶要按照标准配备相应的防止污染设备和污染物集中收集、存储设施，船舶集中停泊区域要设置污染物接收与处理设施，同时制定船舶污染水域应急预案。

六是加大削减重点水库污染负荷力度。重点水库要组织专业队伍，建立打捞藻类或漂浮物作业制度，提高机械装备水平和打捞效率，并妥善处理打捞上岸的藻类或漂浮物，避免二次污染。

七是完善水库水质监测网络，健全环境监测预警体系。建立重点水库水质监测制度。环保部门要根据水库水质要求，对水库水质不定期进行抽样检测，并向社会公布检测结果。水库水质抽样检测不达标的，责令其限期整改；造成严重污染事故的，依法追究其刑事责任。制定水库水环境保护预警和应急预案，建立健全污染源、水环境质量和应急系统的综合信息管理平台，及时发布预警信息。

21 规模化养殖治污必须管制与引导并重

——万年规模化生猪养殖污染防治的启示

养殖业一直是万年县的支柱产业。万年规模化生猪养殖始于20世纪70年代，90年代中后期逐步成为该县农业三大主导产业之一，占农业总产值的30%以上，是农民增收和就业的重要途径。2008年，万年共出栏生猪60.2万头（其中规模化养殖企业出栏43.48万头，占72.22%），实现产值63 416万元；年出口供给港澳鲜活猪6万头，创汇1 687万美元。截至2009年4月，万年规模养殖企业已达127家，其中万头规模以上企业24家，占18.9%；被列为国家活猪储备基地3家，拥有自营进出口权养猪企业2家；从业人员逾3 000人。

与此同时，规模化养殖带来的环境污染日趋严重。"70年代淘米洗菜，80年代鱼虾绝代，90年代生态破坏"，这一顺口溜是对万年畜禽养殖业污染水体的形象写照。2009年，万年县工业园区建设自来水厂，却因找不到合适的水源而没有一个环评单位愿意接受其业务。这对于一个地处江南水乡的县域来说，既是无情的嘲讽，更是莫大的悲哀。

痛定思痛，壮士扼腕。为从根本上解决畜禽养殖污染问题，万年坚持环保优先原则，采取环保一票否决等强有力措施，在短短2年时间内，其规模养殖场污染物排放基本达标，养殖业也得以大发展、环境质量大提升，实现经济发展和环境保护的共赢。

一、规模化生猪养殖现状

1. 规模化扩张势头迅猛

万年规模化生猪养殖业的发展在近10年呈跳跃式增长，扩张势头迅猛。2000

年该县年出栏万头规模猪厂仅为 7 家，2006 年年底已有 16 家（较 2000 年翻一番）。2009 年达 24 家（较 2000 年增长 2.43 倍）。其中年出栏 5 万头养殖企业 1 家，年出栏 3 万头企业 2 家，年出栏 2 万头企业 4 家。详见下表：

万年生猪养殖企业情况表

乡　镇	养殖企业/家	年存栏生猪		年出栏生猪/万头
		生猪/万头	母猪/头	
陈营镇	16	0.928	1 322	2.32
石镇镇	14	1.536	1 355	3.84
青云镇	7	0.572	782	1.43
大源镇	1	0.076	110	0.19
裴梅镇	19	2.16	3 087	5.4
齐埠乡	11	0.896	1 231	2.24
珠田乡	9	0.54	752	1.35
汪家乡	8	1.708	2 276	4.27
湖云乡	13	2.672	4 420	6.68
上坊乡	15	3.129	5 573	9.78
苏桥乡	3	0.22	370	0.55
合　计	127	17.390 8	24 598	43.477

表中显示，万年县生猪养殖规模除大源、苏桥 2 个乡镇较小外，其余 10 个乡镇均达到一定规模。梓埠、湖云、上坊 3 个乡镇已经接近 10 万头规模，齐埠、汪家、石镇、青云、裴梅等乡镇正向 10 万头规模迈进。如果按每个养殖企业年均 5 000 头的增长速度预测，到 2012—2015 年该县规模化生猪养殖将突破 80 万头，甚至可能达到 100 万头。

2．产业链条相当完善

规模化生猪养殖的迅猛发展，极大地推动了该县生猪产业化的进程。目前，万年已形成种猪繁育、肥猪饲养、饲料加工、疫病防治以及鲜活猪储备、加工、销售（出口、内销）一体化的产业经营体系。

（1）坚持自繁自育。该县在生猪产业发展之初就坚持自繁自育的原则。截至 2008 年年底，该县存栏能繁母猪 3.7 万头，其中仅万年县生猪产业集团就达 3.33 万头。2009 年年底存栏能繁母猪预计已达 4 万头。种猪主要购自上海、广东等地，母猪大部分来自本地选育和少量外购，其品种为三元杂交猪，瘦肉率约为 62%。

（2）坚持专业饲养。该县专业从事生猪饲养的人员达到 2 000 余人。饲养人员都经过岗前培训和实际跟班作业训练，拥有较高的专业饲养水平。在饲养管理上，规范化养殖企业一般采取承包饲养的方式，对生猪饲料、防疫药品、栏舍管理和生猪残次率、死亡率等制定相关标准，饲养酬金与饲养效益直接挂钩。全程料肉比最高可达到 3.2∶1，生猪成活率达到 91%，残次率控制在 1%～1.5%以内，母猪产仔率达到 10.2 头。

（3）坚持全程防疫。近年来屡屡发生生猪口蹄疫、蓝耳病等疾病，促使规模化生猪养殖企业认识到防疫的重要性。在具体操作上，强化栏舍定期消毒，杜绝非生产人员进入生产区，对进入养殖场的各种工具进行严格防疫管制；强化疫苗接种、病猪扑杀、检验检疫等工作措施；强化专业防疫人员配备和饲养管理人员防疫技能培训，形成较为完善的防疫“防火墙”。

（4）坚持自主加工饲料。2008 年，该县规模化生猪饲料消耗达到 20 多万 t，其中自主加工饲料 18 万 t，占 90%。2009 年年初，吉星公司投资 6 000 万元新建年产 30 万 t 生猪饲料加工厂。生猪饲料加工成为与生猪产业既有联系又相对独立的产业。

（5）坚持产业提升。该县生猪主要销往深圳、香港，其销售量占年出栏量 90%以上，占江西生猪出口的 35%。从 2006 年开始，吉星、现代、山庄公司被国家商务部列为活猪储备企业，活猪储备量达到 1 200t（每年 3 批次，每批次 400t）。2009 年年初，万年生猪产业集团已经申报国家定点冷鲜肉库建设项目。

规模化养殖的快速发展，使万年生猪产业整体水平进一步提升，呈现出整体优化的发展趋势：一是大型规模化养殖企业的规模扩张和中型企业的快速成长，集约化程度进一步提升。二是生猪产业链积极向加工和贸易业领域延伸，“繁、养、加、贸”一体化经营体系日臻完善。三是标准化生产水平迅速提升。

二、规模化生猪养殖的环境污染

在 20 世纪七八十年代，万年县生猪养殖主要以农户散养为主，基本没有什么环境污染。从 90 年代起，农户散养的养殖模式逐步为规模化养殖模式所替代。规模化生猪养殖对周边环境的影响相当明显。

1．大气污染

生猪粪便、猪舍垫料、废饲料等在堆放和储藏过程中，由于微生物的发酵、腐化原因，极易产生硫化氢等恶臭气体，严重影响养殖场周围的空气质量，导致空气污染。

2．水体污染

据测算，每头猪每天约产生废水 30kg，排放 COD 17.9g，排放氨氮 3.6g。生猪粪便中含有大量的氮、磷等营养物质，极易造成水体富营养化，导致水生生物（主要是藻类）大量繁殖，从而造成水体溶解氧不足、水体自净能力下降等不良后果。

3．传播疾病

生猪粪尿和污水中含有寄生虫、卵、细菌和病毒，进入水体后，以水为媒介，造成某些疫病的传播与扩散，使近年来一些本已灭迹的疫病卷土重来。

4．重金属等有害物污染

部分养殖场投喂的饲料中滥用抗生素、违禁药物、重金属、促生长剂等，这些超标的有害物质随粪便一起排入土壤、河水，极易造成周围环境污染。

生猪养殖场废水污染周边环境

据环境监测和污染源普查结果显示：生猪养殖废水中化学需氧量（COD）排放浓度一般在 1 400～1 600mg/L 左右，万年生猪养殖年 COD 产生量为 1 960～2 240t，实际年排放量超过 1 500t。而该县工业年废水排放量为 71.150 6 万 t，工业废水中 COD 产生量和实际排放量分别为 997.81t、952.2t。由此可见，该县生猪养殖行业的污染排放强度是工业污染排放强度的 1.5 倍。如果与纳入环境统计的工业污染源相比，则排放强度高达 3 倍以上。

三、规模化生猪养殖污染治理模式

1．生化治理技术

吉星公司梓埠毛公山猪场采用 UASB 厌氧反应器处理工艺，新建生化处理池、沼气池、曝气池，处理后废水排放浓度接近国家综合污水排放标准一级标准，就是一个成功的例子。

2．厌氧发酵+简单人工湿地+养鱼技术

该技术适用于场地空旷的养殖场，通过建设厌氧沼气池，利用洼地作坝建水塘，种植水草、浮萍和水库养鱼，实现规模养殖场最低排放。

3．厌氧发酵+经济林地管网灌溉技术

通过建设厌氧沼气池、沼液调配池和油茶林地管网喷灌系统，将经过厌氧发酵处理后的沼液作为油茶林基地的追肥，基本实现废水“零排放”。

四、规模化生猪养殖污染防治措施

1．遵循“控制县域总量、坚持区域限制、合理优化结构”原则，调整生猪养殖规模

（1）控制县域总量。即规模化生猪养殖总量上限必须控制在合理范围内。规模化生猪养殖规模受到区域环境容量尤其是污染物排放控制总量的制约。“十一五”期间，万年 COD 应控制在 2 500t 左右。显然，环境控制总量不仅难以满足生猪规模发展所需，而且必须对达标的养殖企业提出进一步削减排放的要求。所以，要想实现生猪产业在规模上的扩张，就必须通过削减排放量来“换取”相

对的发展空间，甚至以“零排放”来求得更为广阔的环境支撑。

（2）坚持区域限制。即生猪养殖在生产布局上，必须自觉规避大源镇、裴梅镇、县城规划区和乡镇所在地，自觉规避主要水源地和具有特殊用途规划用地等环境敏感区域。对已在上述区域建设的项目要逐步采取关停、取缔或者异地搬迁等处置措施。

（3）合理优化结构。即通过企业横向联合、兼并、重组等市场手段，改变“点多面广、乱铺摊子”的发展局面。目前，万年只有 20 家大型养殖场建有污染治理设施，中小养殖场大都不具备建设配套治理设施的能力，这势必影响该县生猪产业的整体发展。因此，从提高抵御市场风险能力和顺应规模养殖总体趋势的角度，必须进一步优化万年生猪产业的布局、结构。

2．遵循“环境决定排放、强化深度处理、倡导综合利用”原则，致力生猪产业污染治理

（1）环境决定排放。规模化生猪养殖企业废水排放，不能简单采用国家畜禽养殖行业的排放标准（即 COD 400mg/L、BOD 150mg/L、SS 200mg/L、氨氮 80mg/L、pH 值 6～9），而要以受纳水体或周边地区水环境功能为依据。采用厌氧发酵传统模式治理生猪养殖废水，其沼液不间断向外排放，很容易引起地表水富营养化，明显达不到上述要求，必须进一步改进治理工艺技术，提高排放标准，从源头上解决污染问题。

沼气池建设的部分设施

（2）强化深度治理。强化养殖废水深度治理，规模化养殖企业可以采用多种形式来实现：一是新建企业或者有改造能力的企业，采用“零排放”养殖模式，建设“零排放”栏舍。二是推广使用 UASB 升流式厌氧污泥床反应器工艺技术。三是引进厌氧发酵新技术并增加好氧曝气补充技术。

（3）倡导综合利用。通过建立完善“猪—沼—果（经济林）”、“猪—沼—鱼”、“猪—沼—菜（经济作物）”、“猪—沼—草（饲料或水生植物）”、“猪—沼—粮”等立体种养配套模式，将沼液作为追肥（资源），变废为宝，实现种、养之间的生态链接，减少养殖废水排放。按照这种模式，实现生态链接，互利共赢。

3．遵循“复合共生模式、现代农业技术、突出地方特色”原则，配套发展生猪产业

从生产、资源、环境三者的有机统一来分析万年规模化生猪养殖的产业。生猪养殖废水排放如果不能实现内部转化而进入外部环境，就将产生生态负效应。如果通过利用而实现转化，则可拓展发展空间。

在具体实践上，就是能量守恒、物质循环、信息传递的原理，以生猪养殖为中心，大力建设生态农业基地。利用生猪粪便、农作物谷壳、木屑和生物菌的有机处理与生猪废水厌氧发酵处理后生产有机肥料，为各配套产业提供能源资源，达到生猪养殖业与农林、水果、蔬菜产业的互利共生目的。

在构建生猪产业配套的农业产业过程中，要注重解决好两个问题。一是要充分利用现代农业技术来建设生态农业基地，实现农业可持续发展。二是从本地实际出发，挖掘地方特色产品，引进优秀适宜品种，不断优化农林牧副渔等产品结构。重点发展贡米、珍珠、油茶、雷竹、中高档淡水鱼、地方特色瓜果和其他经济作物提高农业经济效益。

4．遵循“坚持环境优先、治理项目为重、环保一票否决”原则，明确生猪生产发展政策

规模化养殖企业在享受扶持政策之前，必须通过环评审批和“三同时”验收，确保污染治理设施运行，实现达标排放；已经投入运行但环保措施不到位的企业必须补办手续，达到环评审批的标准。在拨付企业扶持资金时，要确保污染治理建设资金的投入，坚决避免扶持资金单纯用于扩大生产进而扩大污染。充分发挥金猪担保公司金融担保功能的杠杆作用，推动企业自觉加大污染治理力度，提高污染防治工作整体水平。对个别企业排污而不治理的违法行为，要坚决实行“环保一票否决”，采取责令限期治理、停产整顿乃至关停取缔等强制措施，强力推

进污染治理。

五、启示

万年生猪养殖污染治理的案例告诉我们：规模化养殖是加重农村面源污染的主要原因，提高养殖业废物循环利用率，推广生态养殖，推动向环境友好型升级，必须加快转变养殖业生产方式，严格执行环保法律法规，认真履行监管职责。

1．合理规划畜禽养殖区

以县（市、区）和乡镇为单位科学划定畜禽禁养区、控养区和可养区。禁养区内严禁新建畜禽养殖场，已经建设要限期搬迁或关停。控养区内要降低养殖密度，减少畜禽饲养量，控制新建养殖场，防止超过当地环境承受能力。可养区要统一规划，明确总体养殖规模。避开风景名胜区、人口密集区、自然保护区和生活饮用水水源保护区等环境敏感区。

2．执行畜禽养殖场（户）环境影响评价

新建、扩建、改建畜禽规模养殖场要建立申请备案和审批制度，按照环境保护和畜牧兽医管理有关法律法规的规定，进行环境影响评价，执行规模畜禽养殖场准入制度。距公路、铁路、学校、城镇、公共场所和人口密集区 1 000m 以内；距屠宰场、肉品加工厂、造纸厂、皮革厂、农药厂、化肥厂 3 000m 以内，一般不得新建规模化养殖场。

3．大力推广畜禽清洁生产新技术，破解畜禽污染治理难题

要以粪污治理为先导，应用生物发酵技术和生态工程技术，对生猪养殖场内所产生的粪尿和污水进行无害化处理。大力推广以标准化栏舍改造为重点的减量化排放技术，以生物肥料加工为重点的畜禽固体粪便利用技术，以曝氧、生化处理、净化为重点的沼液达标排放技术，以发酵床养猪模式为重点的“零排放”新技术。

4．优化养殖场生态环境

强化养殖场内外环境、卫生消毒工作，保持养殖场内清洁；绿化养殖场周围环境，减少污染，净化空气；定期进行环境监测，及时了解并采取相应措施控制污染。

5．增强养殖业主环保责任感

向各养殖业主广泛宣传《水污染防治法》、《动物防疫法》、《畜禽养殖饲养污染排放标准》等法律法规，不断提高养殖业主依法养殖意识、环保意识和社会责任感。使其清醒地认识到生猪规模化养殖对周围环境造成污染的严重危害性，自觉投身到保护生态环境的工作中。

22 因地制宜处置养殖污染企业

——城北鑫晨养殖场污染纠纷处置的启示

近年来，农村畜禽规模化养殖程度不断提高，畜禽集中养殖产生的污染物排放大大超过环境自净能力，加上治污设施建设滞后，污染问题日趋突出。一直以来，城北鑫晨养殖场（下称鑫晨养殖场）畜禽养殖废水、废渣未经处理直排，严重污染村民饮用水源，激起民愤。2008 年 9 月，愤怒的村民冲入鑫晨养殖场打、砸养殖设施和畜禽，酿成一起典型的环境污染纠纷。

一、鑫晨养殖场基本情况

1．鑫晨养殖场的发展历史

鑫晨养殖场是城北县鑫晨牧业科技有限公司于 2000 年独家创办的国家农业开发扶助项目。原址位于岑阳镇霞曹村，年出栏生猪 1 000 头左右。随着生猪养殖规模不断扩大，原址已不适应企业发展需要。2006 年 10 月，该公司投资 3 000 万元在司铺乡刘家村周家山新建养殖场，占地 13.33hm^2，建筑面积 20 000m^2，年出栏生猪规模 25 000 头。同时租用周边农田 2.8hm^2 用于种植业。至今鑫晨养殖场已成为城北规模最大的生猪养殖企业、江西省级无公害农产品基地和农业龙头企业。

2．鑫晨养殖场的特殊地理位置

养殖场所在地位于城北和铅山两县交界处的城北司铺乡刘家村周家山。养殖场建设用地及污染物排放地——桥家水库属城北县管辖，但水库中的水又是铅山新滩乡湖塘村村民的饮用水水源。按照两县协议，水库经营权归城北司铺乡刘家村，水则为铅山新滩乡湖塘村村民所用。鑫晨养殖场污染物排放到水库，必然会影响新滩乡湖塘村村民的饮水安全。

二、鑫晨养殖场污染纠纷产生的原因

1．鑫晨养殖场造成的主要污染

水体污染。畜禽粪便中富含氮、磷化合物，这些物质进入土壤后，转化为硝酸盐和磷酸盐，造成地表水和地下水污染，使水体富营养化，导致受灌溉农田农作物大幅减产。而且，氮磷化合物进入水体后，会导致藻类和其他水生植物大量繁殖，迅速消耗水中溶解氧，造成水库鱼虾等水生动物因缺氧而死亡。

鑫晨养殖场废水外排污染周边环境

大气污染。畜禽粪便中含有硫化氢、粪臭素（甲基吲哚）、脂肪族的醛类、硫醇、胺类和氨气等，臭气难闻，污染大气，危害人畜健康。

疫病传播。患病或隐性带病的畜禽会排出多种致病菌和寄生虫卵。据化验分析，每毫升污水中平均含 33 万个大肠杆菌和 66 万个肠球菌。沉淀池内每升污水中蛔虫卵和毛首线虫卵分别高达 193.3 个和 106 个。如不进行处理，会造成大量蚊虫孳生，会使附近村民患上皮肤病。

2．鑫晨养殖场污染产生的原因

环保部门对养殖污染监管缺位。长期以来，环保部门工作重心一直偏向城市及工业企业污染防治，农村环境污染问题一直没有引起足够重视。城北又是一个传统的农业县，生猪养殖规模不大，明知养殖畜禽会污染环境，但从未出现污染纠纷事件。况且当时，城北还没有专门的环保行政管理机构，缺乏环保专业技术人员。

农村畜禽养殖业主环保法律意识淡薄。鑫晨养殖场业主仍然保留传统的散养畜禽习惯思维，认为向周边山塘水库、沟渠直排畜禽养殖污染物是天经地义的事情，甚至认为畜禽粪便可以帮助庄稼生长，不会对水源、环境和人体健康产生危害。因而，鑫晨养殖场新建场址未进行环境影响评价，也未建设任何污染治理设施。自 2006 年投产以来，养殖废水和废渣就直排桥家水库，使水库水质不断恶化。

三、鑫晨养殖场污染纠纷处置过程

2008 年 9 月，在多次和鑫晨养殖场负责人交涉无果的情况下，群众自发取水样送环保部门监测。结果表明：桥家水库多项指标严重超标，其中氨氮超标 60 余倍。监测结果犹如导火线，迅速点燃了村民们长期以来压制的愤怒情绪。当地数百名村民愤怒地冲入养殖场打砸猪舍和生猪，造成严重的经济损失和不良的社会影响。

事件发生后，当地政府和环保部门依法对企业进行了处理。一是对鑫晨养殖场未批先建和违法排污下达《行政处罚听证告知书》，处以 5 万元的行政罚款。二是将鑫晨养殖场列入环保挂牌督办企业，责令其停产整改。三是帮助企业制定整改方案。根据鑫晨养殖场所处周围环境以及企业性质等具体情况，在确保养殖废水一滴不流入水库的前提下，同意鑫晨养殖场将现有废水引入临近山坳，做生化处理。待补办环评审批手续后，建设长期治污设施，避免企业造成巨大损失，并将处理意见迅速告知受害村民。

鑫晨养殖场也从遭到村民冲击和接受环保部门行政处罚的教训中警醒过来，立即投入巨资进行整改。委托省级环评单位编制环境影响报告书，投资 8 万元添置一台粪便干湿分离设备，对生猪粪便进行干湿分离处理，经分离出来的废水又进入沼气池用于生产沼气，沼气经气水分离、脱硫处理后进行发电。建设一座日处理 300m^3 的污水处理站，对沼液进行生化处理达标排放，废渣用于还田种草，作为生猪饲料、有机肥料。

鑫晨养殖场经过整改后，排放废水达到国家排放标准，周边村民不再投诉。每天产生的沼气可发电 576kW·h，每年仅电费一项就节约 13 万元，获得了可观的经济效益。

四、鑫晨养殖场污染纠纷案例的启示

鑫晨养殖场的污染事故发生后，企业迅速停止向水库排放废水，切断污染源。整个案件处理方法较为灵活，排污企业没有立即停止生产，而是采取阶段性处理办法，让受害群众放心、也让企业满意。

1．要高度重视农村畜禽养殖业污染问题

畜禽养殖污染应引起各级政府尤其是乡镇政府的高度重视。我国农村畜禽养殖发展方式粗放，资源消耗高、浪费大，畜禽粪便还田比例低，环境污染越来越严重。其 COD 排放量是工业和生活污水 COD 排放量的 5 倍以上。一些地方将规模化畜禽养殖作为产业结构调整、增加农民收入的重要途径加以鼓励，但与之相配套的污染防治设施建设却严重滞后。这种“先污染后防治”的理念必须彻底更新。

2．农业企业建设必须遵守环评法

尽快建立畜禽养殖环境污染监督管理机制，将规模化畜禽养殖场纳入环境监督管理轨道。因地制宜科学划定畜禽禁养、限养和集中饲养区，依法进行养殖场选址、污染治理设施建设、环境影响评价等工作。将畜禽养殖业环境管理列入地方政府和相关职能部门的日常工作议程。

3．政府和环保部门要严厉管制农业企业污染物排放

畜禽养殖污染不同于工业污染，在污染防治上应以资源化为主导，以综合利

用为基本对策，提高畜禽粪便的利用率，走养殖与种植一体化的生态型、高效型可持续发展道路。落实粪便干湿分离简易污染防治措施，严格规定粪便还田时期和还田量。

大力宣传畜禽养殖污染的严重性和危害性，提高畜禽养殖场从业人员的环境意识和管理水平。加强农村基层干部群众的环境知识培训，提升乡镇领导干部的环境保护意识。充分利用广播、电视、报刊、网络等各种载体，广泛宣传农村畜禽养殖环境保护知识，使畜禽粪便治理工作成为农村干部和农民群众的自觉行动。

增加资金投入，加大对农村畜禽养殖环境保护的支持力度。对示范村、生态村，应采取“以奖代补”的方法，在畜禽养殖用地、治理技术、工程资金方面给予专项优惠政策。对原来污染严重但经过整治成效显著的，实行“以奖促治”，对按时完成治理目标、考核情况较好的，优先安排“以奖促治”资金。

4．处理畜禽养殖污染要因地制宜

畜禽养殖污染防治应注重“源头管理、因地制宜”，提倡“减量化、资源化、无害化”。一些养殖场选用吸收利用率高的饲料以降低粪污产生量，充分利用养殖场自然坡降输送污水、周边废弃山塘稍加改造成为氧化塘，干粪、沼渣生产有机肥等，这些好的经验值得借鉴。目前畜禽养殖污染防治的措施相对较多，以生猪养殖为例，有生物发酵床、“猪—沼—果”、“猪—沼—鱼”、粪污干湿分离、污水厌氧—好氧等技术。这些技术投资成本、处理规模、适用范围不尽相同，一些技术可以相互配套、组合使用。

23 “拿来主义”，不失为解决规模化养猪污染的好办法

——广丰古城生猪养殖专业合作社发酵床生态养殖的思考

养殖，是人类获取食物的手段之一。随着工业化、市场化、城镇化步伐加快，传统自给自足的养殖，正在逐步被规模化养殖所取代。同时，规模化养殖带来的环境污染问题也日益显现，已经严重破坏了城镇周边的生态平衡，引起了社会的广泛关注。如何解决规模化养殖带来的环境污染问题？广丰县古城生猪养殖专业合作社“运用脑髓，放出眼光，自己来拿”不失为一种好办法。

一、企业基本情况

广丰古城生猪养殖专业合作社创建于2008年3月，位于该县洋口镇古城村。注册资金500万元，占地3.33hm^2，以种猪养殖、扩繁、商品猪养殖生产销售为主。企业存栏种猪800余头，年出栏种猪2 000余头、仔猪4 000余头、商品猪10 000余头。2008年9月，该社采用发酵床生态养殖污染防治技术，新建标准化生物发酵猪舍14幢并投入生产。两年多来，实现销售收入1 800万元，利润280万元，在取得可观经济效益的同时，也成为农村污染防治的典型。

二、新型的污染治理技术

发酵床生态养殖污染防治技术，全称为日本发酵舍零排放环保养猪技术，是日本洛东化成工业株式会社在20世纪60年代研制的，日本政府于1977年批准

了该技术的生产许可证、推广使用证和出口许可证。该技术在日本已使用 30 余年，日本规模化养猪大部分使用该技术，达 60%以上。该技术治理污染的关键，是猪舍内有一层 40～80cm 的垫料（垫料由谷壳、锯木屑、米糠和微量发酵菌种等混合而成），能消化和分解猪的粪尿，实现健康养猪和污染物零排放。2005 年 4 月，原福建省环保局组团到日本实地考察调研之后，将洛东酵素及其相关使用配套技术引进国内。2007 年 9 月，通过专家评审，获得我国农业部颁发的《进口登记证》，被国家环保产业协会列为 2008 年国家重点环境保护（A 类）实用技术，在全国范围内推广应用。2008 年年底，洛东酵素基本能实现国产化。

广丰县古城生猪养殖专业合作社大门

发酵舍内的垫料

三、养猪场污染物及其危害

1．空气污染

在厌氧条件下，猪粪便在某些微生物的作用下分解为甲烷、有机酸和醇类带有酸臭的气体；蛋白质和脂类分解为氨、硫化氢、甲硫醇和粪臭素等有恶臭的含氮和硫的化合物。这些臭气影响猪场周围的大气环境质量，对附近群众生产生活产生严重影响。

2．污染水质

猪粪便的淋溶性较强，粪便中的某些有害物质，如蛋白质、脂肪酸腐败性有机物（也是粪便恶臭的构成物质）都能溶解于水，使水产生臭味，从而恶化，不适合人畜饮用。这些腐败性有机物一旦进入水体，经微生物分解会释放氮、磷等营养物质，促使水中藻类等水生生物大量繁殖，引起水质富营养化。渗入地下水后，会使地下水的大肠杆菌等超标。

3．卫生状况下降

粪便中含有大量的病原微生物和寄生虫卵，不及时处理，会滋生蚊蝇，使环境中病原种类增多、细菌量增大，并能通过空气、水体、生物的传播扩散，快速传染各种疾病。

四、“洛东式发酵舍养猪”与常规养猪技术在污染治理上的区别

目前，养猪场污染物处理的常见模式有如下几种：一是革新生产工艺，进行粪尿减量化。猪粪经人工清理并干化，污水经简单沉淀处理后直接排放。二是把猪粪尿作为资源利用。常见的有沼气技术和有机肥生产，产生的沼气供附近群众日常生产生活使用。三是工程治理。猪粪经人工清理并干化后销售处理，猪尿等进行厌氧或曝气发酵处理。四是采用养殖业与种植业相结合的办法。例如采用“猪—沼—果”、“猪—沼—鱼”方式，消纳污染物。五是简单放置在消纳场地上发酵后直排。这种方式一般为采用建在河边和水库边的养猪场。

发酵舍与传统模式治理污染物区别在于：一是对空气污染程度不同。传统模式，污染物从猪舍到消纳场地，需要一定时间。其间，暴露在大气中，空气污染

难以消除，如果清理不及时，对附近群众生产生活影响较大；而发酵舍模式，污染物直接在猪舍内第一时间消解，猪粪尿正是微生物细菌群的营养来源，分解消化及时，即使在猪场内也基本闻不到气味。二是对水质污染的程度不同。传统模式要使用大量的冲洗猪舍卫生用水等。如果按存栏 4 500 头计，平均用水 25kg/d·头，年用水量 41 062t。这些水外排对水环境威胁较大；而发酵舍模式仍按存栏 4 500 头计，仅需水 4 100t/a，节约用水 90%。这些水主要供猪的饮用，废水零排放。三是对环境卫生的影响程度不同。传统模式，猪粪尿含有大量有害细菌和寄生虫卵，在空气中暴露时间长，容易滋生昆虫和细菌，蚊虫基本不能消除。而发酵舍模式，猪粪尿繁殖的微生物细菌群可以控制有害细菌的生长，猪粪尿还未发酵变质就被微生物细菌群消化，使猪舍演变为不断循环利用、生态良好的绿色系统。在广丰古城生猪养殖场内，没有蝇虫飞舞，猪舍内外卫生较好；而传统养猪场却蚊蝇乱飞，内外环境卫生恶劣。

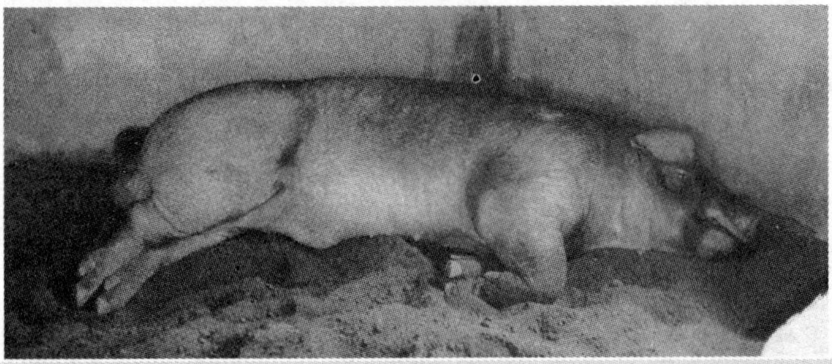

发酵舍内休息的猪

发酵舍内外卫生整洁，基本看不到蚊虫

五、发酵床生态养殖的思考

鲁迅先生于 1934 年在《拿来主义》一文中提出，改变国情，学习外国经验，要“运用脑髓，放出眼光，自己来拿”。我国的环境保护工作起步晚于西方发达国家，许多理念和技术有必要向发达国家学习和借鉴，特别是向那些国土面积小，人口密度大，工业化程度高的国家学习。

1．养殖污染防治要与时俱进

20 世纪 90 年代，随着社会主义市场经济的不断深入，我国养殖模式发生了结构式改变。即从分散式、自给式逐步过渡到专业化、规模化。这一转变与城市化、市场化、工业化进程密切相关，并且由东部向中西部地区推进，由此带来的环境恶化，也摆在全社会面前。而环保部门对养殖污染防治的管理，在政策、措施上仍然沿用传统的企业管理模式，即仅仅通过征收排污费这一杠杆。既起不到控制企业排污的目的，也不能有效推动企业主动寻找污染治理的新方法、新技术。因此，在实践中效果十分有限，其结果是水质日趋下降，环境日益恶化。

2．环保体制缺陷应列入改革日程

“日本洛东式发酵养猪”治理污染技术，本质上属于生化处理方式，这一技术较之其他方式，在综合处理效果上有质的飞跃。从古城生猪养殖专业合作社治理效果看，确能达到生态养殖的要求，对环境保护有积极作用。但这一技术并没有得到有效推广，原因在于其首次投入的成本相对较高，同时和缺乏相应推广措施有关。先进而有效的技术，不能得到及时广泛应用和推广，应引起各级政府的高度重视。

3．发酵床生态养殖是一种既节能减排又增效的先进技术

从占用土地资源看，传统养猪，必须有粪便处理系统，如沼气，工程处理设施等，一般要占地 0.2～0.3hm^2。而发酵舍模式则是在猪舍内处理，不需另外占用土地。特别是随着城市化步伐加快，城镇周边的土地资源紧缺，人口密度大，而规模养殖又一般建设在城镇周边，节约土地显得更有现实意义。从节水角度看，传统养猪，需要使用大量用水冲洗猪舍。而发酵舍养猪技术不需要用水冲猪舍，采用自动给食、自动饮水技术等，对缓解城镇用水紧张具有十分重要的现实意义。从用工看，发酵舍模式不需要清除猪粪和冲洗等，节省大量人

力资源。传统养猪模式需配300头/人，而发酵舍模式仅需500头/人。以4 500头猪存栏计算，可节约人工 6 人。从养猪的抗病防病的情况看，发酵舍模式全程饲养不使用抗生素，仔猪抗病能力强，成活率达99%左右，猪病药费节约80%以上。从养殖的前途效益看，与传统养殖相比，发酵舍模式生猪长速更快，可提前10～20天出栏。

24 基层环保部门必须强化对外来物种入侵的监管

——玉山必山养殖有限公司污染处置的启示

外来物种犹如经济生活中的“潘多拉盒子”。对外来物种监管稍有不慎就像一只打开的“潘多拉盒子”，将给环境带来无法控制的灾难，也给人类生活带来无穷无尽的灾难。玉山必山养殖有限公司（下称必山公司）引进的南美螺，就是一只现实生活中的“潘多拉的盒子”。

一、必山公司基本情况

1. 必山公司是一家农业养殖企业

必山公司由韩国客商于 2001 年独资创办，是一家专门从事南美螺养殖、捕捞、加工、出口的农业养殖企业。公司坐落在玉山七一水库库区下游，投资总额 100 万美元，建有一个中心基地和两个分基地，养殖面积 $93hm^2$。年产南美螺 2 600t，捕捞石螺 120t，加工螺肉 640t，产品全部出口韩国。年销售收入 2 000 万元人民币，创汇 250 万美元，利润 260 万元。

南美螺又名苹果螺、大瓶螺、福寿螺，原产于南美亚马孙河流域。由于它生命力强、繁殖率高、生长快、个体大、可进行人工大量养殖。又因其营养丰富、肉质脆嫩、味道鲜美，故成为人们喜食的上等佳肴。

我国于 1984 年从国外引进南美螺养殖，当初主要集中在沿海地带，作为甲鱼、对虾等名贵水产的饲料。近年来，已成为内地人工养殖的主养品种之一。

养殖南美螺的方式多种多样，池塘、沟渠、稻田、网箱、水泥池缸等小水体均可养殖。青草、菜叶、瓜果皮甚至发酵后的畜禽粪便均可作为其饲料。南美螺繁殖速度非常迅速，每年 3～11 月是它的繁殖期，6～8 月是繁殖高峰期。一只雌螺一年可产卵 20～40 次，每次产卵几百粒甚至上千粒。幼螺经 40～60 天饲养，单个重量可达 25g 以上，即可上市销售。

2．必山公司是一家“未批先建”的违法企业

早在玉山引进必山公司之前，南美螺已被国家环保部门列为 16 种“危害最大的外来物种”之一。所以，必山公司在项目建设之前没有也不可能进行环境影响评价，只有“未批先建”。企业建成之后，也未建设相应的污染治理设施。

3．必山公司养殖南美螺的喜与忧

喜：养殖南美螺具有很高的经济效益。据测算：养殖 $1hm^2$ 南美螺产值可达 30 万元，是种植相同面积水稻的 40 倍。该公司招录当地农民工 450 人，带动周边 2 000 余户农民利用旱地种植红薯藤、青菜等饲料。组织 400 余户农民专门从事捕捞天然石螺，受益农民年收入增加 700 余万元，深受农民喜爱。

忧之一：造成水稻减产。南美洲农业以种植大豆、小麦等旱地作物为主，依水而生的南美螺在原产地无法扩散到农田里，构不成危害。而亚洲多数国家农业以种植水稻为主，土地湿润，适宜南美螺生存。在农田、溪流南美螺体重从原产地最重 150g 增加到 250g，连刚孵化不久的小螺都能啃食水稻等水生植物，尤喜幼嫩秧苗。凡南美螺较多的稻田，水稻生长发育不良，减产明显。南美螺惊人的繁殖速度更是令人忧心忡忡，若不对其严加控制，必将挤占本土生物的生存空间，从而引发环境灾难。

忧之二：污染水质。必山公司正常生产情况下日排水量为 2.8 万～4.8 万 t，大量废水未经处理直接排入金沙溪，对周围及下游水体水质影响显而易见。据环境监测：其外排废水中 BOD_5 为 22.7mg/L、COD 为 74mg/L、总磷为 0.177mg/L、总氮为 6.09mg/L、亚硝酸盐氮为 0.004mg/L。

二、必山公司污染事故的处置

2007 年 2 月，接到村民投诉后，上饶市和玉山县环保部门组成工作组，对必山公司生产建设、环保审批及污染物排放情况进行现场督察。

经查，必山公司既没有进行环境影响评价，也未建设污染治理设施，属于环保“未批先建”的违法排污企业。由于必山公司养殖规模扩大和管理不善，导致

大量南美螺进入金沙溪和附近农田，造成水稻减产，并对当地动植物生存构成威胁。

环保部门立即采取如下处置措施：一是要求企业及时提供养殖物种的名称、性质，研究鉴别和处置办法。在环评尚未进行期间，先采取科学投饲饵料方法，减少饲料溶失对水体的污染。二是采取应急措施，停止污染物排放，防止其继续扩散。对已扩散到河道、农田的南美螺使用杀虫剂进行灭杀，防止蔓延。三是督促企业尽快补办环保审批手续，完善各项污染防治设施，确保废水经处理后达标排放。四是实行限期治理、挂牌督办，同时处以行政处罚。五是要求企业建立长效管理机制，并及时将处置信息告知群众，消除群众恐慌心理。

三、启示

1．充分认识外来入侵物种的危害性

世界上许多国家都遭受过或正在遭受外来入侵生物的危害，尤其是澳大利亚、美国、加拿大、中国等受害最重。据统计，美国因入侵物种造成的直接和间接经济损失每年高达 1 370 亿美元，中国仅直接经济损失也达 170 亿美元。

近年来，中国外来入侵物种防治工作取得一定成绩。但由于一些单位和个人环境意识淡薄并受利益驱动，外来物种引进失当仍时有发生。一些自然保护区、风景名胜区自然生态系统受到外来入侵物种不同程度的侵蚀，有的危害程度在不断加重，有些甚至已失去控制。

1988 年，河北省唐山地区首次发现稻水象甲入侵后扩散到其他 10 个省；1993 年在海南首次发现的美洲斑潜蝇已扩散到全国；2005 年，红火蚁害虫入侵我国，对人民群众身体健康构成严重威胁；2008 年，扶桑棉粉蚧害虫入侵江西、湖南，对棉花生产造成严重损失，并对全国棉花安全生产构成威胁。

外来生物会给农业生产甚至整个生态环境带来灭顶之灾。据不完全统计，目前入侵我国的外来生物有 400 多种，其中 50 余种是国际自然保护联盟公布的全球最具威胁的外来生物。美洲和欧洲是外来物种最主要的来源地（原产地），昆虫和木兰是主要的入侵动物和植物类群。以我国农业外来入侵病虫害为例，20 世纪 70 年代只有 1 种，80 年代发现 2 种，但到 90 年代已发现 10 种，从 2001 年至今已发现新的外来入侵物种 20 余种，速度惊人。

动植物及微生物入侵，不仅对我国生态环境造成严重破坏，而且使经济蒙受巨大损失。如水葫芦、薇甘菊、松材线虫、美洲斑潜蝇、马铃薯甲虫、稻水象甲、

红脂大小蠹、美国白蛾等外来入侵物种已给我国每年造成经济损失 500 多亿元人民币。仅对美洲斑潜蝇的控制费每年就高达 4.5 亿元。据国家环保部门测算：我国外来入侵物种每年造成的损失相当于国民生产总值的 1.36%。

2．预防为主、防治结合，加强对物种引进的监管

环保部门应高度重视，按照预防为主的原则，联合有关部门加强对物种引进的监管工作，杜绝那些还没有进入我国的有害物种的入侵。一要逐步建立引进外来物种的环境影响评价制度。对所引进的物种不仅要考虑其经济价值，更要考虑其可能对当地生物多样性和生态环境产生的影响，并进行必要的试验。只有经过环境安全影响评价的外来物种才能引进、应用和商业化。二要对引进外来物种采取隔离或建立缓冲区，并进行环境监测和建立监测档案。三要严禁在自然保护区、风景名胜区、生态功能保护区以及生态环境特殊和脆弱的区域从事外来物种引进和应用。四要加强部门合作，制定外来入侵物种防治计划，有目的、有组织地开展防治工作。定期对辖区内外来物种引进和应用情况进行检查。当发现引进的外来物种具有侵略性时，应责令有关单位、个人立即停止引进活动，并采取有效措施予以控制和清除，同时向当地政府和上级环境保护行政主管部门通报有关情况；对已建立稳定种群的外来入侵物种，应当制定切实可行的防治方案，采取生物、低污染化学、物理、生态替代、合理利用等综合防治措施予以清除；对暂时无法清除的外来入侵物种，应当采取措施，将其控制在一定范围内，防止其传播和蔓延。

3．加强科学研究，提高科学管理水平

针对外来入侵物种的防治工作是一个崭新的重大技术难题，应加强防治应用的科学研究。特别要重视建立防范外来入侵物种的危害机制，研究外来入侵物种环境影响评价方法和控制技术，为外来入侵物种的防治和管理提供技术支持，使防治工作更加科学有效。适当增加对外来入侵物种防治工作的资金投入，加大对外来入侵物种预防、控制和清除的资金支持力度。不断加强和完善外来入侵物种防治的基础设施和技术手段的能力建设，努力提高防治外来入侵物种的能力和水平。

4．切实加强组织领导和宣传教育

应把外来入侵物种防治工作作为政府环境保护行政主管部门一项重要任务，建立健全外来入侵物种监测制度和信息报告制度。积极开展外来入侵物种防治的

国际交流与合作。建立防治外来入侵物种奖惩制度。对非法引进外来物种，对当地生态环境和经济造成巨大危害和损失的依法追究有关责任人责任。充分利用广播、电影、电视、报纸等宣传媒介加大对外来入侵物种的危害、入侵途径、防治技术以及案例的宣传教育，不断提高公众的环境意识。动员全社会的力量，做好外来入侵物种的防治工作。

25 积极探索农村垃圾无害化处理之路

——新岗山、大南两镇垃圾处理的实践与启示

垃圾是人类活动摆脱不了的废弃物，垃圾产生与人类活动量成正比。农村垃圾点多面广且缺乏完整的消纳和处置渠道，“垃圾靠风刮”，污染日趋严重。

近年来，德兴新岗山镇按照“清洁卫生、无害处理、简便实用、群众满意”的要求，广丰大南镇推行“户分类、村收集、镇转运、市处理”的垃圾处理模式，以治理农村垃圾污染为主抓手，以治理农村环境脏、乱、差环境现状为目标，以建立农村卫生管理长效机制为核心，大力开展农村环境整治。使农村垃圾走向规范化处理轨道，有效遏制并最终解决农村垃圾污染生态环境这一老大难问题。初步实现农村垃圾无害化处理，改善了农村的生产生活和生态环境，提升了农村精神文明建设整体水平，其做法和经验值得借鉴。

一、德兴新岗山镇垃圾处理模式

新岗山镇地处浙、赣、皖三省四县市交界，镇区面积 294km^2，人口 2.6 万。辖八村一居，人口较为密集。其中农业人口 23 854 人，森林覆盖率达 80%。该镇主要工业企业有 40 余家，是一个工业经济相对发展较快的集镇。

实施农村清洁工程前，该镇垃圾未能有效处理，普遍存在脏、乱、差现象。主要表现为：一是生活垃圾乱倒乱排。没有污水和垃圾处理系统，生活垃圾和污水未经处理随意排放和倾洒在房前屋后，道路两旁“垃圾遍地、污水横流”。二是建筑垃圾乱堆。随着农村经济的发展和农民收入的提高，农民对住房的要求也越来越高。旧房不断拆除，新房不断建成，各种建筑垃圾也在不断产生。这些垃圾堆在村内空闲地甚至堆在田地里，严重影响农村的生产生活环境。三是城乡道路两侧乱堆乱放、违章建筑问题严重，影响道路整洁卫生和安全畅通。四是镇区

新岗山社区地处体泉河边，居民垃圾倾倒在体泉河河道上，严重污染水系。

为打造环保型经济强镇，新岗山镇按照“清洁卫生、无害处理、简便实用、群众满意”的要求，积极开展垃圾无害化处理。

1．结合地理特点，编制环境整治规划

第一层面：以镇区和西坑村为重点与示范点，以点带面推进农村清洁工程。第二层面：在巩固试点工作基础上，在公路沿线行政村、自然村全面铺开农村清洁工程。第三层面：对偏远、交通不便的自然村，采取三级垃圾分类减量、就地简易填埋或焚烧办法，推进农村清洁工程。第一级由村民自行初级分类。村民在垃圾收集之前对垃圾进行初步分类。第二级由保洁员分类。保洁员对收集来的垃圾进行分类，对可回收垃圾（包括纸类、金属、塑料等）进行回收处理。第三级由垃圾处理中心终端分类。垃圾处理中心进行减量化处理，将垃圾分为建筑垃圾、可回收垃圾、不可回收垃圾和可堆肥垃圾，并分别采取适当方式处理。

2．强化组织，加大投入

队伍保障。镇成立环卫所，配齐工作人员。各村（居）成立具体负责垃圾治理工作的清洁工程村民理事会，由村（居）民理事会聘用保洁员，建立保洁员队伍，并由镇政府统一购买保洁员服装。

硬件保障。投入 20 余万元新建一座垃圾无害化处理中心，并做好配套绿化工作，达到美观、实用的效果。结合各村实际情况，规划建设沤肥池、垃圾屋（池）、垃圾堆放场、果壳箱、垃圾桶等配套设施。每个行政村都建有一个垃圾堆放场，自然村建有一个沤肥池，街道每隔 200m 建有一个垃圾屋（池），50m 配有一个果壳箱，每户配置两个垃圾桶。

资金保障。农村清洁工程虽说谈不上大拆大建，但也需要基本的资金保障。新岗山镇坚持量力而行的原则，切实做到“四个不”，即不搞大拆大建、不搞强迫命令、不增加村组债务、不增加农民负担，充分调动社会各界的力量，大力实施以城带乡、以工补农。垃圾处理费的收取标准，由物价部门召开听证会后确定。对店铺、企业、居民收取一定的卫生费。同时，采取向上争一点、财政补一点、农民筹一点“三个一点”的办法，确保了资金的正常投入。

3．建章立制，提升清洁工程标准

完善长效机制。制订《新岗山镇农村清洁工程实施意见》规定，完善村规民约。制定村（居）环境卫生管理要求、镇村保洁员和垃圾处理中心工作人员工作

职责等环卫保洁长效管理体制，建立并完善农村生活垃圾收集处理体系及村、组人员保障体系，制定农村垃圾处理设施运行、管理制度，从而建立一套较为完善的农村垃圾处理长效机制。

营造竞争态势。强化督察评比机制，镇坚持每周巡回检查村庄环境整治情况，每月对各村（居）清洁工程开展情况进行一次评比通报，每季度组织一次各村（居）书记、主任相互观摩会，从而使村（居）个个有压力，形成你追我赶、明争暗赛、争创一流的工作氛围。

健全激励机制。在全镇范围内开展创建“文明村”、“文明户”主题活动。根据农村清洁工程领导小组的督察情况在年终评选出文明村和文明户，予以通报表扬，并适当给予物质奖励。

随着农村清洁工程的逐步实施，该镇的垃圾污染问题得到有效解决，农村面貌在短时期内发生了立竿见影的变化，生态环境大为改善。现如今的新岗山镇，交通畅通，环境整洁，镇容村貌焕然一新。

二、广丰大南镇垃圾处理模式

大南镇共有 6 个行政村，全镇总面积 46.3km^2，总人口约 2 万人，是一个以农业为主的集镇。该镇实行以“户分类、村收集、镇转运、市处理”为主的垃圾处理模式，推进农村清洁工程，初步实现农村垃圾无害化处理。

1．抓队伍，打造农村清洁工程主力军

一是公开选聘 35 名专职卫生保洁员，俗称“黄马甲”。从低保户中优先安排，月工资 400 元以上，资金主要来源于村组集体收入和社会捐资。二是选聘热心公益事业、乐于奉献的人士组成理事会，承担部分保洁工作。如塘狮村三都山自然村，有 6 位理事会成员义务承担本自然村保洁工作。三是建立一支卫生监督员队伍。由党员、组长、退休老干部、当地知名人士、群众代表等组成，负责对清洁工程的监督、考核、评比。

2．抓设施，保障农村清洁工程高效运转

该镇共建垃圾中转站（点）7 处、偏远地区垃圾焚烧炉 2 座，购买垃圾专用车 35 辆，发放有机垃圾桶和无机垃圾桶共计 6 800 个，新建沤肥窑 152 个、垃圾池 75 个，添置废旧电池储存箱 66 个、有害垃圾封存箱 66 个。全镇实行“监管分离、市场运作”方式，镇政府只出资购买卫生设备，不负责人员经费。具体

实行户分类，即每家农户配备两桶一袋，对垃圾进行分类处理。实行村收集，即每个行政村建立 1 个以上垃圾中转站，由保洁员将农户垃圾集中收集到中转站。实行镇清运，即镇政府公开招标确定保洁公司，保洁公司负责将各个中转站的垃圾清运到上饶市垃圾填埋场处理。

3．抓机制，确保农村清洁工程有效运行

经费保障机制。将农村清洁工程列入镇财政预算，每年拨 62 万元专款用于该项工作。成立物业管理所，按物价部门批准的标准收取卫生管理费，专项用于镇区卫生保洁工作。以自然村为单位，召开村民会议，落实一事一议，以每人每月 1 元标准，筹集卫生保洁费用。以奖代补，鼓励各村开展卫生保洁工作。争取上级部门垃圾无害化处理项目扶持，高起点建好全镇垃圾处理硬件设施。采取村集体配套部分，民营企业、创业成功人士募集部分资金，设立清洁工程基金。

督察评比机制。每月 20 日定为镇清洁日，镇村机关干部和党员带头上街义务打扫卫生，清理垃圾，消除死角。强化包干责任，建立镇干部包联络点，村组干部、新农村理事会包片包户包路段的责任制。卫生监督员采取现场督导、实地查看等方式，定期不定期进行督察，实行周督察、月评比、季小结、年表彰。每周三各村自报工作进度，周五前镇领导小组督察后并公开通报，各村制定卫生公约，每月每自然村评选三户清洁卫生农户进行精神和物质奖励。镇里先后出台《清洁村清洁户评比制度》《保洁员考核制度》，结合村庄整治，建立长效管理制度。

三、新岗山和大南两镇农村垃圾处理的启示

1．农村垃圾无害化处理是关系民生的大事

中国是世界上人口最多的国家，也是农业大国。农业生产活动历史悠久，资源开发利用强度大，人地矛盾突出。农业是国民经济的基础，农业及农村能否可持续发展，直接关系到改革开放和建设社会主义新农村事业的成败。随着县域经济的发展和人民生活水平的提高，农村环境污染严峻，农业生态环境遭到严重破坏。与城市相比，村镇污染治理工作目前既是一个盲点，更是一个难点，应引起各级的高度重视。目前，我国有远远超过 8 亿的人口生活在农村。在 1.8 余万个建制镇中，人口约 1.6 亿人，占城镇人口的 28%。据环保专家测算：按照每人每年平均排放垃圾大约 440kg 计算，我国村镇年排放垃圾 7 040 万 t。同时，村镇绝大多数分布在江河岸边，垃圾在河边乱堆乱放，如遇洪水冲入河流，就会严重

污染流域水质，成为水污染的重要因素之一。

农村环境保护是农业赖以生存与发展的必要条件，也是关系国计民生的一件大事。温家宝总理告诫我们：要加强农村饮用水水源地保护，推进农村生活污染治理，控制农业面源污染。农村及小城镇的生活污染治理问题同样重要。如何保障如此众多人口的生存环境和环境质量已经越来越成为环境保护工作的一个焦点，引起有关各界的极大关注。

2. 农村垃圾无害化处理要从实际出发，因地制宜

农村垃圾处理要充分考虑各地经济社会发展水平、群众承受能力和农村生活习俗。因地制宜，从实际出发，操作要简单、实用、方便。管理办法要切实可行，切忌搞花架子，切忌贪大求全。大南镇从该镇生活垃圾总量少、距上饶市垃圾填埋场近的实际情况出发，采取将垃圾转运至市垃圾填埋场集中处理的模式，更切合城市周边农村生活垃圾处理。而新岗山镇采用的简易无害化处理模式不失为解决农村垃圾处理的有效办法。

3. 规范运作流程，强化分类减量是农村垃圾无害化处理的核心

按照城乡统筹和垃圾处理“无害化、资源化、减量化”要求，立足源头，通过政策引导，大力探索并建立“农户自觉分类会聚，村组入户收集分拣，乡镇区域压缩运输，全市无害处理”的垃圾收运模式。创新“两次分拣、双层减量”（农户源头分拣、村组二次分拣；村组分类减量、乡镇压缩减量）的垃圾减量机制，最大限度地实现生活垃圾减量化目标。

“黄马甲”清洁员正在清扫街道

4．强有力的经费保障机制是农村垃圾无害化处理的基础

巧妇难为无米之炊。过去治污，一般重点倾向于城市和工业企业，资金也都投到城市生活污水、垃圾处理及工业污染源治理项目中，村镇治污没有资金渠道。为有效解决农村垃圾无害化处理资金缺乏的“瓶颈”问题，应建立健全政府、企业、社会多元化的投入机制，加强农村环境基础设施建设。积极主动与上级相关部门协调沟通，争取中央、省、市专项资金投入，重点解决饮用水水源地保护、农村生活污水和垃圾处理、畜禽养殖污染治理等问题。鼓励社会资金投入农村环境保护，采用多种措施完善农村环境基础设施建设。引导村民建设居民小区，逐步实现农民向社区集中，以便生活污水集中净化处理。

26 建设农村污水处理厂是时代发展的必然要求

——婺源沱川乡河东村建设污水处理厂的启示

水环境污染和水资源短缺是全球性问题。实践证明：建设污水处理厂是解决水环境污染的有效途径之一。当前，我国县级城镇以上污水处理厂建设如火如荼，一派喜人景象。到2020年，农村污水排放量将达到270亿t，而农村污水处理设施建设却似乎是“被遗忘的角落”。

2009 年 5 月，中国最美的乡村——婺源沱川乡独辟蹊径，多方筹措资金，用一年时间就建起江西省第一家农村污水处理厂，其做法值得学习和借鉴。

一、沱川乡基本情况

沱川乡位于婺源东北部，距县城 50km，境内生态环境优越，植被良好，是典型的山陵盆地地形。全乡山林面积6 089hm^2，耕地285 hm^2，有机茶园面积367 hm^2，油茶林面积300 hm^2，森林覆盖率91.8%。受地理位置所限，沱川乡经济结构以竹木加工、油茶种植、茶叶种植等传统山区农业为主，经济并不发达。近年来，在“中国最美乡村”名片的辉映下，婺源旅游业迅速发展，沱川乡依靠其深厚的文化底蕴与优美的自然风光成为婺源重要的旅游风景区，是全国近百所艺术院校美术实习写生基地，每年有2万多学生来此写生。旅游业的发展转变了该乡的经济增长方式，同时，也改变了该乡传统的产业结构。

二、建设污水处理厂的诱因

无法回避，必须正视的一个事实是：在地域广阔、人口众多的农村，其环保基础设施要么空白一片，要么残缺不全。河东村作为沱川乡政府所在地，人口仅区区 2 600 人，废水污染问题并不十分突出。但随着近年旅游业发展，河东村担负大量接待任务，流动人口剧增。2008 年，该乡游客已达 3 万余人，遍布该村的 30 多家“农家乐”生意非常红火。在带来巨大经济收益的同时，也产生了远超该村环境承载负荷的污水。由于村内没有系统的排污管网，污水直接排入小溪中，使原本清澈见底的溪流不见往日风采，给当地群众的生产生活与身体健康带来负面影响，也极大地破坏当地赖以发展的生态旅游资源。群众对此反映十分强烈，多次发生阻止游客进入该村游览事件，严重影响当地社会稳定和生态旅游经济的进一步发展。

三、该乡污水处理厂建设的特点

1．多渠道筹集资金，不增加农民负担

污染比落后更可怕。2009 年 5 月，沱川乡顺应民意，审时度势，决定启动乡政府所在地河东村污水处理工程建设项目。该项目分二期实施：一期建设日处理 100t 污水处理站一座，铺设污水收集管网 1 300m，工程总投资 180 多万元。二期建设日处理 200t 污水处理站一座。目前，管网已覆盖人群 1 950 人（全村 2 600 人）。该项目建设经费来源于三个方面：一是申请国家环保专项补助资金；二是当地财政配套资金；三是当地“农家乐”自筹资金。整个污水处理厂建设没有增加农民负担，符合群众意愿。

2．因地制宜，注重效果

该污水处理厂建设因地制宜，纳污管网依山靠村、由高向低铺设。厂址建在全村地势最低处，充分利用高低落差使污水依靠重力通过管网自行流入处理设施。整个管网铺设没有增设提升泵，减少了施工建设费用。治污处理工艺采用接触氧化加人工湿地处理工艺和自动控制系统，减少了污水处理费用。将村旁小规模沼泽地改造为人工湿地，以降低生化工序处理深度，减少工程造价和占地面积，整个系统没有复杂的机械设备，且出水水质优良。设备自动化程度较高，管理维

护技术要求相对较低，易于运行维护与管理。

河东村污水处理厂全景

3．以水养水，破解“建得起，养不起”的难题

在日常运营中，制定详细计划，采取“谁污染，谁付费，谁受益，谁付费”的原则，以水养水。日常运营费用由受益旅游业主和餐饮服务业主等污染大户根据用水量大小负担。对单纯农户则由乡财政补贴，年处理运行费3万元得以落实，既避免污水处理厂“建得起，养不起”现象的发生，又得到农户和旅游服务业主的广泛支持。该村“俞地主写生基地”是一家主要从事接待全国各大艺术院校学生来沱川美术写生的“农家乐”，在污水处理工程建成前，由于餐饮污水得不到及时处置，严重污染周边环境，村民为此反映强烈，接待规模也受到限制。污水处理工程建成后，良好的外部环境使其接待规模迅速扩大，日接待学生1 000人以上，年收入达300多万元。业主得到较大实惠后，自愿缴纳污水处理费，并积极参与和支持污水处理工作。

由于沱川乡河东村污水处理因地制宜地采用了适合自身实际的污水收集和处理工艺，整个工程具有占地小、抗冲击负荷强、运行安全可靠、出水水质好等特点，同时也大大降低了建设和运营成本。经测算，运行费用只有常规工艺的10%～50%，每吨污水处理费用仅0.4元。

污水处理厂运行监测设备

河东村污水处理厂纳污湿地

污水处理厂运行后溪水水质监测为Ⅰ级

4．注重成效

沱川乡河东村污水处理厂厂址建设在河西村小溪边，使用沙滩地 $0.12hm^2$，没有占用农田。2010 年 4 月，污水处理厂建成投入营运，如今的河东村村容村貌今非昔比，水更秀、溪更美，旅游业更加火暴，可谓“游客满意，群众高兴，社会肯定”。

四、启示

目前，我国农村污水处理大都处于无政府状态，主要原因是：环保意识薄弱、资金短缺、工艺不完善和建成后运转难等难题。重视农村环境保护，防治面源污染，加快农村地区的污水收集和处理设施建设，已经成为当前和今后改善农村人居环境工作中最急需、最迫切、最突出的问题。婺源沱川乡河东村能够在较短时间内建成污水处理厂主要得益于他们抓住了关键，解决了四大难题：一是通过深入细致地思想动员，反复宣传，群众意识实现了“要我建”到“我要建”的转变，解决了“观念”难题；二是通过政府主导，争取支持，社会参与等方式，多方筹集资金，解决了“资金短缺”难题；三是通过精心设计，因地制宜，抓技术创新和工艺创新，破解工艺“不完善“难题；四是合理谋划，正确处理污染与付费之间关系，解决“运行”难题。

1．农村污水处理厂建设迫在眉睫

近年来，我国大中城市通过开展环境整治活动、水污染治理及生态工程建设等，工业污染得到有效控制，生活垃圾得到有效处理。同时，城市污水处理技术和设备越来越先进，生态环境有了明显改善。但农村污水处理工作却一直被忽视，农村污水的收集和处理基本处于空白状态。大多数农村都没有排污管网和污水处理系统，大量生活污水都随意排放，直接进入河流，或排出户外空地后任意渗入地下，少量经化粪池简单处理后排放。随着农村经济的发展，加工企业污染物的排放，农药、化肥的不合理使用，畜禽、水产养殖业废水排放等都造成了河流、水塘、地下水污染。导致区域水环境质量下降，给农村水资源保护带来严峻考验。“环保是全社会的事情，不仅城市要注重环保，农村也要注重环保。”党的十七大报告中，明确提出了“统筹城乡发展，推进新农村建设”的发展规划，加强农村环境保护，治理农村面源污染，特别是做好农村污水处理工作势在必行。

2．建设污水处理厂是保护农村生态环境和水资源的必然选择

我国的水资源总量不少，河川年径流量为世界第六位，但人均占有量仅列世界第 110 位，为世界人均占有量的 1/4。据测算，我国每年因缺水造成的经济损失约 2 000 亿元，更为严重的是污染加速。据估计，到 2020 年，中国农村污水排放量将达到 270 亿 t。水资源是农村环境要素中最重要的元素之一，水环境的优劣与农业生产、农民健康、农村经济等各个方面有着唇齿相依的密切关系，与农村经济社会发展息息相关。与城市相比，农村水体污染具有间歇排放、排量少且分散、难收集等典型特征，农村污水具有氮磷浓度偏高及含有大量的营养盐、细菌、病毒等特点，严重污染饮用水源，直接威胁着广大农民群众的生存环境与身体健康，制约农村经济的健康发展。因此，在农村建设污水处理厂是实现水资源的可持续利用、解决水资源供需矛盾的最有效途径之一。

3．多渠道筹集资金，破解农村污水处理厂短缺难题

由于缺乏规划、农民生活水平低等诸多原因，大多数农村都没有完善的污水收集管网。乡村污水治理工程中的排污管网投资非常高，占工程总投资的 60%以上。村镇经济力量薄弱，加之目前中西部地区乡村污水治理工程是公益性非营利项目，缺乏正常的商业化运作能力，筹资渠道相当困难。沱川乡河东村采取“政府主导、争取支持、社会参与”的方式值得借鉴，该乡在污水处理工程建设过程中，紧紧抓住创建省级和国家级生态乡镇契机，积极争取农村环境综合整治专项

资金155万元，地方财政配套25万元，其余从社会筹集30万元，使工程得以顺利建成。

4．农村污水处理，必须因地制宜采取多元化处理模式

我国幅员辽阔，发展极不平衡，不同地域间农村差别更大。农村污水处理方式不能简单嫁接城市污水处理系统，沿用和照搬大、中城市污水处理工艺及设计参数。必须根据农村具体现状、特点、风俗习惯以及自然、经济与社会条件，因地制宜地采用处理工艺简单、维护方便的多元化污水处理模式。沱川乡河东村污水处理工程采取适用村庄布局相对密集、旅游业发达的集中处理模式，即对所有农户产生的污水进行集中收集，统一建设污水处理设施，集中处理村庄全部污水。污水收集管网和处理系统依地势而建，利用落差，污水无须外力，依靠自重就流入处理设施。在处理工艺上，采用接触氧化、人工湿地处理工艺和自动控制系统，避免了工程投资和运行费用过高等问题，是一种较好的处理模式。

第六篇
工业园区环境保护

工业园区是区域经济发展的主要载体和重要增长极；工业园区发展水平往往代表一个区域经济发展的真实水平；工业园区是积极跟进国家转变经济增长方式和调整产业结构的主战场；工业园区是抢占科学技术创新的制高点；工业园区是战略性新兴产业发展的集聚地。工业园区又是企业污染物集中排放区域，必须整合园区资源，集中整治污染，朝着生态园区的发展方向迈进。

27 经济发展不能以牺牲环境为代价

——城南工业园区附近村民血铅超标的教训

2008 年，城南工业园附近几十名村民被查出血铅超标，其中 90%为儿童，造成这场悲剧的主要原因是园区内涉铅企业偷排污染物。企业污染物偷排的隐蔽性、污染危害的潜伏性和环境破坏的潜在性，使得人类身处环境污染渐变的过程中浑然不知，犹如“温水中的青蛙”。环境污染从量变暴发为质变时，人类最终将成为“沸水中的青蛙”，不但将痛失地球这一人类家园，也将毁灭人类自己。

一、城南工业园区基本情况

1．园区概况

城南工业园位于上饶市郊县城南新区，紧靠沪昆高速公路，毗邻 320 国道。该园区 2002 年动工建设，2003 年企业落户，2005 年，一批有色金属冶炼加工企业相继建成投产。园区现有企业 21 家，涉及有色金属冶炼、建材、服装、金属加工等行业。其中再生铅冶炼企业 3 家，铜冶炼企业 2 家，锌冶炼 2 家，铝合金冶炼企业 1 家，建材、服装加工企业 13 家。该园区于 2006 年被批准为省级工业园。

2．园区发展模式

城南工业园隶属财政贫困县，工业经济底子薄。为改变工业经济落后面貌，实现县域经济快速发展，作为经济发展主平台的工业园区，一直是贫困县工业经济发展和招商引资的主战场。由于财力有限，工业园区采取滚动式开发模式，通过前期投入少量资金，启动园区建设，再以落户项目的土地拍卖款作为建设资金，推动园区的下一步开发，这是经济欠发达地区工业园区开发的典型模式。这种模式最大弊病是：在园区建设过程中，迫于开发进度要求和招商引资任务的双重压力，饥不择食。不按园区规划要求，对落户项目不加选择，对项目选址不加控制，呈无序、盲目发展状态。

3．园区环境保护情况

该园区于 2006 年 6 月委托环评单位编制《环境影响报告书》，2007 年 2 月，通过环保部门审批。环评审批把园区产业定位以食品、制药、有色金属加工、轻工纺织、电子、建材等无污染或轻度污染为主的一、二类工业企业园区。明确了鼓励、限制、禁止入园的行业，建议园区进一步调整产业布局。同时，提出建设雨污分流排水系统和集中式污水处理厂等环保基础设施要求；调整审批前已落户的部分与园区产业定位和产业布局不符的企业。但由于当地政府和园区对环评审批不够重视，加上发展经济心切，调整迟迟未能到位。甚至在园区后续开发中，仍陆续引进不符合园区产业定位和产业布局的建设项目。由于重金属的累积效应，这些企业的长期生产最终酿成附近村民血铅超标事件的发生。

二、血铅超标事件

1．血铅超标的发现

2008 年上半年伊始，城南工业园区附近村民不断向当地政府反映，工业园内存在环境污染问题。当地政府组织相关部门对部分村民进行血铅检测。经省级职业病防治医院检测，儿童血铅超标 20 人。同年 12 月，当地疾控中心又采集部分儿童血样送省检测，又出现儿童血铅超标问题。当地政府立即组织血铅超标儿童到专业医院复查和住院治疗。

2．血铅超标的原因

城南工业园区周边分布着三个村庄和一座学校。村庄、学校处于园区主导下风向，相隔距离最近的仅 300m，大大低于工业区内铜、铅、锌冶炼企业卫生防护距离的要求。园区内冶炼企业正常生产时排放的酸性气体和含铅重金属粉尘（非正常情况下影响更为明显），使村民长期受到其污染。经对部分村民自备井水、工业园区废水排放口取样监测，虽然总铅、总铜、总锌含量未超标，但对该区域内冶炼企业和周边的环境空气监测显示：企业在停产情况下，空气中铅含量仍然超标严重。其中一家冶炼企业大门口环境空气中铅含量高达520μg/m³，超过《环境空气质量标准》年平均浓度限值 4.28 倍。学校环境空气中铅含量高达1.85μg/m³，也超过年平均浓度限值。

3．血铅事件处置情况

当村民获知血铅检测结果超标后，群情激愤，引发了大规模厂群冲突和集体上访。村民多次围堵企业和当地政府，请求尽快处理，并发展到围堵省委、省政府。

群众的上访引起各级党委、政府高度重视，省委、省政府领导亲自过问，各级政府和相关部门迅速行动，对血铅超标事件开展彻底清查，妥善处理血铅超标群众的生产、生活和治疗等相关事宜，切实保障人民群众身体健康。环保系统成立由省、市、县三级环保专家组成的联合调查组，对血铅超标原因进行彻底排查并采取相应的处置措施。

一是责成园区所有企业立即停止生产，终止排污行为，接受环保部门调查处理。二是对城南工业园未按《环评报告书》、环评批复及总体规划要求，盲目引进铜、铅、锌冶炼企业，导致环境规划失控的问题，要求当地政府对辖区内招商引资过程中执行国家产业政策及建设项目环保审批情况进行自查自纠。对不符合国家产业政策、消耗高、污染重、危及环境安全、技术落后的工艺实施强制淘汰，依法关闭破坏环境和不具备安全生产条件的企业。三是对卫生防护距离达不到国家相关规定要求的部分有色金属冶炼企业，责令其立即停止生产，在未达到铜、铅、锌行业卫生防护距离及环评要求前不得投入生产。四是对园区内属于国家产业政策规定淘汰的落后生产工艺、设备，且卫生防护距离达不到规定要求的企业，要求当地政府立即取缔并就地拆除销毁生产设备。五是对未按环评批复要求建设污染物处理设施的企业，责成当地环保部门严格按照铅锌行业准入条件和环评及批复要求，监督企业建设污染物处理设施，未经“三同时”验收不得投入生产。六是对违反环境保护法律法规的企业依法进行处罚，并责令限期改正。七是对相关责任人进行认真处理。

与此同时，当地政府积极采取措施，稳定群众情绪，做好善后工作。对村民血铅污染扩大范围进行排查，对血铅超标的群众及时安排排铅治疗。制定搬迁或取缔计划，对不符合要求需搬迁的企业，分批分期进行搬迁。对不符合国家产业政策的，予以关闭。要求所有涉铅企业和有色金属冶炼企业退出城南工业园区，从源头上消除污染，保障群众环境权益和身心健康。

由于领导重视、组织严密、处置科学、措施有力，此次由血铅超标事件引发的风波与冲突迅速平得到平息，事态没有进一步恶化和蔓延；由于及时关停了整个园区涉铅企业，终止污染排放；由于及时对相关单位和责任人进行了处理，没有造成更大的社会影响。

三、血铅超标事件的启示

城南工业园血铅超标事件虽然得到有效处置，但余波远未平息，产生的恶果也逐渐显现。在社会影响上，由血铅超标延伸的环境污染纠纷事件有上升趋势，影响社会稳定的因素增多，稍有不慎，该区域的社会矛盾就有可能激化。受园区企业关闭停产之累，当地工业经济一落千丈。事件极大地影响了当地招商引资形象，极大地挫伤了外商的投资热情，外商对城南工业园区乃至整个区域望而却步，原本计划在此建设的项目也“远走高飞”。当地政府出资予以取缔和搬迁企业的补贴和补偿，经济上蒙受巨大损失。这个惨痛的教训再一次诠释了发展与保护的辩证关系。本着一腔热情，不顾环境保护内在规律，盲目发展、无序发展，最终结果只能是欲速则不达，与园区建设的初衷背道而驰。

1. 工业园区绝不能成为藏污纳垢之地

工业园区通过土地集约化使用，采取集中生产、管理的方式，实现生产资源的优化配置，产业聚集效应是非常显著的。由于园区建设时会对诸如居民点、排污系统等影响和制约企业生产的不利因素进行整治和排除，入园企业的生产环境相对宽松。但这不能成为园区粗放发展、盲目发展，对污染可以置之不理的借口，工业园区绝不能成为藏污纳垢之地。企业的集中也意味着污染的集中，若对污染采取听之任之的态度，在时机条件成熟时，污染会集中暴发。它的冲击力与企业呈分散状态下相比，力度更强、范围更广、影响更深，引发环境纠纷的局面更难以控制。再者，若工业园区内有一个或几个违法排污企业，其环境违法行为造成的后果将祸及其他企业的正常生产，将对园区经济带来难以估量的影响，城南工业园区的关停就是血的教训。

2. 涉铅企业必须严格监管

铅对人体特别对儿童的伤害巨大。铅对人的危害主要是损害其神经系统，尤其是6岁以下儿童，由于代谢和发育的特点，血液、神经、脑组织最容易受到毒害。铅进入人体后，阻碍血液的合成，导致人体贫血，出现头痛、眩晕、乏力、困倦、便秘和肢体酸痛等。动脉硬化、消化道溃疡和眼底出血等症状也与铅污染有关。儿童铅中毒则出现发育迟缓、食欲不振、行走不便、便秘和失眠，还伴有多动、听觉障碍、注意力不集中、智力低下等现象。铅进入孕妇体内则会通过胎盘，影响胎儿发育，造成畸形。铅在人体内沉积，不易排出，若血铅超标得不到有效治疗，将造成持久性的人体伤害。正因如此，我国出现的每起群体性血铅超标事件都产生了巨大的社会影响，涉铅企业的环境污染已成为当前影响社会稳定的重要因素之一。环保部门对涉铅企业的环境监管绝不能手软，必须从严、从快处置，将涉铅环境纠纷消除在萌芽状态。

3．园区规划必须科学合理

一是园区的选址要科学合理。不能选在城市的上风向和饮用水源保护区的上游，不能选在自然保护区、风景名胜区、居住区等环境敏感点。园区要设置一定的防护距离，在防护距离内不得有居民住宅，以保障人们的身心健康。城南工业园区紧靠当地新城核心区（离新城核心区仅有 500 米），这种规划只考虑招商容易，忽视企业生产后对环境的潜在影响。

二是园区规划目标的科学性。园区规划要和城市总体规划相结合，坚持社会效益、经济效益、环境效益的统一。园区建设是城市化的重要组成部分，应把工业园区建设纳入城市规划，作为城市的一个重要功能区来建设。依靠工业园区的发展活力和扩张力，带动城市的扩张及功能的完善，提升城市化水平。工业园区应该按照有所为有所不为的原则，从集约化利用园区空间考虑，发展技术和人力资本密集度高、市场前景广阔、规模经济效益突出、可持续发展性强、环境污染少或无污染的产业。

三是园区定位必须科学准确。园区要根据区域产业特色，修改完善园区总体规划，明确产业集聚的重点方向，逐步形成层次递进、产业互补、各具特色、协调发展的园区发展新格局。坚持在大、高、新项目上下工夫，在龙头企业、支柱产业和拳头产品上下工夫，逐步把园区建设成为深化改革、扩大开放的示范区。

4．园区环评制度必须遵守

环保部门对园区的规划环评要严格审查，突出十个重点。一要重点审查园区产业定位、产业布局和发展规模，从而避免园区盲目发展、交叉污染、产业发展无序化和恶性竞争。二要重点审查环境容量、污染物排放总量，从而避免在园区发展中单个建设项目符合环保要求，众多项目摆放到一起污染物排放超出总量，形成重污染区域。三要重点审查园区内的水源、气源、热源、余热利用和中水回用、工业废水排放去向。四要重点审查环境污染治理设施建设及园区环境监测能力，从而避免污水处理厂不能稳定运行，废渣无序堆放，无法监测园区企业污染物排放。五要重点审查园区产业结构调整和产业链延伸，从而避免园区资源综合利用水平低，产品附加值低，不符合循环经济发展。六要重点审查园区清洁生产和入园产业的工艺水平，避免落后生产技术、工艺、设备和产品进入园区。七要重点审查园区环境风险预案和环境突发事件处置预案，避免潜在的环境风险隐患演变成恶性环境污染事故和突发环境事件。八要重点审查园区资源环境保障能力，从而避免因资源环境不足制约园区进一步发展。九要重点审查园区环境基础设施，避免园区环境基础设施建设批而不建、久拖不建的问题。十要重点审查园区规划优化调整意见，从而避免园区规划不按照环评意见和建议进行优化调整。

5．园区企业治污设施必须同步建设

一是园区必须建立和完善环保基础设施。实行雨污分流，建设污水集中处理厂、固体废物集中处理和集中中转系统和集中供热系统。二是园区企业必须按照《建设项目环境保护管理条例》等环保法律法规的规定，严格执行建设项目环保工程与主体工程同时设计、同时施工、同时投入使用的“三同时”制度。未按要求建设环保设施、未经验收或验收不合格的项目一律不得投产。三是环保部门要加大对入园企业的三同时执行情况的监督力度，严肃处理建设项目边批边建、未批先建和未经环保验收擅自投产等违法行为。四是对已投产的企业污染物超标排放和环境污染严重的企业要按规定限期治理，对不能完成限期治理的企业要依法予以关停或者取缔。五是对冶炼、化工、污水处理厂安装污染物排放在线监控设施，并和环保部门监控中心联网，实时监控企业的污染物排放情况，督促企业做到污染治理设施正常运转，确保污染物达标排放。

28 环保优先才能保证工业园区可持续发展

——城北工业园区污染事故处置的启示

工业园区对区域工业化进程、产业结构提升、经济发展起着巨大的推进作用，是区域经济发展的主要增长点和重要载体。近年来，城北工业园区所在县大力实施“园区经济”发展战略，取得了显著成绩：2009 年，该县工业园区实现主营业务收入 90.15 亿元，同比增长 75%；园区规模以上工业实现增加值 20.5 亿元，占该县全部工业增加值比重 98.5%，占 GDP 总量的 66.4%；实现税收 3.82 亿元，增长 101%，占县财政总收入 70.1%。该园区每平方千米主营业务收入 27 亿元，每公顷纳税 120 万元，产出率走在中部地区前列，达到国务院规定的沿海发达地区优秀园区标准。创造了县财政收入增长率、工业增加值在江西省连续六年第一的发展速度。然而，在成绩巨大光环的背后，是环保问题不断显现的重重忧患。

企业废水超标排污，污染当地水库

自 2008 年起，园区排污口下游的村民不断向相关部门反映：城北工业园区排放的废水造成村庄饮用水污染、农田减产、鸡鸭死亡。环境投诉上访不断、群体事件频频出现，园区建设与环境保护的矛盾凸显出来，发达国家和地区“先污染、后治理”之“魔咒”似乎又一次应验。环境污染已成为大部分工业园区迈向可持续发展的一条拦路虎。2009 年，城北踏上“明知山有虎，偏向虎山行”的漫漫打虎路。

一、城北工业园区概况

1．园区规划较为科学

城北工业园区紧靠浙赣铁路和横南铁路，与沪昆高速和 320 国道接壤，对外交通联系十分便利。园区选址在县城中心区 7km 之外，位于城镇常年主导下风向，离城镇饮用水源保护区和下游县城信江饮用水源保护区 10km 以上，建设用地以荒山荒坡为主。在建园之初，园区周边没有集中的村民点，仅有少量的分散住户，居民较少，环境状况较为简单。

该园区由上海同济规划设计院总体规划，规划面积不大，控制面积只有 6km^2，但屡屡成为耀眼的明星。2002 年，园区在荒山岗坡上破土动工，因不占用耕地获得高度评价。2006 年，晋升为省级工业园区。2008 年 6 月，被列为江西省十大生态工业园区试点单位之一。经过几年发展，该园区经历了“锁业马赛克”现象、“腾笼换鸟”、“钻石体系”3 次产业升级的转型，逐步形成有色金属、食品医药、纺织服装、建材四大主导产业。

2．企业发展较为迅速

城北工业园区自 2002 年开工建设至今，园区企业围绕园区规划经历三次产业提升，实现由数量型向质量型转变。2009 年底，园区企业总数达 62 家，企业竞争力越来越强。其中正式投产企业 51 家，在建企业 11 家，总投资 36.7 亿元。涉水企业 4 家、铜冶炼企业 6 家、贵金属冶炼企业 3 家、镍冶炼企业 1 家、有色金属压延、建材服装、电子机械、食品医药等企业 48 家。

3．入园企业基本特点

一是大型涉水企业较多。入园 48 家企业中有 4 家大型涉水企业。分别为：①铝合金企业。企业主要生产各种铝合金建筑型材。生产工艺通过熔铸、挤压生产建筑型材基材，再经氧化或喷涂生产各种建筑型材。企业环境影响评价于2007年3月通过环保部门审批，但至今环保“三同时”未通过验收。企业主要污染物有：熔铸产生的粉尘、酸蚀及碱洗过程中产生的酸碱气体；氧化过程产生的含酸碱清洗废水、电解产生的水洗废水、喷涂过程产生的冲洗废水、铬化过程产生的含镍、铬废水；喷涂过程中产生的漆渣、废水处理产生的污泥。②铜包钢企业。企业主要以钢丝线、铝线、铜线为原料生产铜包钢丝线、铜包铝线、镀镍铜线等双金属线。生产工艺为通过表面预处理、电镀、拉丝等，主要污染物有电镀产生的酸雾及投加料过程中产生的含酸废气；预镀过程产生的含氰废水及前处理产生的含油废水。企业环境影响评价于2008年12月通过环境部门审批，环保“三同时”未通过验收，企业已被关闭。③同升公司，该公司主要以覆箔板为原料生产单面、双面印制电路板。生产工艺为采用覆箔板加工、电镀薄铜、酸洗等。污染物主要有工艺废水，废水中含有铜、镍、铅、锡、锰、氰根离子、氨氮等污染因子，企业已被关闭。④铁钥公司，该公司主要生产各种铁挂锁和铁钥匙。生产工艺主要将铁板、铁铸件加以剪功、冲压，精加工制成锁胚、钥匙胚。公司成立于2003年，2007年补办环境影响登记表。2008年，该公司新建电镀生产线，但未经环保审批，也无污染治理设施。主要污染物有镀件前处理废水和电镀废液。

企业锅炉废气直排

二是冶炼企业废气成分复杂。入园企业中主要有铜、贵金属、镍等冶炼企业。其中，铜冶炼6家企业的废气主要为阳极炉熔炼、竖炉产生的烟气以及锅炉烟气等。贵金属冶炼2家企业的废气主要为反射炉或转炉熔炼产生的烟气，粗银电解和铜铋合金酸溶过程产生的酸雾，阳极泥酸溶过程中产生的酸雾等。镍冶炼1家企业的废气主要为烧结过程产生的烟尘、电炉熔炼产生的废气、高炉上料过程产生的粉尘、热风炉产生的烟气。

二、园区周边环境

1．环境敏感区域

城北工业园区处于农业地区。当地农民对工业废水、废气反映比较敏感，而城北工业园又位于临县上水上风向。不同行政区域的群众对环境的监督非常到位，只要城北工业园企业污水出现偷排，群众就会自发地进行投诉。

2．环境脆弱区域

城北工业园区周围都是黄土小山包、丘陵，附近没有大的山塘、水库，也没有大的河流水系，环境自净能力非常有限，环境容量非常小，环境基础十分脆弱。

3．环境矛盾区域

周边村落、村民点点多面广，自东向西依次是城北社区管委会辖下多个村民小组。卫生安全防护距离范围内存有许多民房。根据环评规划要求：园区建设时，要将这些村庄和村落进行整体搬迁。但由于种种原因，这些村庄和村落的搬迁并未实施到位。为满足园区发展的需要，在园区中又新建了少量商用住房，这些商用住房与园区企业相隔太近，是冲突易发区域，更是一个环境纠纷多发区域。

三、污染事件处置情况

1．对排污口水质进行监测

对受影响村庄的水质、园区总排污口的水质、相关涉水企业排污口的水质进行监测，分析污染事件的“罪魁祸首”。经监测：废水排放中pH值、总铜、总锌、总铅和COD都分别出现超标排放问题。

园区总排污口超标排放污水照片

2．查明企业排放情况

根据监测结果对园区内所有企业进行排查。经查：大部分涉水企业治污设施配套建设都未到位，废水超标排放，造成水体污染。

3．处置污染排放超标企业

首先，对污染排放企业下达停产整改和行政处罚通知书。其次，通知供电部门对违法企业下达停电通知书。再是加大重金属污染防治力度。2009 年初，城北严格按照国家产业政策对园区内所有规模较小、工艺落后的小型冶炼企业进行了全面清退，取缔关闭企业 5 家。其中铜冶炼企业 1 家，白银冶炼企业 4 家。规范整合有色金属行业，遏制重金属污染。2010 年年初，对园区有色金属冶炼企业中 14 家未通过环评或“三同时”验收的企业实施整合清退，其中包括 4 家有色金属冶炼企业，1 家电路板生产企业，5 家铜材加工企业。通过“腾笼换鸟”的方式，将清理出来的土地厂房安置给符合国家产业政策，且投资额度、投资强度、投资进度符合该县经济发展的有色金属产业链的延伸产业、劳动密集型企业、机械工业和高新技术企业，有效地进行产业升级。对于已通过环评但未通过“三同时”验收的有色金属冶炼企业责令限期进行整改，完善污染治理设施，做到达标排放，从而实现经济发展与环境保护的双赢。

4．整体研究园区污染防治措施

一方面，严厉打击违法排污企业，切实加强对企业污染排放的管制，促使所有企业达标排放。另一方面，开工建设园区污水处理厂。该建设项目已于 2010 年 4 月开工建设，建设工期 10 个月，2011 年 2 月投入使用。再是制定园区企业安全防护距离内群众搬迁方案。

四、经验教训

1．招商引资项目建设不合理是造成园区环境污染的客观原因

园区以利用外资、区外企业为主，借助外力优势发展区域经济，招商引资是最主要的手段。但在实际操作过程中，招商引资竞争激烈，沿海经济发达地区客商利用落后地区急于招商引资而作出比较宽松的条件，转移有害环境和健康的产业，迫使部分园区降低入园企业准入门槛，环保准入前置审批沦为摆设。在城北工业园区发展初期，进园企业没有一个是经过环境影响评价审批后才开工建设的，都是先建设后补办环保审批手续。园区每年引进 20 个左右企业，有的是发达地区污染、淘汰转移项目；有的是“五小企业”。招商引资客观上为环保违法企业提供了发展空间，同时埋下环境污染隐患。2009 年，该园区通过环境影响评价审批的企业只有 33 家，环评率 54%；环保“三同时”验收企业仅为 11 家，验收率只有 22%。

2．环保设施建设滞后是造成园区环境污染的根本原因

工业园区作为工业企业集中建设、集中生产、集中管理的集约式开发区域，环保基础设施是工业园区构成要件之一。环保设施建设需要大量的资金投入，而经济欠发达地区最缺的恰恰是资金。环保设施建设滞后成为园区环境污染的根本原因。

园区开发建设初期，注重的是企业个数、规模和创造的产值、利税，很少考虑环保设施建设问题。城北工业园区虽然编制了《环境影响报告书》，并经环保部门审批，但是园区环保基础设施建设相对比较滞后，并没有像水、电、路、通讯等配套设施一样齐头并进。工业园区污水处理厂至今尚未建成，排污管网建设仍是空白，园区内没有统一的总排污口。单个企业由于没有经过环境影响评价、论证、审批，大部分企业难以实现环保“三同时”，污染物超排、漏排、偷排、

直排现象普遍存在。

3．环境保护工作监管缺位是造成园区环境污染的重要原因

园区建设注重的是发展、效益，环保部门不能创造直接的效益，建园初期处于局外人的位置。既没有参与研究园区的发展规划，又没有参与园区环保设施建设，更没有参与园区环保监管。环保部门仅局限于企业环境影响审批的咨询、服务，帮助企业解决、处置群众因发生污染事故的环境纠纷。由于当地环保队伍不强，执法经费不足，人员素质参差不齐，监管设施陈旧短缺，监管能力薄弱。再加上政府出台不符合法律要求的保护企业措施，环保部门想管也管不了，从而造成对园区环境保护工作监管的缺位。

4．领导重视环保工作是减少环境污染的关键原因

发展是硬道理，发展是第一要务，发展是政绩观的体现。经济欠发达地区干部群众对发展有着更加强烈的愿望。但经济欠发达地区“干群”没有经历过工业发展历程的洗礼，缺少工业化发展进程的管理经验。对环境保护工作的复杂性、环境污染的潜在性、潜伏性、危害性，既缺少了解又缺乏正确的认识。所以，在园区建设初期，从领导精力、工作侧重点上往往比较容易忽视环境保护工作。当环境污染问题出现后，转而重视环境保护工作，已经是亡羊补牢。所以，领导重视环保工作是减少环境污染的关键原因。

五、启示

建立工业园区是实现经济与环保“双赢”的科学决策，发达国家从 20 世纪 90 年代就开始规划建设生态工业示范园区。国际上最成功的生态工业园区——丹麦卡伦堡生态工业区，以发电厂、炼油厂、制药厂和石膏制板厂四个厂为核心企业，把一家企业的废弃物或副产品作为另一家企业的投入或原料，通过企业间的工业共生和代谢生态群落关系，建立“纸浆—造纸”、“肥料—水泥”和“炼钢—肥料—水泥”等工业联合体。企业采用循环经济模式，既降低了污染治理费用，又获得了可观经济效益，成为全世界工业园区生态建设样本模式。

1．环保优先才能保证工业园区可持续发展

工业园区既是区域经济发展的主要增长点和重要载体，又是污染物产生的主要基地。园区经济要长久可持续发展，只有把环境保护工作作为首要任务抓紧抓

好，才能腾出更多的环境容量，容纳引进更多的企业，实现经济发展和环境保护“双赢”。

园区规划建设要高起点。工业园区建设要立足当前，着眼未来，既学习借鉴先进地区工业园区发展的成功经验，又吸取其失败的教训，发挥后发优势，少走弯路。要遵循科学发展规律，做好产业定位，改变过去无条件引进、全盘接收的招商方式，实行选择招商。发挥规划指导和调控作用，设立独立的小区域建设食品、药品、电子等对环境要求高的企业，避免企业交叉污染。做好园区卫生防护距离范围内的居民的搬迁和安置工作。园区以及在卫生防护距离内再不得新建居民住宅、学校、医院等敏感建筑，避免因人为污染而造成新的拆迁。

园区要大力发展循环经济和低碳经济。发展循环经济是实现可持续发展的主要出路。大力引进生态型、环保型、低污染、低能耗的大项目、大企业，推行清洁生产，实现最佳生产、最适消费、最少废弃。

要落实区域环境影响评价的要求，完善环保基础设施。当务之急是要尽快改变环保基础设施“小马拉大车”的格局，痛下决心，加大投入，尽快改变环保投入“小梁撑大厦”的现状，真正把环保基础设施建设作为工业园区规划建设的首要任务抓紧抓好。园区环保基础设施相当于人的免疫系统，管道是血管，污水处理厂是淋巴系统。雨污收集管网的建设，能最大限度地减少对地下水和地表水的污染，还可以降低污水处理厂处理费用、提高处理效果，从而避免造成巨大浪费，实现可持续发展，必要时还可以考虑工业园区内废水回用。

2．园区发展要强化环境保护法定主体责任

工业园区是一个相对封闭、独立运行的小社会。园区环境保护工作要按照《环境保护法》的规定，加强环境服务意识，明确辖区环境保护主体责任。树立保护环境就是生产力、是促进园区经济发展、是政绩的观念，算清环境污染的经济账、政治账，正确处理经济发展和环境保护的关系。

强化部门联动，加大环保执法力度。部门与部门之间要加强沟通，密切配合，信息共享。在履行好各自职责的基础上强化联动，形成联合推进态势。对普遍的违法行为集中进行整治；对严重违法企业要严厉查处；对高能耗、高污染企业取消优惠电价、优惠用地。

要重视涉及群众切身利益的环境污染问题，把解决影响群众利益的环境问题作为全面落实科学发展观，建设和谐园区的重要举措。坚持“属地管理、谁主管谁负责”的原则，落实环境污染群体性事件处理责任，及时处置环境污染事件。

3．要加大环境保护法律意识的宣传力度

具体落实三抓：①抓关键，增强服务单位领导的环境决策水平，提高对环境保护意识的认识。②抓重点，增强企业（企业法人）污染防治的责任感。③抓基础，增强人民群众的环保意识。

4．企业法人要承担环境保护法定义务和社会责任

作为经济组织实体的企业承担着重要的社会责任，必须履行保护环境的法定义务。我国法律规定，防治污染主要是以企业为法律规制对象。《环境保护法》和与其配套的《大气污染防治法》、《水污染防治法》等法律，规范了企业应遵循的保护环境职责，针对不同的范围提出了保护环境的要求。因此，企业应严格遵守各项环保法律法规，摆正保护环境与提高企业效益的关系，切实履行保护环境的法律义务，坚决杜绝一切破坏环境的行为。在谋求经济利益的同时，充分考虑环境公益，认真履行保护环境的社会责任。

5．园区管理要加强环境监管和环境执法

环境保护是预防污染事件发生的重要“防火墙”。园区管理要加强环境监管和环境执法，把好环保关口，建好园区环境安全阀。环境影响前置审批是防止污染项目破坏生态环境的重要手段，是保障经济社会健康和谐发展的重要制度。环境影响前置审批可提高准入门槛，优化产业结构，实现总量控制。认真执行“三同时”制度，对符合验收条件的及时办理验收手续；对不符合验收条件的要限时整改；逾期不能治理达标的要责令停产，防止新建项目布局不合理和污染物难以治理而引发的污染环境问题。要加大对现有排污企业的监管力度，增强监测的频次，缩短监测周期，对违法排污企业必须严惩不贷。要加强园区环保队伍建设，建立长效管理机制。要理顺园区环保队伍监管体制，提高环境监管的能力和水平。使园区环境保护管理工作更加清晰化、制度化，做到有法可依，避免入园企业环境监管的“真空”。

29 重拳出击报建不符违法排污企业

——万年金泽电子材料有限公司污染纠纷处置的启示

2010 年 7 月 4 日，江西省万年县环保部门接到举报，反映该县石镇青年排洪道及其周边水井、水塘、农田受到严重污染，要求派人处理。经上饶市、万年县两级环保部门认真调查，一个报建不符、偷梁换柱、管理混乱、利用汛期偷排超标工业废水并引起严重污染纠纷的不法排污企业——江西万年金泽电子材料有限公司（下称金泽公司）浮出水面。环保部门立即下达责令停产通知书，查封生产线，供电部门实施断电措施，重拳打击违法排污企业。

一、金泽公司基本情况

1．金泽公司是招商引资企业

2007 年，在招商引资热潮中，浙江商人陈某在万年石镇特色产业区创办金泽公司。同年 9 月，该公司委托环评单位编制《10 000 吨/年试剂硫酸、10 000 吨/年氯化钡和 600 吨/年辛酰氯生产项目环境影响报告书》。2008 年 4 月，环评报告书经过环保部门批复。2008 年 6 月，项目动工建设，占地面积 1.73hm^2。2009 年 11 月，金泽公司几条生产线逐步开始生产，由于污染治理设施不符合要求，所以，企业一直没有申请环保竣工验收。

该公司用于生产的主要原材料有工业硫酸、碳酸钡、盐酸、氯化亚砜和辛酸。试剂硫酸生产工艺主要通过用工业硫酸进行蒸馏、再冷却、检测和成品包装；氯化钡生产工艺主要通过碳酸钡和盐酸反应、蒸发、结晶、压滤和成品包装。辛酰氯生产工艺主要通过氯化亚砜和辛酸在反应釜中反应，然后驱硫、真空蒸馏和成品包装。

2．金泽公司是一个报建不符、偷梁换柱的不法排污企业

经现场检查，该企业报建不符，私自改变和增加生产工艺，属不法排污企业。

（1）擅自改变生产工艺路线。该企业氯化钡生产线与项目环境影响评价报告书及环评批复规定的工艺路线明显不符。擅自利用化工废料（其成分为碳酸钡51%、氯化钾 15.1%、氯化钠 15.2%、碳酸钙 10.6%、水 8%）替代工业碳酸钡，导致产生大量酸性工艺废水和无机盐排放。而且采用半敞开式提取化工废料中的碳酸钡，致使车间地面废水横流。检测结果显示：该企业废水中污染因子多且复杂，废水中 COD 浓度达 4 000mg/L 以上，重金属铅、镉以及磷酸盐、氟化物均超标。金泽公司仅采用添加石灰简单中和方法处理废水，达不到环评批复要求。

（2）辛酰氯生产线未建废水处理设施。辛酰氯生产线仅有一个地面冲洗水和反应釜清洗水的露天收集池，未建处理设施。遇有下雨天气，收集池内废水将随雨水直接向外排放。

（3）擅自新建湿法回收金属铜生产线。金泽公司擅自利用氯化钡生产线回收的盐酸和过氧化氢（双氧水）浸泡塑料制品涂层，以回收涂层中的铜，对地下水、土壤构成严重隐患。

二、不法排污引起严重污染纠纷

1．污染事实

经现场对石镇村横山、窑前、合落桥、南关四个村小组勘察和采样，其中窑前村小组污染最为严重，直接影响农田面积 $34hm^2$、养鱼塘 4 口、秧苗 $3.4hm^2$。青年排洪道水质变差，牲畜（耕牛）饮水后发病，村民生活饮用井水水质变浑、气味较重，造成严重的水体污染。

2．污染原因

2010 年 7 月 4 日中午 11 时，环保部门接到举报后迅速出击，第一时间对受污染的青年排洪道水质、沿线村民生活水井水质进行采样监测。监测结果表明：pH 值为 4.1，酸性超标严重。当夜 9 时许，环保部门对金泽公司进行突击检查，企业生产废水未经处理正在外排，经检测 pH 值达 2.5。调查表明：金泽公司整个厂区项目建设混乱，密度过大，不符合安全规范。设施简陋，大部分设施从浙江拆迁转移而来，有些甚至是作坊式生产设备。业主在环保治理设施未建好也未

竣工验收的情况下违法生产与违法排污，缺乏社会责任意识和环保意识。当地环保部门曾两次对企业下达停产整改通知和处罚告知书，但金泽公司未作任何整改。7 月，正值当地雨季汛期，渠道水量较大，对污水稀释能力较强。业主利用这一“天赐良机”开足马力生产，最终酿成这起污染事件。

三、及时有效的应急处置措施

1．责令企业停产整改

7 月 4 日下午，环保部门根据现场检查结果，认定金泽公司擅自改变生产工艺、擅自新建建设项目、置环保及安全停产整改行政处罚于不顾，擅自组织生产，是造成环境污染事件的关键因素。环保部门责令该企业立即停止生产、停止排污，查封全部生产线，由供电部门对其实施断电强制措施。

2．尽快控制和消除污染

环保部门配合石镇特色产业区及时对受到污染灌溉渠道、农田进行处理，尽快控制消除污染，减轻农业生产损失。利用窑前等村抗旱提灌设施抽取乐安河河水，稀释青年排洪道和农田水质。同时购进 30t 石灰用于中和青年排洪道和农田水质。对窑前、横山、合落桥、南关 4 个村水井全部用石灰进行处理。对青年排洪道沿线村民水井依据检测报告作进一步处理，从而使污染纠纷及时得到有效控制。经江西省预防控制中心和江西省分析测试中心采样检测，井水污染基本消除。

四、污染纠纷处置的启示

1．打击不法排污企业绝不手软

金泽公司报建不符，私自改变和增加生产工艺，企业治理设施不全，管理混乱，违法经营，没有申请项目环境保护设施竣工验收，擅自生产等一系列问题，违反了国家《建设项目环境保护管理条例》，并且环境污染严重，属不法排污企业，必须坚决打击，依法予以取缔。

2．非常时期更要加强环境监管

近年来，水灾、旱灾、火灾、冰灾和震灾等自然灾害频发。一方面，客观上容易引起或诱发环境污染事故；另一方面，一些不法排污企业利用自然灾害，采取偷排手段，加剧环境污染和自然灾害。这起污染事件发生在该县连降暴雨和抗洪抢险最紧张的非常时间，因此，在非常时期，对企业更要严加监管。

3．严把建设项目环保审批关

随着经济加速发展，各类投资企业日益增多，环保审批任务越来越重。尤其是一些化工行业，门类复杂、品种繁多、专业性极强。一些企业为了能使项目尽快建成，往往在申报过程中夸大其词，隐瞒污染事实。甚至报建不符，私自改变和增加生产工艺。为此，环保部门在提高行政效能的同时必须严格把关，对建设项目认真进行评价。特别是对新建一些化工和重金属项目，既要看环评报告，听专家审核，还要实地考察，与同类企业查看比较。金泽公司为了在万年落户，采取报建不符的手段，违反环保法律，最终造成污染事件，教训十分深刻。

4．从招商引资到招商选资

鄱阳湖生态经济区建设已上升为国家战略，环境保护显得尤为重要。如何才能做到既要金山银山，更要绿水青山；既要发展经济，又要保护好生态环境，这是一个既具有现实意义又亟须破解的难题。政府部门要切实转变观念。一方面，改招商引资为招商选资，把科技含量高、环境污染小、资源消耗小、经营者环境意识强的企业引进来，杜绝引进“两高一低”污染企业。另一方面，从讲政治的高度认识“承接东部发达地区的产业转移，并不是承接污染转移”。金泽公司擅自转移沿海地区淘汰的落后生产工艺和设备，利用化工废料进行生产，却不建设配套的污染治理设施，不办理利用危险废物相关手续，其经营活动游离于环境监督管理之外，企业生产经营过程实际上是现实社会中不折不扣的违法转移污染过程。

30 科技创新天地宽

——上饶天佳新型材料有限公司发展的启示

化工行业是国民经济必不可少的基础产业，在国民经济中占有重要地位。近些年，屡屡发生的化工企业环境污染事故引起全社会的共同关注。“化工”和“环境污染事故”成为社会舆论、新闻媒体的时髦话题和关键词。由于化工行业的高污染性和高风险性，一旦出现污染事故，往往会引起巨大的社会反响，人们谈“化”色变。化工企业如何发展？化工企业如何在发展中确保环境安全？化工企业只有更加注重环保工作，才能挣脱环境污染对企业的束缚；化工企业只有更加注重科技创新，才能拥有企业发展更广阔的天地。这是上饶市天佳新型材料有限公司交出的一份满意答卷。

一、天佳企业概况

上饶市天佳新型材料有限公司（以下简称“天佳公司”）是一家民营股份制企业。2004 年落户上饶经济开发区，企业主要生产混凝土外加剂。公司占地面积 43 290m^2，建筑面积 10 000 余 m^2，年生产能力 80 000t，是江西省最大的混凝土外加剂合成厂家。主要产品有醚酯类聚羧酸高性能减水剂、高效缓凝减水剂、高效早强减水剂、泵送剂、高效防水剂、早强剂、缓凝剂、防冻剂、引气剂、道路增强剂等系列混凝土外加剂。

公司高度重视环境保护工作，相继通过 ISO 9001 质量管理体系认证和 ISO 14001 环境管理体系认证，成为中国建材工业协会混凝土外加剂分会会员单位、上海市混凝土行业协会外加剂专业委员会会员单位。公司注册的“天景”牌商标为江西省著名商标。2008 年，公司被评为“江西省化学工业先进集体”，2009 年又被中国建材研究总院授予“国家‘十一五’科技支撑项目聚羧酸高性能减水剂产业化基地”，是科技部中小企业创新基金项目承担单位。

二、天佳公司发展历程

纵观天佳公司的发展史，它经历了创建初期因环境污染而使生产陷于困境，向依靠科技创新实现经济与环境双赢的质的跨越过程。

1．环境污染使创建之初的天佳公司陷于困境

天佳公司 2006 年成立，其萘系生产线生产的是当时国内水泥外添加剂行业的主流产品。该产品对水泥离子有很强的分散作用，对配制大流态混凝土、早强、高强等。现浇混凝土和预制构件有很好的使用效果，可全面提高和改善混凝土的各种性能，因此被广泛用于公路、桥梁、大坝、港口码头、隧道、电力、水利及工民建工程、蒸养及自然养护预制构件等，市场前景很好。

但是，萘系生产线对环境的影响相当大，其生产过程有喷雾干燥过程，且间歇操作，能耗高、生产过程工艺参数和指标难以控制，排放大量废水、废气和废渣。建厂之初，刚进入企业大门，就可以闻到一股浓郁的化学品异味。厂区主干道右侧坑沟里漂着黄绿色的污水，被职工戏称为“月牙池”。漆黑的死水，夏季来临，成群的蚊子嗡嗡飞舞，微风刮起，粉尘四处飘荡。厂区虽然种植了大量花草树木，但不是枯死，就是被粉尘覆盖成了土灰色。离厂区不到 500m 远的一个小村庄，房屋、植物、道路上都覆盖了一层厚厚的粉尘。自天佳公司建成以来，污染就从此开始。附近农田受污染无法种植，衣服不敢晾在室外，家具上沾满粉尘。尤其遇上刮大风时，粉尘四处乱飞，村民出行必须要戴口罩、围脖，否则呛得人无法呼吸，眼睛无法睁开。导致村民绝大部分时间紧闭门窗，为此怨声载道。

天佳公司造成的环境污染已经严重危害到附近村民正常的生产生活秩序，企业也因此被环保部门列为挂牌督办重点监管对象。

2．狠抓环保设施建设，树立企业新形象

天佳公司在生产过程中和所有企业一样，也产生废气、废水、废渣和噪声，但公司在环保部门的监管下，制定了有的放矢的整改方案，先后投入 500 多万元用于建设和改善环保设备，对所有污染物进行处置。

废气主要有锅炉、热风炉、磺化工序、缩合工序产生的废气和无组织排放的废气。废气中主要有烟尘、SO_2、甲醇等污染物。公司采取相应措施处理废气，对锅炉烟气采用旋风除尘器净化处理；对热风炉产生的废气采用 XS-65 双级旋

风除尘器和水膜除尘器进行净化处理；对磺化工序产生的废气采用冷凝回收利用净化方式处理；对缩合工序产生的废气采用冷凝吸收方法净化处理。

废水主要有冲洗废水、锅炉废水和生活废水。由于废水具有水质简单、水量小的特点，公司采用中和沉淀池和化粪池进行预处理，再通过接触氧化二级沉淀池处理，最后达到《污水综合排放标准》（GB 8978—1996）一级标准后排入受纳水体。

废渣主要有锅炉、热风炉炉渣和炉灰，废硫酸钙和处理污泥等。公司设置了专用渣场堆放炉渣和炉灰，对炉渣和炉灰采取外售给水泥厂作配料或填洼地方法处理。对生活垃圾和处理污泥统一收集后运往垃圾填埋厂处理。

噪声主要来源于真空泵、水泵、鼓风机和锅炉风机。天佳公司采用密闭隔声、消声等降噪措施，设置消声器进行消声处理。

2008 年 9 月，环保部门对该公司原有环保治理设施进行了检查，并且对污染物进行分类监测。监测结果显示：各类污染物都达到排放标准，处理效果良好。

公司一方面采取严格的防范措施，降低项目风险系数。如采用安全性能良好的化学品专用运输槽车运输有毒有害物，同时配备必要的防毒具和消防器材。将储罐区划分若干个独立区域，设有防火墙、隔离带，同时储罐单罐最大储量不超过 $50m^3$，留有足够容量，以便某储罐发生故障时能及时将其中的物料泵入另一个储罐，防止其外泄。对甲醛、硫酸等原料储罐区严格按照有关规定进行设计、施工，专门建设降温淋水设施，并在储罐顶部设有放空管、防雷击防静电装置。

另一方面积极主动和周边群众沟通。给因受环境污染而减产的农户一定的经济补偿，对村民提出的问题逐一整改，最终赢得村民的认可，树立企业良好形象。

3．科技创新为企业发展带来新的活力

聚羧酸系高性能混凝土减水剂是 20 世纪 80 年代中期由日本首先开发应用的新型混凝土减水剂。主要通过不饱和单体在引发剂作用下共聚，将带活性基团的侧链接枝到聚合物的主链上，使其同时具有高效、控制坍落度损失和抗收缩、不影响水泥的凝结硬化等作用。

中国聚羧酸系减水剂发展起步较晚，其用量只占减水剂总用量的 2%左右，但其在国内重特大工程中的应用正逐渐增多。饱受污染羁绊的天佳公司从中看到无限商机，决定站到行业的制高点上。

2009 年 2 月，公司总投资 8 523.19 万元，开工建设年产 6 万 t 醚酯共聚物高效减水剂项目。该项目采用的生产工艺为连续操作，经酯缩、加成、中和反应后即为产品，其能耗小、生产过程工艺参数和指标都容易控制，反应过程中基本无

废水、废渣排放、只有少量废气产生。该工艺主要的原材料有甲基聚氧乙烯醚、丙烯酸甲酯、聚乙二醇、（甲基）丙烯磺酸钠、小分子反应型保坍单体（丙烯酸）、引发剂进行合成加工，通过引进不同的官能团来提高减水剂的活性与分散能力，同时引进反应小分子提高保坍性能。

聚羧酸减水剂生产过程全部在封闭的化学反应设备中进行，并且最终产品是液体，符合国家环境保护政策和产业发展要求。生产过程是一个化学复合过程，无任何排放，对资源进行了最大的利用，给环境造成影响非常小。新增的生活污水经上饶经济开发区污水管网接入上饶市污水处理厂。废水经上饶市污水处理厂处理达到《城镇污水处理厂污染物排放标准》一级 B 排放标准后排入信江，固体废弃物采取分类处理后实现“零排放”。

三、焕然一新的化工企业

近年来，天佳公司以“节约高效，低耗环保”为指针，建立起一整套环境管理、清洁生产和环境污染防御体系。在实现节能、降耗、资源循环利用的目的同时，企业也迅速发展壮大。2009 年 11 月，公司再次通过 ISO 14001 环境体系认证。公司每年保持 30%左右的增长幅度，与 2004 年相比，各项经济指标增长 4 倍以上。2009 年，天佳公司实现销售收入接近亿元，利税 1 750 多万元，2010 年，公司实现销售收入 2 亿元，成为江西省最大的水泥外加剂生产企业。“天景”牌高性能外加剂产品畅销华东、华南、华中、西南等地区，得到用户的一致好评，其产品已经在宁波跨海大桥、郑西铁路客运专线、鹰瑞高速公路、上武高速公路、贵溪电厂等国家重点工程中得到广泛应用，并出口到东盟、巴西、俄罗斯等国家和地区。

天佳公司正以一个科技环保型的现代化大型外加剂生产企业崭新面貌展现在世人面前。

四、天佳公司发展的启示

1．科技创新是企业发展的灵魂与动力

创新是时代发展永恒的主题，没有创新就没有社会的发展，没有创新就没有人类的进步。当今，自主创新已成为一项基本国策，创新是企业的灵魂和动力，只有创新才能推动企业成长进步，才能在竞争中立于不败之地。

依靠科技创新，天佳公司从当初的污染型企业，转变为环境友好型企业。通过创新，企业减轻了环境污染，消除了环境风险隐患，为自身赢得了良好的发展环境。通过创新，企业转变了粗放式的生产方式，降低了资源能源消耗，提高了产品的市场竞争力，在激烈的市场经济中抢得了先机。通过创新，企业摘掉了长期以来扣在头上的污染企业帽子，重塑了社会形象，提升了企业的核心竞争力。

2．科技创新是企业转变发展方式的根本要求

转变生产方式要求企业走一条资源消耗少、环境污染轻、产品附加值高的循环经济道路。企业转变发展方式不是在原有生产基础上的简单整合，也不是在原有生产技术上的简单改进，而是要紧盯生产需求对产品性能进行优化。紧跟产业政策和环保政策要求，对生产技术进行升级换代。所有这些都需要科技创新为支撑，离开科技创新，转变生产方式只能是徒有其形，并无其实，不能给企业带来强劲的、持久的动力。

天佳公司也是如此，公司初期受环境污染所累，也曾对生产工艺和污染治理设施进行了改进，但这种缝缝补补式的改进，并没有彻底改变企业的困境，企业仍在“生产—污染—停产整改—再生产—再整改”这个怪圈中徘徊。直到通过科技创新，新产品、新技术研发成功并投入生产，才真正走上一条良性循环、充满活力的发展道路。

3．推动企业转变生产方式是对环保工作的新要求

企业的发展离不开方方面面的支持。环保部门作为环境执法者，在严格依法行政的同时，有义务帮助企业摆脱污染困境。不管是执法者还是企业，在环境保护问题上的目标是一致的，就是要在经济发展的同时保护好群众赖以生存的环境，维护生态环境安全，实现可持续发展。从这层意义上讲，环保部门推动企业积极转变生产方式，走少污染、轻污染的循环经济发展道路，是新时期对环保部门提出的新任务，也是转变政府职能、深入贯彻落实科学发展观、构建和谐社会对环保部门的新要求。

31 环境权益诉讼是群众维权的有效途径

——江西第一例环境权益诉讼案的启示

政府、企业、群众是博弈的三方。政府为追求 GDP 增长和政绩而引进企业。企业为了资本增值而生产产品，废弃物是带来环境污染风险隐患的副产品。群众掏钱消费产品的同时，承受着废弃物造成的环境污染。

三者之间，政府、企业是明显的强势方，群众则属于劣势方。有污染就有纠纷，有纠纷就有诉讼。群众环境维权是一条曲折的道路，有的环保意识不强，客观上助长了企业违法排污；有的采取围攻政府、破坏工厂等过激行为，以错误的方式主张合理的诉求，得不偿失；有的打着污染赔偿的旗帜，漫天要价、无理取闹，荒唐可笑；有的拿起法律武器，向法院提起诉讼，有效维护合法权益，可圈可点。2007 年 10 月和 2010 年 7 月，上饶县黄源村农民因环境污染两次进行环境维权，方式不同，结果迥异。

一、黄源村的基本情况

黄源村原为上饶县枫岭头镇所管辖，黄源工业区当时是一个乡办工业园区，既没有规划，也没有配套的基础设施。引进的企业既没有通过环评审批也没有污染治理设施和环保管理机构。并入上饶经济开发区以后，由于体制和机制的原因，上述情况也长期没有得到改善，环境风险隐患成为一颗埋在地下的“定时炸弹”。随着经济的发展和农民环境维权意识的增强，这一片区企业与村民之间、企业与企业之间经常因污染问题发生纠纷。企业停产停工、村民上访、当事人缠诉事件日益增多，甚至妨碍到政府部门其他政务的开展。村民动辄以污染事件未得到处理为由，拒绝履行其他应尽的义务，给信访和维稳工作带来了许多难题，影响了科学发展的大局，环保部门也疲于应付。

二、村民两次环境维权

1. 第一次环境维权

2005 年 4 月，江西省上饶县黄源村农民因企业排放的废水污染农田，导致农作物受损、歉收，投诉上饶经济开发区内上饶市丰泰实业有限公司（下称丰泰实业）和江西旭峰化工实业有限公司（下称旭峰化工）两家企业，并要求赔偿相应的损失。

接到投诉后，当地政府、环保、农业等部门立即成立调查处理工作组，对此事进行调查。农技部门对农田土壤进行监测化验，环保部门对丰泰实业和旭峰化工排放的废水进行监测。据调查，丰泰实业主要生产建筑用细铁丝、铁钉，规模较大，企业在除油、去锈、镀锌生产过程中会产生大量含酸、碱、铁和锌的废水。旭峰化工是一家利用植物大豆油经环氧化合成无毒环氧大豆油的企业，产品主要为无毒液态稀土有机复合稳定剂、环氧脂增塑剂、无毒热稳定剂，为科技创新产品，在生产过程中有含油废水产生。监测结果显示，两家企业确实污染了农田，造成农作物歉收，给农民带来损失。农业部门最终确认有 113 亩农田受损，调查处理工作组根据受损面积协调由两家企业赔偿经济损失，但由于两家企业对赔偿金额的分摊存在异议，导致农民应得的赔偿款迟迟拿不到手。

为了维护自身的合法权益，当地 105 名农民于 2007 年 10 月提起环境权益诉讼，将这两家企业及企业所在地的上饶经济开发区管委会和枫岭头乡政府告上了法院，要求其共同赔偿 3 年来因环境污染造成的经济损失 40 万余元。诉讼理由为：两家企业是造成损失的直接污染者；枫岭头镇政府作为当地政府和招商引资主体，是受益者，但是没有尽到责任，没有修建必要的排污等基础设施，使得污水排入农田，影响了农民的利益；上饶经济开发区作为两家企业的管理部门，解决此事不力。

经一年多调查取证后，2008 年 12 月 29 日，法院主持调解此案。原告和被告接受法院调解，被告（丰泰实业、旭峰化工、上饶县枫岭头政府、上饶经济开发区）自愿一次性补偿原告经济损失 31 万元（丰泰实业 16 万元，旭峰化工 5 万元，枫岭头镇政府 5 万元，上饶经济开发区 5 万元），原告自愿放弃其余部分的诉讼请求。在法院的介入下，赔偿金很快落实到位。随后，旭峰化工在环保部门的强力监督下，完善所有环保手续和污染治理设施，有机废水实现零排放。丰泰实业因客观原因停产关闭。黄源村农民第一次环境维权行动圆满。

2．第二次环境维权

2010 年 7 月 20 日，市环保局工业园区分局接到黄源村村民投诉，反映位于黄源工业走廊 320 国道旁的水塘被污染，影响 7.33hm^2 农田灌溉。

接到投诉后，环保部门立即会同乡村两级干部、村民到现场进行实地调查，发现村民反映受污染的还是两年前的那片农田。为了确定污染产生的原因，调查人员首先对水塘周边的企业进行了详细的排查。经调查，水塘周边共有 5 家企业，分别为两家工艺品厂、一家服装厂，还有两家就是原来遭投诉的丰泰实业和旭峰化工。两家工艺品厂生产过程中无工业废水产生，只有少量的生活废水。服装厂也无工业废水产生，而且企业一直处于停产状态，厂区内空无一人。丰泰实业自 2008 年后已倒闭，目前已转让给一家木板厂，生产过程中也无废水产生。旭峰化工经历了上次诉讼事件后，在环保部门的监督下已完善环保手续和污染治理设施，并重新修建了排污管道，废水不可能排向这口水塘。

为查清污染的真正原因，环保部门与乡村干部当天在受污染的水塘内、水塘出入口、农田等处采集水样并立即送往市环境监测站进行水样检验分析。检测结果显示：化学需氧量超标，氨氮超标，水塘水质富营养化。同时，通过走访周边村民和一些企业员工，了解到该水塘多年来无人管理，水塘溢流管道被堵塞，水塘已变成一潭死水，原先企业的工业污水排到塘内，然后再流入农田，水塘水质已被破坏。目前只有少量的生活污水、雨天地面冲刷水流入水塘、生活垃圾、病死家禽也会丢入水塘，水塘水质已严重恶化。由于当地雨量较大，水塘的水被冲入农田，对农田造成一定影响。几年前，法院接受诉讼进行调解处理时，只是解决了赔偿款，没有就受污染的水塘和农田采取处理措施，只是要求农民进行试种。

2010 年 8 月 25 日，环保部门将检测报告和调查情况反馈给黄源村村委会。部分村民当即对检测结果表示不满，认为受损农田无人负责，赔偿得不到保障。当晚，村民就采取擅自封堵水塘周边道路等过激行动，且与周边企业工作人员发生冲突。经济开发区领导非常重视这一突发事件，组成联合处理小组，由经济开发区分管环保、建设的副主任带领环保、城管、乡办、公安等部门人员前往黄源村现场处理。联合处理小组认为：黄源水塘污染问题是历史遗留问题，经济开发区及相关部门正在积极处理，部分村民对检测和调查结果不满意，就采取堵路手段来寻求问题的解决是不对的，村民必须将封堵的道路清理通畅。在道路清理通畅后，联合处理小组考虑村民确实受到污染造成损失，当场给出了 5 条处理意见：①经济开发区先行垫付 15.5 万元作为农田受损补偿费用，最终补偿结果由村委会组织诉讼，依照诉讼结果办理。②村民以后不能一有问题就堵路，要采取合法的途径维护自身的环境权益，对个别趁机闹事的人员要依法处理。③上饶经济开发区、环保分局、枫岭头镇政府对黄源片区企业加强监管，并立即完善该片区市政管网设施。④周边企业自身必须加强环保意识，恪守环保法，对周边环境负起责任。⑤乡、村两级立即拿出对受污染水塘的整治或征用方案，报经济开发区同意后实施。对受污染水田拿出水改旱或改种苗木的方案，以彻底解决遗留问题。数日后，经济开发区代垫的补偿金发放到村里，村干部和村民对处理结果表示满意。其他善后工作正在进行之中，至此黄源污染问题告一段落。

黄源村被污染的水田

三、黄源村民两次环境维权案例的启示

1．充分认识环境污染的特点是正确处理环境侵权纠纷的前提

环境污染具有以下特点：一是环境污染具有较长的潜伏周期，其产生不良影响的过程是渐进的。二是环境污染造成的危害具有持续性。环境污染经常是由多种因素经过长期积累而形成，其造成的影响不会由于污染行为的停止而立即停止。三是环境污染造成的影响具有广泛性。不仅对流域、区域有影响，而且对农作物、生态环境、人体健康有影响。四是环境污染责任和损失认定的复杂性。环境污染来源于生产、生活的各个方面，污染物种类繁多、造成危害的途径五花八

门，产生的危害也是多种多样，要确定污染的责任和其造成的损失相当困难。

处置这两起环境维权纠纷的成功之处在于：一是化繁就简，透过纠纷案件复杂的表象，对环境污染责任和损失进行科学认定。只有在科学认定的基础上，造成污染的企业才会心悦诚服地接受惩处，并在今后负起该负的社会责任；受损群众合理的权益才能得到主张，不合理的要求才能被遏制。二是充分认识环境污染的潜伏性和长期性特点，系统性地解决环境污染问题。第一次污染纠纷处理时没有考虑环境污染潜伏期长、污染造成的危害具有持续性的特点，没有从根本上彻底解决污染问题，因而造成第二次环境纠纷。第二次污染纠纷的处理就充分考虑了环境污染的特点，提出从管网建设、企业管理、农田改造等方面多管齐下的解决方案，为彻底解决黄源片区环境污染问题打下了基础。

2．处理环境纠纷要公平公正，拓宽群众权益诉求渠道，树立政府公信力和威慑力

20 世纪 90 年代后期以来，因环境污染造成的环境侵权纠纷和群体性事件日益增多，已经成为影响社会稳定的一个突出问题，对政府的公信力和威慑力提出了严峻的挑战。古人云：防民之口，甚于防川。治水之道在于疏，处理环境污染侵权纠纷之道也在于疏。近年来，环境污染纠纷和群体性事件居高不下的根本原因在于群众利益诉求渠道不畅通，一些政府和机构协调能力不强、官僚作风严重，群众反映的问题在正常渠道得不到解决。因此，拓宽群众合法权益诉求渠道，改变有些地方和部门面对群众利益诉求反应迟钝、判断失误、处理失当的弊端，是依法维护群众正当权益，树立政府公信力和威慑力的前提和保证。

在本案例中，第一次是由于法院的强势参与，公平公正地处理群众的环境维权诉求，环境纠纷才得以顺利解决。第二次是由于工业园区管委会反应及时、处置得当，在出现群体性事件初期就采取有效措施及时化解矛盾，对个别乘机闹事的人员依法进行处理，积极引导群众通过正常的渠道解决环境纠纷，群体性事件才没有进一步扩大。

3．群众正当权益只有通过合法渠道才能得以伸张

随着经济社会的发展，民众的环境保护意识逐步增强，工业革命初期厂群亲如一家的关系渐行渐远。民众维护自身利益的意识在觉醒、欲望在加强，能力在成长；与之相对应的则是有些企业环保意识仍然相当淡薄，对自己应承担的社会责任认识不清，对污染防治投入不足、处置不力。这是两股不断碰撞在一起的博弈力量将在某一个突发性或渐进性环境污染事故的点燃下引爆一场无法预料的污染纠纷或群体性事件。

中国是个法治社会，依法治国是基本国策。环境侵权纠纷诉讼是法制建设的一个新课题，依法维护群众正当环境权益任重道远、责无旁贷。正当权益只有通过合法渠道才得以伸张，这正是法律制度的精髓所在，也是群众伸张环境保护权益的唯一正确途径。

第七篇
建设项目环境管理

环境影响评价和“三同时”制度是建设项目环境保护两项基本管理制度，是保障环境安全不可替代的“总阀门”，任何建设项目都没有特权可以跨越这一准入“门槛”。制度影响力和震慑力的关键在于贯彻落实，环境保护工作要突破 “检查”、“处罚”、“关闭”传统的监管方式，积极探索“智慧规划”、“环评预防”、防治兼顾的环境保护新路，把环境监管从前端预防延伸到生产各个环节。

32 环境影响评价是环境保护不可替代的“调节阀”

——中国第一例环评项目永平铜矿发展的启示

江西铜业集团公司永平铜矿（下称永平铜矿）是 1979 年《中华人民共和国环境保护法》（试行）颁布后我国第一例开展环境影响评价的建设项目。

永平铜矿执行环评制度的 30 多年，始终紧扣环境影响评价要求，不断完善环境保护规划，不断加强环境保护设施与污染防治体系，不断深入开展科技创新，实现污染物不增反减、区域环境质量不降反升。

永平铜矿的发展证明了环境影响评价制度是符合中国国情的一项环境保护基本制度，是项目建设的“调节阀”，它对规范、约束、指导项目建设有着不可替代的作用。

一、永平铜矿是在旧矿区上发展起来的新型企业

1．永平铜矿的地理位置

永平铜矿地处武夷山北麓，矿区所在地铅山县永平镇史称江西四大历史名镇之一。永平镇初设于唐代贞观元年（785），自古有“圣域贤关”之称。初创于南宋的鹅湖书院，是中国古代闻名于世的四大书院之一。

永平矿区处于江南地轴与华夏台隆之间，属低山丘陵地区。矿区地势由南向北倾斜，南高北低，多为指状孤立山丘。发育于武夷山脉，海拔 474.1m 的天排山是矿区最高峰，其山头及南部地区主要由混合岩、灰岩与酸性岩浆岩体构成，矿体大多蕴藏在天排山东侧。

2．永平矿区开采历史悠久

《铅山县志》记载，永平矿区采矿活动始于 2000 多年前的西汉元鼎年间；西晋时，小型坑采铜、铅广泛兴起。《文献通考·征榷考》记述："产铜之地，莫盛于东南，计五十余处，规模最大者，为铅山场……"宋绍圣三年（1096）"尝募集十万余人，昼夜开凿，年产铜量达 38 万斤"。（现永平镇集贸市场曾是古代冶铜铸钱的地方）。南宋的绍兴、隆兴、乾道年间，铅山场一直为我国主要产铜地之一。清代末期，矿区浅表易采富矿濒临枯竭，官府税课苛重，采矿活动终止。新中国建立后，永平矿区得到有计划、有步骤的开发。

3．永平铜矿生产建设规模

经地质详查探明，永平铜矿是一个以铜、硫为主，伴生有钨、金、银、铅、锌等多金属的大型综合矿床，其中铜金属储量 130.88 万 t，硫储量 2 300 多万 t。永平铜矿是一个以铜、硫为主的多金属大型露采、采选联合矿山，是中国第二大铜矿和重要的硫精矿生产基地。矿区总面积 13.16km^2，主业人员 3 300 多人，日采选矿石 1 万 t、年产铜金属 1.6 万 t、硫精矿（35%）80 万 t，矿业经济年产值 10 多亿元。

4．永平铜矿的发展历史

永平铜矿的发展经历了三个阶段。

第一阶段为大跃进时期的初始发展阶段。从 1958 年铅山县政府组织永平地区数以千计群众上山采矿炼铁开始到 1968 年成立江西永平铜矿的 10 年间，共生产矿产铜 12 284t，标准硫精矿 43 万 t，实现工业总产值 6 126 万元，实现利润 1 022 万元，上缴利润 1 009 万元，缴纳税金 95 万元。

第二阶段为计划经济时期的规模发展阶段。从 1968 年到 1979 年 11 年间，永平铜矿由地方和部门经济上升为国家经济，经历了小矿闭坑、停止生产、开展露天开采的过程，生产规模得到长足发展，达到日采选矿石 1 万 t 的规模；永平铜矿由一个独立企业变成江西铜业公司下属永铜分公司，成为中央直属企业的一部分。

第三阶段为改革开放时期的转型发展阶段。从 1980 年开始，永平铜矿开始快速发展。1981 年，国家计委和建委确定永平铜矿建设规模为日采选矿石 1 万 t，永平铜矿大规模基本建设由此拉开帷幕。在此期间，总投资 4.3 亿元，完成基建剥离量 1 490 万 m^3、地面建筑工程 26.41 万 m^2。万 t 选矿厂的设备安装调试工作完成后，1984 年 10 月试生产，1985 年 1 月正式投产，1989 年基本达产。

为了矿山可持续发展和延续服务年限，充分利用露天境界外丰富的矿产资源，永平铜矿于 2000 年完成露天矿的延伸扩帮设计。本着节约建设投资、降低生产成本的原则，在充分利用现有资产、重新建立矿床模型、估算储量的基础上，永平铜矿 2005 年 10 月编制了《江西铜业股份有限公司永平铜矿露天矿转地下开采可行性研究报告》，旨在通过实施技术改造工程，实施露天和地下同时开采，露天开采结束后再进行地下开采。2006 年年底，技改工程环评报告通过环保部门审批，项目于 2010 年底投入试生产，矿山总服务年限 18 年。该工程总投资将达 32 916.98 万元，产品仍为铜精矿和硫精矿，露天矿、地下矿同时开采稳产期间，年产铜精矿 7.55 万 t、标硫精矿 64.3 万 t。技术改造工程实施后，矿山日采选矿石量仍为 1 万 t，资源效益和经济效益明显。

二、永平铜矿是中国首例实施环境影响评价的建设项目

1979 年 9 月 13 日颁布的《环境保护法》（试行）第六条规定“一切企业、事业单位的选址、设计、建设和生产，都必须充分注意防止对环境的污染和破坏。在进行新建、改建和扩建工程时，必须提出对环境影响的报告书，经环境保护部门和其他有关部门审查批准后才能进行设计；其中防止污染和其他公害的设施，必须与主体工程同时设计、同时施工、同时投产。”永平铜矿有幸成为中国第一个实施环境影响评价的建设项目。

1980 年，永平铜矿委托北京师范大学对矿山开展环境影响评价工作。两年后，北京师范大学向永平铜矿提交了《永平铜矿环境影响评价报告》。《报告》建议永平铜矿应严格落实“三同时”，从基建阶段开始就应及时实施各项环保措施，且在开发的全过程中仍须不断改进完善环保措施，方可减轻乃至消除酸性废水和泥石流对矿区周围环境的影响。《报告》在充分掌握矿区环境污染与生态破坏的现状、发展趋势及目前的控制、恢复治理重建情况的基础上，对污染的危害和影响作出评价，对其发展趋势作出预测，并提出切实可行的建议和对策《报告》对制定环境规划和管理政策，搞好矿区开发的综合整治具有重要现实意义。

1. 永平铜矿建设时矿区的环境状况

在大规模建设的同时，永平铜矿重点开展了农业生态系统和水环境系统的环境质量现状调查与评价工作。

评价结果表明：永平铜矿周围地区农业生态系统因岩石圈本底和历史开采影

响，土壤不同程度、不同范围受到 Cu、Pb、Zn、Cd、As、F 与酸的污染；各种污染物在土壤中的含量高低差异很大。（铅含量最大值可为最小值的 1 208.5 倍，铜含量最高值可为最低值的 249.9 倍），一般在矿带附近与受酸水影响的地区，污染物在土壤中的含量高；在各种污染物中，以铜和铅的污染程度最突出且面积较大。其次是镉和砷。

永平铜矿地区土壤中各种污染物污染概况

元素名称	含量范围/（mg/kg）	平均		很显著污染面积/%
		平均含量/（mg/kg）	相当于污染等级	
Cu	8.5～2 124	241.8	显著污染	31.2
Pb	20～24 170	1 062.4	显著污染	8.9
Zn	30～1 760	220.4	初始污染	9.6
Cd	痕量～3.4	0.64	未污染	1.6
As	2.1～638.8	38.05	初始污染	
F	200～3 600	890	初始污染	7.4
活性酸	3.25～7.45			
潜在酸	2.80～6.82			

水环境系统质量现状：直接受纳酸性排水的南、北董家坞和打字坪沟污染严重；交集河在酸性水排入前水质良好（Ⅰ—Ⅱ类），酸性水排入后水质降为重污染（Ⅴ类）；桐木江在交集河汇入前，水体水质为Ⅰ类，交集河汇入后变为轻污染-中污染（Ⅲ—Ⅳ类）；桐木江汇入铅山河后铅山河水体水质受到一定程度的污染，水质等级为尚清洁-轻污染（Ⅱ—Ⅲ类）。

《报告》据此提出警告：永平铜矿在矿山开采过程中若不采取必要的环境保护措施，将造成永平地区、铅山河及信江的严重金属污染，对水生态系统及农业生态系统造成严重后果。

2．永平铜矿的“三同时”建设情况

永平铜矿认真执行环保“三同时”制度，在矿山建设期间投资 1 840 万元建设南部污水调节库及北部污水处理厂等水污染防治设施。1990 年和 2000 年分别通过环保部门的“三同时”环境工程竣工验收和“一控双达标”合格验收。

三、永平铜矿矿区污染治理情况

1. 水污染治理

矿山规模化采矿水污染对环境的影响特别大，废水是矿山污染物治理的重点。2005 年有关统计资料表明：矿山废水排放量最大的是选矿厂，全国矿山废水年排放总量约为 3.6 亿 t，日平均排放量高达 100 万 t，这些废水有 1/3 由浮选厂排出。金属和化学矿山废水包括：矿坑废水、选矿废水、废石堆渗透与尾矿坝渗透的渗滤酸性废水。一般矿山地表径流含有各种受到不同程度污染的污染物。

永平铜矿地处南方丰水地区，排土场和露采矿坑由于大气降雨淋溶、渗滤产生的酸性污水量也较大。而永平铜矿水污染防治工作却是"风景这边独好"。1991—1992 年，江西省环境科学研究所对永平铜矿周围地面水水质现状进行了详查。结果表明：其周围水体水质与投产前的 1982 年相比，并未随着矿山的发展而恶化，而是保持着较好或良好的状况，局部区域的环境质量还有所改善。当地环保部门历年对矿山周围河道水质监测表明：矿山发展对水环境破坏较少，整个水系水体水质都保持在Ⅲ类以内，饮用水源地河段水质符合饮用水源功能要求。

一是兴建酸性水污水处理厂。1984 年 10 月，永平铜矿"三同时"环保工程南部 120 万 m^3 酸性水调节库和日处理 5 500m^3 酸性水中和及沉淀建成投入使用。酸性水处理采用排土场下游设置污水拦蓄库，启闭机调节明渠均衡输送，石灰制乳中和混凝二段沉淀处理矿山酸性废水工艺，其指标为：沉淀铜渣含铜 8%以上，铜回收率 85%；铁渣含铁 36%，铁回收率 70%。处理后的净化废水符合国家规定的排放标准。

永平铜矿治污实践还告诉我们：建排污设施并不是一件一劳永逸的事情，还必须根据生产情况对处理工艺和设施进行必要的技术改造。

1986 年，针对石灰乳液在输送管中结钙、产生堵塞影响下道工序质量的情况，增加浮选机、耐酸泵，提高压差，增大流速，消除结钙，解决堵塞现象，使乳液自流输送到中和车间。1987 年，为解决一、二段沉淀底流用铁管排渣不尽的问题，增加铁管，利用多点排渣法排渣，提高水处理质量。1989 年，改造、新建底流泵房，增大流速，提高排放口污水达标率。1990 年后，污水处理厂处理后的外排废水实现稳定达标排放。目前，该污水处理厂处理能力达到 7 500m^3/d，满足废水处理的需要。

二是实现酸性水输送综合利用。利用酸性水有效成分，采用“废水综合利用”治理模式，补充部分酸性水处理能力，提高硫资源利用率。目前实际输送能力达到 $100m^3/h$。

三是雨污分流，削减露天采场和排土场酸性水产生量。在采矿场、排土场周围有计划地构筑截水沟，开沟引流。把清洁降雨水引入地表径流，避免其进入下游的污水库、采区作业面，减少排土场、采区酸性污水的产生量。

四是实施西部酸性水和选矿碱性水、尾矿浆混合“以废治废”综合治理。其工艺特点是将西部排土场的酸性废水和选厂产生的碱性废水各自进行清污分流后，将 2 种废水输送至尾矿溜槽混合尾矿浆进行中和反应，使 pH 控制在 6～8，其余碱性废水用于选矿磨矿工艺。

五是选矿废水资源化。提高选矿废水复用率，实现厂前废水闭路循环，既节约成本，又实现绿色生产。近年来，永平铜矿选矿厂完善了回水、尾矿库复用水系统，走废水资源化道路，达到以废治废的目的，清洁生产得到持续改进。

技改一：为使碎矿防尘水最大限度地得到利用，成功地将约 3 000m^3/d 碎矿防尘水、设备冷却水和地面卫生水引入瓦尔曼泵池，直接进入磨浮工艺用水，回收有价矿物，减轻尾矿输送负荷。

技改二：对精矿浓密池溢流水进行改造，确保三个浓密池溢流水回收有价金属后，全部进入厂前废水处理系统，实现选矿废水最大资源化目标。2007 年，选矿厂减少新鲜水用量 80 万 m^3/a，节省厂前废水处理费用 50 万元/a，选厂总排口实现“零排放”，削减 COD 排放 24t/a。

技改三：用玻璃钢管将选矿厂区域产生的小量地表径流引入尾矿溜槽，每日削减 $350m^3$ 酸性水。

2．依靠科技进步，提高资源综合利用率

矿山资源利用率的高低，不但决定着企业效益的好坏，而且关乎污染物排放量的大小。永平铜矿根据矿山的资源特点，对资源进行综合开发、综合利用。在努力稳定铜金属生产能力的同时，利用矿山丰富的硫资源，新建江铜瓮福 40 万 t/a 硫精矿制酸项目，改变了矿山只卖初级产品的历史；对含铜品位在 0.20%以下的废石，采用“堆浸提铜技术”生产电积铜，年回收量可达到 150t。

首先，加大技术创新，提高资源回收率。针对矿山原矿品位低、矿物嵌布粒度细、多种矿物共生关系复杂的特点，通过技术攻关，系统优化采矿选矿工艺，提高矿石金属回收率。2008 年，永平铜矿的选铜、选硫、选银回收率分别达到 83.5%、78%和 67.48%，多项指标创历史最高水平。其次，引进先进技术，提高

资源利用率。从美国引进 Mintec 矿山规划软件，对露天开采境界进行优化，降低入选矿石的品位，增加入选矿石 1 320 万 t 的贫铜资源（即含铜品位在 0.1%～0.285%之间）。这部分贫铜资源，折合金属铜 2.565 万 t，相当于从原废弃矿石中多回收铜金属量约 2.2 万 t，并使后期露天采场的整体布局变得更为合理。

矿山通过技改，部分露天境界外和地下难采铜硫矿技术攻关取得重大进展，增加了产量，提高了回采率，降低了损失率和贫化率，延长服务年限 20 余年，相当于再造了一座永平铜矿。

3．创建绿色矿山

"既要金山银山，更要绿水青山""创造永远的绿色"，构建人与自然和谐相处的环境是永平铜矿所有建设者的不懈追求。早在永平铜矿基建时期，该矿就按照"环境影响评价"规定，先后制定矿山露采终了边坡和排土场及尾矿库植被复垦规划、矿山水污染治理规划、清洁生产规划。

永平铜矿矿区生态环境的恢复治理工作，起步早，起点高。所有重大建设项目都严格按照环评制度和"三同时"制度的要求组织实施。对"永平铜矿 2005—2010 年环境保护工作规划"，对矿区生态环境恢复治理技术、环境工程和运行管理措施等都提出了较高要求。

根据设计，国家批准永平铜矿建设使用工业用地 1.9 万亩，其中 80%的用地需要在建设期和服务期满后进行生态环境恢复重建。历年来，永平铜矿投入矿山生态恢复的资金已达 7 000 多万元。永平铜矿与北京矿山研究院土地复垦研究室和江西省红壤研究所合作开展了有关耐瘠耐旱、抗酸性岩土条件的林草植物筛选课题实验研究；对露采闭坑的岩石边坡和排土场进行治理，种植树、竹、藤等 18 个物种 15.7 万株，成活率达 86.5%左右，复垦面积达 100 万 m^2；尾矿库运行以来坚持做到堆坝尾矿动态恢复植被，终了边坡、排土场和尾矿库工业用地生态恢复植草种树 250hm^2，行政生活区及其他用地植树绿化面积约 90hm^2；水土流失量已恢复并达到开发前水平以下，年控制水土流失绝对量下降了 8.29 倍。现在的植被区内绿树成荫，野生动物重返故里，矿区大气环境质量达到国家一级标准。

4．清洁生产

永平铜矿属矽卡岩型的铜、硫矿床，该矿制定并实施了发展清洁生产措施和循环经济规划，最大限度地利用资源、能源，使原材料最大限度地转化为产品，把污染最大限度地消除在生产过程中。进一步回收选矿尾矿中的钼、硫、锌资源，围绕矿山主业发展循环经济，已创办硫酸厂、精铜制品厂等企业，既延伸了产业链，又取得了一定的经济效益，为矿山节能减排、减污增效提供了强劲动力。制定了矿山水污染综合治理规划，兴建酸性水防治配套工程，兴建拦泥坝，实施清污分流工程，控制污染源，年减少酸性污水 300 万 m^3/a；通过废弃表外矿堆浸电积技术回收铜资源，提高选硫作业技术回收硫，对选矿废水进行回用，发展循环经济。

2008 年该矿开展了清洁生产审核工作，清洁生产审核后选厂废水全部实现厂前循环利用，工业水重复利用率达 81%。清洁生产为企业带来的经济效益达 2 897.11 万元/a。

四、永平铜矿环境影响评价的启示

长期以来，由于环境影响评价制度的缺失和不完善，以及对环境影响评价重要性缺乏正确的认识，大量建设项目未批先建、先建后批、边批边建；项目建成投入使用后，污染治理和生态保护措施未能及时跟进，企业污染治理“亡羊补牢”。这是造成环境污染日益严重，生态环境日益恶化的重要原因。

永平铜矿建设项目污染防治实践表明，环境影响评价制度是贯彻“预防为主”方针，控制新污染的主要制度。

1. 环境影响评价对指导和规范建设项目环境保护有不可替代的作用

环境保护工作是一项复杂的系统工程，对单个建设项目而言也是如此。要预判建设项目对区域环境是否造成影响、区域环境能否容纳和消解得了项目建设带来的污染、区域环境质量是否发生不可逆的变化、环境功能是否退化等，就必须对项目选址的合理性、生产工艺的先进性、污染防治技术的可行性、风险防范的可靠性等各方面进行科学、系统地分析。而环境影响评价技术多学科、多领域、多层次交叉的特性正契合了这种要求。它不但要关注项目污染排放对区域的现实危害，也要关注项目建设对区域生态环境的长期影响；不但要对项目污染的末端治理进行分析，确保污染得到有效治理，也要对项目的清洁生产进行论证，提出优化生产工艺的建议，从源头降低污染的产生；不但要阐明项目本身污染的影响，也要分析项目与项目所在区域环境的相容性，结合区域社会经济特点和现状提出防止和减缓项目污染危害的措施。作为环境影响评价成果的环评文件，是全方位指导建设项目环境保护工作的系统性、纲领性文件。通过环境影响评价可以把产生不可逆环境影响和区域环境无法容纳的项目扼杀在初始阶段，有效预防项目盲目建设带来的环境危害；可以对项目建设提出系统性的污染治理和生态保护措施，改进项目建设和生产时对污染头痛医头、脚痛医脚应付式的环境保护工作方法。

2．污染防治、生态保护设施“三同时”是环境影响评价的落脚点

从建设项目环境保护管理“两项制度”的设计构架看，环境影响评价和“三同时”制度是相辅相成、相互制约的关系。环评制度是对项目开发产生污染影响和防范措施的预判，对“三同时”制度的落实起先导和规范作用。“三同时”制度是环评制度的载体和落脚点，环评提出的要求和措施要通过“三同时”制度去落实，而污染防治和生态保护的效果反过来检验环评的科学性、合理性和可行性。环境影响评价虽然重要，但它毕竟只是停留在理论层面上。要把理论层面上科学、合理的意见和措施转换为实实在在的环境保护效果，必须要通过“三同时”制度去落实，不然，环境影响评价就是“纸上谈兵”。

永平铜矿在长期的开发建设实践中，在环评的指导下，始终把污染防治和生态保护放在与生产同等重要的位置，不折不扣地落实环评提出的各项措施和建议，不断完善和深化生产技术工艺、资源综合利用水平、污染治理技术和生态保护方案，不断创新和改进环保管理方法，摸索积累了一套符合自身实际和当地社会区域特点的行之有效的环境保护工作方法和经验。这是永平铜矿取得经济效益与环保效益双赢的前提和保证。

3．环境影响评价可以有力促进企业生产技术水平的提高

建设项目的环境影响评价涉及环境科学的广泛领域，包括基础理论研究和应用技术开发。环境影响评价能够推动企业进行科技创新，提高工艺水平和综合利用资源的能力，推动相关应用技术的开发和应用。既可以实现资源充分利用，又可以降低污染排放，减轻环境危害。

永平铜矿三期环境影响评价报告提出要重视选矿回水的利用以及废石中低品位铜金属的回收。依据环评报告提出的要求，企业与北京有色冶金设计研究总院合作，先后开展“酸碱废水综合治理及回水利用的研究”以及“利用酸性废水回收废石中铜的研究”，并取得重大成果，两项技术在永平铜矿技改工程中得到推广应用，不仅大幅提高了永平铜矿选矿回水利用率，最大限度地回收利用了矿产资源，而且减少了对环境的二次污染。

4．环境影响评价必须作为工程设计方案优化的依据

环保法律法规规定了建设项目工程设计时要把环评的要求和建议作为依据落

实到设计中。建设项目环保“三同时”制度强调的是环保工程设计、施工、运行三个关键环节。但无论是建设单位还是环保部门，在执行“三同时”制度和环境监管时，往往只重视第三个“同时”，忽视前两个“同时”。现行环保法律法规也只对违反第三个“同时”设定了违法责任，对前两个“同时”只有法律要求，没有违法责任。

在“三同时”制度具体实施中，建设项目污染治理和生态保护工程往往从属于主体工程的设计，要么环保工程设计滞后于主体工程设计，要么把环保工程与主体工程割裂开来、没有相互呼应。更有甚者，根本不进行环保工程设计，土法上马，导致相当一部分建设项目的环评要求在项目工程设计中得不到体现。这样既不利于项目环境污染的系统治理和环境保护的系统管理，也有可能使环评的初衷与目的落空，留下环境污染隐患。

永平铜矿在历次技改扩建时，坚持环评优先，并注重将环评与工程设计相融合，将环评要求切实融入到工程设计中。以西部排土场设计为例，西部排土场是永平铜矿唯一外围排土场，由于基建时期用地规划设计不当因素，西部排土场未能形成整体连片用地。排土场坡脚下方的刘家田垄受地形限制无法实施有效的水土保持和水污染防治措施，导致刘家田垄及其外围区域部分农田受到损害，对矿山和当地农村农业可持续发展造成了一定的负面影响。在永平铜矿“露转坑项目”环评时提出了对西部排土场实行改扩建、优化排土场运距和解决排土场容量不足的建议。这些建议被采纳并纳入“露转坑项目”的工程设计。实施后既有利于永平铜矿水污染和水土保持综合防治工作规划与实施，为场址外围其他污染耕地复耕创造有利条件，又可以逐步解决历史遗留的环境纠纷，促进和谐社会的构建。

33 大型重点企业环境保护绝不能出现特例

——德兴铜矿环境监管的启示

大型重点企业尤其是国有重点企业往往在区域经济中占支柱地位，极易成为当地的强势群体。环境保护属地管理原则使得这类企业所在地环保部门难以对其进行有效的日常监管。然而，一旦这些重点企业出现环境监管特例，极易使企业所在区域成为污染重灾区。

江西铜业集团股份有限公司德兴铜矿（下称德兴铜矿）是亚洲最大，世界第二的特大型矿山企业。建矿初期，由于环境保护制度缺失、监管职能缺位，企业在追求工业增长和直接经济效益的同时，造成严重的环境污染和生态破坏。而后，德兴铜矿投入巨资，社会付出沉重代价进行环境治理。德兴铜矿的发展历程，既是一部活生生的经济发展与环境保护的博弈史，又是一部由“先污染、后治理”向生产发展与生态保护并重、积极发展循环经济、转变经济增长方式的发展史。同时，也是大型重点企业环境保护由特例转变的典型。

一、德兴铜矿基本情况

德兴铜矿位于号称“中国铜都”的江西省德兴市泗洲镇境内，总面积约 37km^2。该矿建于 1958 年。目前日采选综合生产能力达 13 万 t，年产铜 12 万多 t、黄金 5.3t、白银 24t。铜精矿品位保持在 25%以上，铜综合回收率在 86%以上。现已探明铜矿石储量 16.3 亿 t，保有矿石储量为 13.2 亿 t，铜金属量 500 万 t。矿藏特点是储量大而集中，埋藏浅，剥采比小，矿石可选性好，综合利用元素多，伴有大量的金、银、钼、铼等稀有金属。德兴铜矿现有铜厂、富家坞两大采场，大山、泗洲两个选矿厂以及精尾、动力厂等 29 个子单位，职工 16 000 余人。

建矿以来，德兴铜矿分三期工程建设，累计投入资金 26 亿元。现拥有总资产 56.79 亿元，净资产 30.20 亿元。主要产品有铜精矿、金、银、钼精矿、硫精矿、阴极铜等。

二、德兴铜矿发展历史

德兴铜矿是一个传统资源型企业。其 50 多年的发展过程，经历了粗放式初始发展阶段、扩大生产和污染治理并举的起步阶段、资源节约型企业发展阶段。这三个发展阶段，契合我国环境保护的三个阶段。环保部门对德兴铜矿的监管，也同样经历了三个阶段。即因环保法律制度缺失而导致监管缺位阶段；因环保法律制度逐步完善而监管力度逐步加强阶段；促进发展循环经济的全方位监管阶段。

1．粗放式初始发展阶段

这个阶段从 1962 年开始到 1984 年，德兴铜矿生产规模为 1.5 万 t/d。1979 年 9 月《中华人民共和国环境保护法》（试行）颁布前，我国对建设项目未作环境保护的要求和规定。德兴铜矿一期工程未进行环境影响评价，也未建污染防治设施，采、选矿过程中产生的大量含有重金属离子的酸性废水和选矿废水（年总排放量约 1 255 万 m^3），直接排放。露天采场和废石场裸露，植被遭到破坏，整个矿区及其周围生态环境污染严重。接纳废水的大坞河成了废水排放沟，河内鱼虾灭绝，河边寸草不生。下游乐安河几十公里河段 pH 值、重金属严重超标。河水既无法灌溉，也无法生活使用，更不能作为饮用水源，民众怨声载道。

德兴铜矿早已停止使用的废水排放口现状

在此阶段，由于环境保护法律法规、监管体制机制的缺失，政府对德兴铜矿环境保护、污染防治的监管处于混沌无序状态。企业环境保护意识淡薄、对污染的后果认识不足，只单纯追求经济效益，导致该区域沦为环境污染重灾区。

2．扩大生产和污染治理并重的起步阶段

环境矛盾凸显，扩大再生产时开始重视污染治理和生态保护。德兴铜矿二、三期工程建成后，综合生产能力已达 10 万 t/d，成为亚洲最大的世界级特大型矿山。面对严重的环境问题，德兴铜矿先后建设工业废水处理站、生活污水处理站。在采场、废石场上山公路等易发生水土流失和地面径流污染的地方，修建了 28 座拦沙坝。环境污染得到有效控制和治理，环境恶化趋势得到初步遏制。1999 年，该矿工业废水处理量为 10 319 万 t，选矿回水复用率达 79%，污染物排放达标率有所提高。在此阶段，德兴铜矿既着眼当前污染治理和生态恢复，又着眼企业闭矿后生存与出路，开始进行生态恢复工程试验。试验区选在停用的 1 号尾矿库，面积 $209hm^2$，进行养殖及茅草改良试验并成功地在纯尾沙滩上种植水蜡烛和无叶节节草，实现无覆土植被恢复。在库内水域养殖水产，利用尾矿滩地与外商合作开发新型绿色食品螺旋藻养殖加工项目。体现人与自然从简单索取到协调发展的递进关系，为德兴铜矿整个矿区的环境保护与生态平衡提供示范。但由于仍有部分污水直排和大量的低品位矿渣无序堆积，矿区和周边环境污染依然较为严重。

作为重点污染源，环保部门强化了对德兴铜矿环境监管。督促企业履行环境影响评价制度和“三同时”制度。

1982 年，德兴铜矿委托北京环境评价联合公司开展“德兴铜矿二期挖潜扩建工程”环境影响评价。该公司 1984 年底提交的《德兴铜矿环境影响评价总报告书》指出：德兴铜矿自开采以来，已经造成对环境的影响。最主要的是矿山酸性水未经处理直接排入大坞河，汇入乐安河使水体受到不同程度的重金属污染。由于水体污染，水生生物受到严重影响，沿河两岸局部地段土壤中重金属含量与背景值比较也有所增加。要求德兴铜矿必须加快废水处理站和防治泥石流工程的建设，确保在主体工程建成前投产。加强对环境保护的领导，充实已有环保管理机构力量，建立环境监测站。大力加强矿山酸性水和其他污染源的监测及防治污染的研究工作，进一步摸清矿山酸性水的成因及其相互关系。掌握水量、水质的变化规律，正确提供废水处理站运行时所需的各种参数，不断改进和提高废水处理技术和效果，真正做到消除污染，保护环境。1986 年 3 月，环保部门对《报告书》进行了批复。

1985 年，德兴铜矿委托江西省环境咨询中心对“德兴铜矿日采选矿石 6 万 t 三期工程”开展第二次环境影响评价。该《报告书》对德兴铜矿开发对水环境、矿区泥石流、土壤和农作物、水系植被和水生物、人体健康、大气影响等再次进行了深入分析。在此基础上，提出了德兴铜矿环境治理对策，要求德兴铜矿进一步强化企业的环境保护工作，治理和消除生产中的污染问题。1988 年 2 月，环保部门对《报告书》进行了批复。

这一阶段，由于对环境保护工作的认识没有上升到节约资源、发展循环经济的高度，德兴铜矿只是侧重于污染的末端治理。头痛医头、脚痛医脚，在扩大生产、污染产生量不但没有减少反而增加的情况下，德兴铜矿区域环境恶化的趋势虽然得到遏制，但没有实现根本好转。环保部门在这个阶段虽然强化了环境监管，但由于监管机制不完善、监管手段单一等，对德兴铜矿这种国家级特大型企业，管而不严、管而不死、想管不敢管、想管管不了的情况比较突出，这是区域环境污染未能根本好转的原因之一。

3．资源节约型发展阶段

这一阶段始于 2000 年。随着德兴铜矿生产规模的不断扩大，污染产生量也越来越大。据统计，德兴铜矿每年产生酸性废水 800 万 t、碱性废水 9 000 万 t、固体废弃物 3 000 余万 t。以酸性废水为例，不但酸性极强，而且含有高浓度铜，若不进行综合利用，而是简单地排入废水处理厂处理，处理厂运行负荷将无法满足稳定达标要求，而且废水中的铜资源也将白白流失。同时，酸性废水又是一个巨大的风险源，一旦出现意外，将对区域造成灾难性的影响。德兴铜矿在生产困境、社会矛盾和环境污染的博弈中，以环境保护为抓手，建立起污染防治设施、环保组织体系和责任制三位一体的环保防治体系。一是增大投入，推行清洁生产，发展循环经济。环保投入由 20 世纪 60 年代几乎为零到 80 年代占工程总投资的 4.53%，再到目前的 9.67%。按照“源头削减，过程控制，末端治理，变废为宝”原则，实施大坞河变清环保治理工程，生产性废水达标排放，年减少酸性水 332 多万 t；实施露采矿场优化采剥工程；杜绝清水酸化工程，年减少排放酸性水 290 万 t；实施以废治废、酸尾混合工程。将采矿过程产生的酸性废水输送到尾矿库，与选矿过程产生的碱性尾矿混合，处理酸性废水，开拓矿山废水处理新途径，大幅度提高矿山废水处理能力，减少废水处理成本；利用化工废弃物电石渣替代石灰处理酸性水，既降低废水处理成本，又减少石灰资源的浪费和化工企业的污染；应用加拿大 PRA 公司的高浓度浆料处理技术（HDS）对工业废水处理站进行技术改造，使酸性水处理能力从 8 600t/d 提高到 15 000t/d，废水处理技术提高到一个新的水平；实施生态恢复、保持水土工程，已在停用的尾矿库上成功种植无叶节节草、水蜡烛等，尾矿库土地绿意盎然，生机勃勃。

二是发展循环经济，变废为宝。采取多项科学技术，实现资源合理回收利用。推行堆浸喷淋技术，建成年产 2 000t 电解铜堆浸厂和杨桃坞酸性水综合利用工程。2006 年，喷淋蒸发酸性水 60 万 t，减少铜离子排放 1 000t，创经济效益 3 000 余万元，取得明显的环境效益和经济效益。利用从加拿大引进的生物硫化技术，每年从堆浸萃余液等低浓度酸性水中回收铜金属 500t 以上。利用回收提纯技术，对废料进行二次回收利用，提高资源利用率。将选矿尾矿中的难选矿石进行再次提纯回收，生产出高品位铜精矿。将选矿过程中的铜、钼进行分离，回收铜精矿中的钼，制成钼精矿产品，年创经济效益 3 亿元以上。利用废水复用技术，年生产回水复用高达 9 000 万 t，回水复用率达 80%以上，选矿新水仅为 20%。实施产业延伸工程，将选矿副产品的有效成分作为其他产品的原料，建成年产 20 万 t 的硫酸厂，将铜矿产业延伸到化工行业。将硫酸生产过程中的余热建成装机 3 000kW 的余热发电厂。利用尾矿、废石用作原料生产建材产品（尾砂砖）等。通过发展循环经济，德兴铜矿实现了产出效益最大化和污染物排放最小化。

与此同时，环保部门强势介入，全方位提升德兴铜矿污染防治和生态保护水平。进入 21 世纪，为满足进一步扩大再生产的需要，德兴铜矿开展了第三、四次环境影响评价工作。这两次环评有别于前两次的显著特点是首次提出了清洁生产和循环经济要求。

2000 年 4 月，德兴铜矿委托北京有色冶金设计研究总院开展“德兴铜矿富家坞矿区露天开采技术改造工程”环境影响评价。《报告书》及批复要求：改造工程要以新带老，采用清洁生产工艺，采取可靠的污染防治措施，减少洎水河污染负荷，有效改善洎水河水质。

2007 年 8 月，德兴铜矿又委托北京恩菲工程技术有限公司开展“德兴铜矿扩大采选生产规模技术改造工程”环境影响评价。《报告书》认为：技改工程依托矿山资源，挖潜改造，利用低品位矿石延长矿山服务年限，采用先进的选矿工艺回收伴生金属资源，符合国家产业政策，亦符合江西省、德兴市对该地区的发展规划。项目选用的生产工艺成熟、可靠、高效、节能；采用高效节能设备和设施，合理利用资源，最大限度地节约资源，符合清洁生产的要求。技改工程完成后生产废水排水量将比现有工程减少 532 万 t/a，固体废物可实现安全处置。

环保部门通过对德兴铜矿实行强制性清洁生产审核，提高企业生产技术水平和资源综合利用水平。创新环境监管方法，通过实施在线监控、建立常态化制度性监管机制；强化环境监管手段，通过加大行政处罚力度，强化企业环境意识，维护环保行政执法的严肃性。2006 年，环保部门监测到德兴铜矿排放废水超标严重，根据核算结果，依法征缴 200 万元超标排污费，这不但是德兴铜矿也是江西省单笔征缴额最大的一笔超标排污费。对此德兴铜矿不理解，在征缴过程中，通过各种渠道解释、说情，但环保部门不为所动，本着“惩罚与教育相结合”的原则，如数征缴超标排污费。此举对德兴铜矿震动极大，动摇了其长期形成的老大思想，德兴铜矿认识到新时期环境保护不是纸上谈兵，不是应付，而是一项严肃的、强制性的法律责任，需要实实在在的投入、认认真真的落实。同时，也极大地增强了德兴铜矿发展循环经济的决心，加快了建设和谐生态矿山的步伐。

三、启示

德兴铜矿是上饶市矿山龙头企业，也是重点污染监管企业。其今天在污染防治和生态保护上取得的成绩，既是企业转变发展方式，走环境友好型、资源节约型发展之路自身努力的结果，更是各级政府重视环保，环保部门严格依法行政、创新监管方式、强化监管力度的结果。是一部环境保护在博弈中由弱势到强势、由被动到主动的生动教材，具有深刻的现实意义。

1. 国有大型企业应当成为环境保护的带头人

长期以来，国有大型企业相对于中小企业、民营企业等，在政策扶持力度、公共资源配置等方面享有得天独厚的优势，德兴铜矿也是如此。这些企业往往是区域或行业的龙头企业，在区域经济和行业经济发展中有着举足轻重的地位，成为区域或行业的领头羊。因此，企业在长期的发展中逐渐成为区域经济发展的宠儿和各级政府的掌上明珠。企业的强势地位日益突出而且难以撼动，在环境污染出现问题后也能大事化小，逢凶化吉。由于这类企业领头羊的标杆作用，其影响范围更大、程度更深，也更容易被突出的经济贡献所遮蔽。

在当今和谐发展、科学发展的时代，作为公共资源优先享有者的国有大型企业，必须担当更多的社会责任。不但要成为经济发展的先行者，更要成为经济发展与环境保护互促双赢的践行者和示范者。

2. 对国有大型企业环境监管不能有丝毫松懈

德兴铜矿是国有特大型企业，其经济发展贡献毋庸置疑；但企业对周边环境造成巨大破坏同样不可回避。要弥补这些损失并防微杜渐，除了企业自身努力之外，更需要环保部门加强监管。任何事物的成功都是内因和外因共同作用的结果。

德兴铜矿从曾经的环境重灾区到现在河水变清、矿区变绿；从原先粗放式生产到现在积极发展循环经济，除了企业在意识、投入、管理上的提升外，各级环保部门的强力监管是重要的因素。这种监管，环保部门必须毫不动摇地坚持，丝毫不能松懈。不论监管的对象是国有大企业还是民营小企业，环保部门都要公正执法，敢于碰硬，善于较真，持之以恒。绝不能因为国有大型企业的强势而出现环境监管的特例。

3．强化环境监管是环保部门的神圣职责，可以推进企业健康发展

企业追求利益最大化的本能是由其社会属性决定的。追求利益最大化的本能无可厚非，但如果企业将这种本能演化为纯粹的追求经济利益最大化的冲动，而不顾自身担负的社会责任，最终的结局可能就是除了短期的经济利益之外，其他方面都是一场灾难。从某种角度讲，环境保护与经济发展存在一定的矛盾，企业为追求经济利益，从潜意识里会排斥环境保护。要防止企业在追求经济利益的同时产生环境灾难，除了企业自觉抵御这种冲动外，还必须有外力来加以遏制，这种外力就是环境监管。

矛盾双方是辩证的统一体，在一定的条件下可以转化。经济发展与环境保护也是如此。经济发展可以促进环境保护，而保护好环境反过来可以促进经济更好更健康地发展。企业在尝到保护环境的好处之前，往往对环境保护会产生天然的抵触，这就需要环保部门加大监管，着力扭转。环境就是生产力，对企业而言，保护环境就是发展生产力。一方面企业通过节能减排、降低资源消耗、发展循环经济，可以为自身拓展市场空间；另一方面，企业只有保护好所在区域群众赖以生存的环境，才能为自身发展赢得良好的社会环境；只有重视环保、做好环保，才能为自己的生存和发展赢得更大的政策、社会和环境空间。

4．发展循环经济是资源性企业发展的必由之路

矿山开发好比一柄“双刃剑”，既创造了巨大的经济效益，也会破坏自然生态系统。资源的消费和环境的破坏是工业发展的代价。随着经济发展水平的不断提高，社会对资源和环境的关注度越来越高，标准越来越严。继续大量耗费资源和环境，走粗放式工业之路，已经不可能支撑企业的持续发展。因此，企业要实现从主要依靠资源耗费向主要依靠节约资源的转变。这是支撑和提高企业综合竞争力的必然选择。这一时期，工业结构的升级，技术水平的提升，资源综合利用水平的提高，将成为企业竞争力提升的基本方向。企业“树立科学发展观”和“走新型工业化道路”，及时转变发展方式，走循环经济发展道路是进入 21 世纪后正

确的战略选择，也是对国家负责，对社会负责，对广大老百姓负责的具体表现。德兴铜矿区域生态环境从根本上得到改善，正是企业积极推进循环经济、走资源节约型发展道路的结果。

34 强化环境管理是民营企业发展的先决条件

——德兴中科精细化学有限公司发展的启示

既要发展经济，又要保护环境，二者能否兼得？在资源有限的前提下，环境保护与经济发展至少在短期内是一对相互博弈的矛盾体。政府、企业必须对两者作出取舍：在其中任何一方增加投入，短期内必然会减少其他方面的投入。这一矛盾在资金短缺、条件有限的民营企业身上显得尤其尖锐。21 世纪我们所提倡的可持续发展，其最大的特点就是将环境保护作为经济成本的一部分，作为企业降低成本、提高经济效益的最有效途径。德兴市中科精细化学有限公司（下称德兴中科）近十年的发展历程，就是发展经济与保护环境兼得的博弈过程。

德兴中科厂景

一、德兴中科概况

2003年，浙江衢州客商投资9 000多万元，在德兴市泗洲镇张家畈工业园区创办德兴中科。该企业占地面积6 000m^2，现有员工300余人，主要生产医药、农药和电镀化学药剂中间体。主要产品包括甲基磺酰氯、甲基磺酸、甲基磺酰胺、甲基磺酸锡、三氟乙酰乙酸乙酯和甲基磺酸酐等，产品应用广泛，市场前景良好。经过近10年的发展，公司已成长为一个集科研、开发、生产、销售于一体，注重可持续发展的现代化工企业。

二、主要污染物

1．废水

包括生产废水和生活废水。生产废水主要为各生产线工艺废水、废气吸收塔废液、冲洗地面水、化验室污水，排放量为80m^3/d；生活污水主要来自日常办公，排放量为40m^3/d。

2．废气

主要包括锅炉烟气和工艺废气。锅炉烟气主要污染物是烟尘和SO_2。工艺废气主要包括含氯化氢废气及回收有机溶剂时的挥发废气。

3．固体废弃物

主要是各生产线化工废渣、废水处理污泥、锅炉煤渣、生活垃圾等，年排放量2 000t。

4．噪声

噪声主要来源于反应釜搅拌电机、冷冻机、风机、离心机、泵等，噪声源强度为70～90dB。

三、生产和环境保护的渐进过程

事物发展和认识深化都是螺旋上升的过程。德兴中科在一次次的污染事故教训面前，环境保护意识由抵触→朦胧→逐步清晰→全面认识，环保工作由消极对抗→被动接受→主动配合→全面提升，走过了一个曲折渐进的发展历程。

1．建厂初期抵触环保

德兴中科创建于 2003 年，当时正值东部沿海发达省份产业结构调整高峰时期，大量污染企业被当地政府责令限期关停搬迁。而中部欠发达地区，从中看到招商引资的商机，出台许多优惠引资政策，积极承接东部产业梯度转移。德兴中科正是在这种背景下由浙江衢州迁移到德兴。这批转移企业在环保认识上存在一个误区，认为江西是落后地区，而且山清水秀，环境容量大，环保监管不像发达地区那么严，污染治理可以马马虎虎应付了事。因此，对环保部门的正常监管不理解、不配合，认为是没事挑刺。同时，政府为了使招商引资企业尽快落户，在环保上作了一些不负责任的承诺，更加深了企业的这种认识，助长了企业对环保监管的抵触情绪。德兴中科也不例外。该项目未经环评审批就开工建设，污染治理措施避重就轻，已建设施疏于管理，成为应付环保部门检查的摆设。企业环保意识不到位、管理跟不上、治污设施滞后，污染事故应急预案未落实。在人员培训未到位的情况下仓促生产，导致在二甲基二硫产品的试生产过程中发生两次操作失误，恶臭气体大量排放，严重影响了区域的环境质量，引起当地群众的极大不满，厂群矛盾异常尖锐。在环保部门的监督下，德兴中科虽然拆除了二甲基二硫生产线，但周边群众对企业的敌对情绪已经激化并深深扎根，经常出现群体性堵厂、堵路，阻挠企业生产的情况。对此，《人民日报》等多家新闻媒体先后作了追踪报道。

2．投产后逐步注意环保

严峻的现实摆在德兴中科面前，是继续采取我行我素的态度抵触下去，还是以积极的态度加强污染治理、消除厂群纠纷！德兴中科已逐步意识到脱离环保、规避监管终将是死路一条。意识的变化在环保管理和污染治理投入上得到具体体现，德兴中科把环保工作列入议事日程，成立环保管理专门机构，制定环保管理制度和岗位责任制度。在污染治理上，投入巨资对原有含氯化氢工艺废气治理设施进行优化改造，按环评要求建设规范的废水处理设施，加强厂区绿化，美化厂区环境。通过整治，取得良好效果，超标排放、厂群纠纷有所缓解。但由于深层次的意识仍未到位，企业认为搞环保只是迫于法律上的要求，充其量只是处理厂群纠纷时的一个砝码，没有认识到环保应是企业的自觉行为，是企业应担负的社会责任，因而在管理上仍然存在麻痹松懈思想，风险隐患依然存在，污染事故偶有发生。

2006 年 7 月，因车间工人违规操作造成二氧化硫气体泄漏，泄漏后又没有及时启动应急预案，致使大量二氧化硫气体扩散到附近村庄，再一次引发群众大规模的投诉。在当地政府与环保部门的共同努力下，厂群矛盾虽没有激化，但厂群对立的情绪一直没有根本消除，污染投诉上访时有发生，德兴中科仍然疲于应付厂群纠纷，甚至一度考虑退出德兴另谋出路。

3．扩大生产时重视环保

2007 年，一个由德兴中科掌握关键生产技术的新产品准备在德兴投产，企业与上海一家上市化工企业签订了共同投资的协议。上海化工企业考察了德兴中科生产环境后，因担心污染纠纷影响生产而选择退出，项目建设整整耽误了一年时间。惨痛的教训，再一次惊醒了德兴中科，再不主动做好环保、处理好厂群关系，企业别说发展，就是生存也难有立锥之地。

迫于内外压力，德兴中科痛定思痛，毅然停产，不掩盖、不回避，积极按照环保部门的要求，及时采取有效措施进行整改，彻底解决多年生产遗留的问题。一是依法履行环评审批手续。在新项目建设之前，就进行环境影响评价和办理环评审批手续。按照环保批复要求，拆除 6 条污染严重、排放量大的生产线。二是对现有生产线和污染治理设施进行排查，发现问题逐一解决。对生产设备进行全面检查，更换破损、老化设备，防止跑冒滴漏，降低无组织排放。积极改进生产工艺，提升生产技术水平，减轻污染排放。加强污染防治和风险防范，安装了废水、废气污染在线监测装置，建设废水事故池。进一步完善环保管理制度，加大制度落实力度，责任到岗，责任到人。三是主动与周边居民沟通，竭力营造良好的发展环境。提高企业生产透明度，邀请周边群众参观生产现场，打消群众疑虑，增进厂群互信；配合政府妥善处理上访户工作，动之以情，晓之以理，努力取得理解和支持。积极承担社会责任，拿出专项资金，支持邻近乡村进行社会主义新农村建设和农村基础设施建设，为周边邻里乡亲改善生活条件尽一份力。通过几年的努力，村民们从内心改变了对企业的看法，消除了相互之间的误会及顾忌，并认同了企业的生产发展。2009 年 2 月，德兴中科甲基磺酰胺车间因静电起火而引发小规模爆炸事件，由于应急处理措施得力，火灾事故得到有效控制，未造成人员伤亡和污染事故。消防废水全部收集在应急池中，经处理达标后才予以外排。对未燃烧的物料全部回收至危险废物处置专业公司集中处置。经环保部门现场监测和评价，周边环境未受到污染。此次事件得到周边群众的理解，没有引起群众的激烈反应，企业整改后迅速恢复了生产。

4．做优做强时全面提升环保

每一次的污染事故都是惨痛的经历，每一次改进都是环保意识的升华。德兴中科的发展既饱尝过因漠视环保导致生产举步维艰的教训，也享受到因重视环保增进和谐使得企业安心生产带来的喜悦。不同的态度、不同的方法产生截然相反的结果，时刻提醒德兴中科牢记强化环保工作的重要性，也更加坚定了德兴中科将环境效益置于经济效益之上的决心。

德兴中科组织工人开展应急事故演练

目前，德兴中科处在最好的发展时机，产品适销对路供不应求，企业内部管理规范有序，外部环境和谐稳定。良好的发展态势促使企业向做大做强做优转型。在新的高度、新的起点上，德兴中科将环保理念完全融入到生产管理中。进一步强化内部管理，配备环保专职管理人员，建立 ISO 9001 质量管理体系和 ISO 14001 环境管理体系，其管理人员要求具有大专以上文化水平和相关工作经验。制定事故应急救援预案，设置应急救援仓库、配备应急救援必需的设备器材，定期邀请有关部门和专家指导训练。在污染防治上，不断强化新工艺研发力度，不断改进生产设备性能，继续完善污染治理设施。在打造企业文化上，将环境保护和可持续发展理念上升到事关企业生死存亡的高度，落实到企业文化的每个方面，渗透到每一名员工的思想深处，使保护环境成为员工的一种自觉行为，使维护区域和谐稳定成为企业自觉的社会责任。

四、德兴中科发展的启示

德兴中科发展过程是东部沿海发达地区产业向中西部欠发达地区梯度转移的一个缩影，它失败的教训和成功的经验具有典型的示范意义。

1. 经济欠发达地区不是污染者的世外桃源

经济欠发达地区有快速发展经济的冲动和要求，存在政府和部门在这种冲动的驱使下，对污染者采取纵容甚至包庇态度。但这不应成为污染者可以为所欲为的理由，欠发达地区不是污染者的世外桃源。有三种力量监视着企业的污染行为，一是法律的力量，二是舆论的力量，三是民意的力量。法律的力量要由法律执行者去体现，法律力量的力度和准度在法律执行时容易受各种因素的制衡。舆论的力量来自于新闻舆论媒体的监督，在当今互联网时代，舆论监督力量具有强大的辐射性和不可控性。民意的力量来自于企业周边，对企业而言，它是必须直接面对的、最难以把握的监督力量。有些企业对执法者玩瞒天过海、猫捉老鼠的游戏，一时可以逃避法律的监管。但不管是发达地区还是欠发达地区，法律的尺度是一致的，随着环境保护形势的深入，这种游戏最终将会受到法律的制裁。而舆论和民意的力量，更像一张无形网罩在企业头上，时刻监控着企业。特别是在山清水秀的欠发达地区，群众长期生活在良好的自然环境中。外来企业落户，打乱了当地群众习惯已久的生活环境，极易引起民意的抵抗。从某种意义上讲，欠发达地区民意的力量要比发达地区强烈得多。而且一旦民意力量对准了企业，要化解将十分困难。企业向欠发达地区梯度转移，并不意味着欠发达地区的环保监管力量不如发达地区，只是欠发达地区仍有环境容量来承受。若转移企业心存侥幸，甚至以为在污染排放上可以恣意妄为、放任自流，那么，最终受害的必是企业本身。

2. 企业依法履行环境保护责任是企业生存的基本条件

企业生存的条件有很多，包括经济、政策、法律等方面。在环境保护层面上，其生存条件主要体现在企业本身是否依法履行环境保护责任以及社会公众对企业污染排放的认可两个方面。前者可以用法律、政策的指标进行量化，后者则主要表现为公众主观上的判断。当公众对企业排放心存疑虑，当企业产生污染事故公众在投诉时，往往把企业是否依法履行环境保护责任作为纠纷调解、责任处理的重要依据。因此，企业在项目建设时要高度重视身上肩负的环保法律责任，这种责任包括依法履行环境影响评价和三同时制度、污染达标排放、依法缴纳排污费等。企业不论大小，法律责任是一样的。履行法律责任是要付出经济代价的，但企业生产占有公共资源获得利益，从社会公平的角度，这种代价是必须付出的。作为环保部门，不能心存恻隐，执法时心慈手软，因人而异，有失公允，有损法律威严。作为企业，对依法履行环保法律要有清醒认识，不能有得过且过蒙混过关的想法。本案例就是一个有力证明。若当初德兴中科没有依法办理相关环保法律手续，没有履行环保责任，在面对群众一次次集体上访、厂群矛盾逐步激化时，企业最终的结果只有关闭。正是由于德兴中科基本履行了环境保护法律责任，才为化解厂群纠纷打下基础，为自身生存保留了一丝希望。

3．维护区域和谐稳定是企业应尽的社会责任

企业生存与发展需要有稳定良好的社会环境作支撑，而社会环境的营造需要各方的理解支持和共同努力。企业除了依法履行法律义务以外，还必须以恰当的方式反馈社会，为维护企业所在地区域的和谐稳定担负起应有的社会责任。这是落实科学发展观构建和谐社会的新要求，也是企业实现长久发展的现实需要。有的企业仍持传统的观念，认为只要履行法律法规规定的手续，合法生产，依法纳税，企业就尽到责任，周边群众从此与我无关。德兴中科发展的过程，正是全国上下落实科学发展观，构建和谐社会逐步深化的过程。德兴中科与该区域群众由对立到理解到支持，说明企业承担社会责任大小与企业发展环境好坏成正比关系。从科学发展、和谐发展的角度上讲，发展经济最根本的目的就是改善民生，而最基本的民生就是生存权。当企业生产影响到群众生活甚至影响到生存，这种情况哪怕是由厂群之间误会、群众疑虑造成的，只要矛盾不消除、社会不稳定，企业生存的基础就会动摇。作为消耗公共资源的经济利益既得者，为社会考虑、为自身考虑，企业都必须为维护区域和谐稳定承担起应尽的社会责任。

35 跨省企业不注重环保，将造成“小污染、大影响”

——玉山三山矿业有限公司跨省污染处置的启示

曾几何时，行政交界区域因地理位置偏僻、交通信息不畅成为“三不管”地区，沦为违法违规者逍遥的天堂。然而随着社会的进步，交通通信基础设施的改善，群众环境维权意识的提高，打击违法排污力度的加强，违法违规者生存的基础条件和外部社会环境已日益萎缩。若污染企业仍然沿用以上思维违法生产，肆意排污，最终必将是搬起石头砸自己的脚。

玉山县三山矿业有限公司（下称三山矿业）地处江西玉山县紫湖镇与浙江开化县桐村镇交界处，因项目在建设中未执行环保“三同时”制度，废水直排引发跨省环境污染纠纷，造成较大的社会影响。

一、三山矿业基本情况

1．三山矿业是一家补办环评手续的企业

三山矿业是一家利用当地萤石矿加工生产萤石精矿的股份制企业。2005年，江西省开展信江源头保护工作后，三山矿业谋求长久发展，在同年 10 月整体搬迁到紫湖镇程村小叶垄村。搬迁后，三山矿业委托环境影响评价单位编制《环境影响报告表》，并通过环保部门审批。三山矿业共投资 218 万元，占地面积 21 000m^2，年生产萤石精矿 2 万 t。2006 年 6 月底，项目建成投入试生产。

2．三山矿业生产工艺

三山矿业采用浮选法选矿工艺生产萤石精矿。主要生产工艺流程为：原矿经破碎机破碎后，进入球磨机加水磨碎；磨碎带水原矿粉经浮选机在加入油酸、水玻璃和纯碱等药剂作用下生产萤石粗品；萤石粗品经过浓缩、过滤、烘干和包装等过程，最终产生萤石精矿产品，尾矿送入尾矿库。

3．三山矿业主要污染物

三山矿业主要污染物有选矿废水、废矿渣（尾砂）。按照环评批复要求，企业选矿废水经过多级沉淀池处理后，收集到蓄水池中循环利用，少部分废水经尾砂库澄清后外排，年废水排放总量控制在 600m^3 左右；尾砂则堆放在尾矿专业堆放场，定时转运到砖厂或水泥厂做建筑材料，达到综合利用的目的。

二、跨省污染纠纷经过

三山矿业厂址位于江西与浙江两省接壤区域，企业废水排污口设在程溪。程溪属山溪性河流，为浙江开化婺江支流，而婺江又是浙江第一大河流——钱塘江水源源头之一。三山矿业把厂址选在赣浙两省毗邻区域，固然有就地取材（附近有萤石矿）、降低生产成本的合理因素；但也有意把厂址放在两省交界之处以逃避环保监管之嫌。

三山矿业实际上属于可控性轻度污染型企业。萤石选矿厂污染治理的关键是尾砂库设计，尾砂库建设要合理科学，尾砂的堆存方式要按照设计进行。只要企业按照要求组织建设和生产，三山矿业跨省环境污染纠纷完全可以避免。然而，急功近利的企业却未聘请有资质单位设计尾砂坝，在未建设污染防治设施、环保“三同时”制度未落实到位的情况下，擅自试生产。

2006 年 7 月 21～22 日，由于废水增加，造成简易尾砂坝渗漏、倒塌，生产废水三次溢出尾砂坝并直排入程溪，对紫湖镇和浙江开化县桐村镇水环境造成较大污染。7 月 23 日，由于企业对事故处置不当，桐村镇村民聚众到企业打砸设备，企业损失 10 余万元。一起简单的环境污染事故演变为较为严重的厂群矛盾和跨省界环境污染纠纷。

一波未平，一波又起。2007 年 9 月 12 日，三山矿业选矿废水未经完全沉淀处理又一次超标排放，废水再次排入程溪。

三、跨省污染纠纷处置过程

当地环保部门接到投诉后，立即组织执法人员赶赴现场进行调查处理。经查，三山矿业没有按照环境影响评价批复要求建设治理设施，没有落实“三同时”制度，更没有向环保部门提出试生产申请，存在严重的违法行为。环保部门当即责令企业停止试生产，未经环保部门同意之前不得恢复生产。同时，责令企业制定整改方案，清理尾砂，加高加固尾砂库，并做好防渗漏处理工作。

期间，原浙江省环保局致函原江西省环保局，要求高度重视，派人处理。随后两省各级环保部门派出联合调查组赶赴事发地，共同处理此起纠纷。环保部华东环境督察中心也派出调查组对处理情况进行后督察。

调查组经实地勘察后，肯定了当地政府和市、县环保部门的处置措施和结果，同时要求加强对企业的日常监管，确保企业按照整改方案整治到位。

而后，三山矿业经过整改，落实了相关污染治理设施，并通过环保部门验收，恢复正常生产。这场跨省环境污染纠纷的处置成为浙赣两省化解矛盾纠纷保持社会稳定信访处理的典型案例。

四、三山矿业跨省污染处置的启示

1．行政交界区域已不再是污染者的天堂

长期以来，总有一些排污者躲在行政交界区域违法生产、为所欲为。行政交界区域成为环境监管真空地带和环境风险的高危地区。究其原因。首先，行政交界区域往往是交通落后的偏僻边远地区，执法人员难以到达现场，执法触角难以涉及，行政执法在力度和频度上对违法排污者起不到震慑作用。其次，这些地区信息闭塞，群众维权意识淡薄，违法排污者偷排、漏排、超标排放等违法信息不易及时得以披露。再次，违法排污者认为污染的是其他行政区域，就是被污染地方的群众有意见，也不敢轻易跨区域闹事，滋长了排污者违法排污的气焰。但随着社会的进步，交通通信基础设施的改善，群众维权意识的提高，打击违法排污力度的加强，行政交界区域“三不管”的主观和客观因素已不复存在。这些区域不但已不再是山高皇帝远的环境监管真空区域，反而因该区域的环境敏感性成为环境监管的重点区域。排污者若再以为行政交界区域是污染的天堂，可以为所欲为，逍遥法外，最终必将受到法律的严惩。

2．跨行政区域违法污染必须从严从快打击

行政交界区域是一个非常敏感地带，也是一个利益交织地带。排污者所在地行政区域以及附近居民，有的或多或少从排污者身上获取经济利益，甚至是与排污者捆绑在一起的利益共同体。有的与排污者有源远流长的人脉关系，碍于人情面子，对排污者的违法排污行为熟视无睹、纵容默认。而接纳排污的另一个行政区域及受影响的群众，没有从排污者身上得到任何利益，唯一所获的是污染。因而，视排污者为眼中钉、肉中刺，无法容忍，稍有不慎，极易引发环境污染纠纷。由于污染者和跨行政区域被污染者之间没有共同的利益交集和感情交往基础，污染纠纷往往难以调和。而作为调解纠纷的当地政府及相关部门，由于行政管辖权限的限制，难以平衡纠纷双方的利益关系，往往造成污染纠纷久拖不决，进而导致矛盾激化，引发群体性事件。因此，排污者所在地的环保部门对跨行政区域的污染企业必须重点监管、跟踪监管，掌握苗头性问题，把矛盾遏制在萌芽阶段，从严从快打击违法排污。只有这样，才能有效防止跨行政区域这一特殊地带环境污染纠纷事态蔓延，维护社会稳定。

3．跨行政区域污染纠纷处理必须打破行政界线协同配合

跨行政区域特别是跨省行政区域污染纠纷之所以难以处理，主要有两方面的原因。一是处理纠纷的政府或部门由于分属不同的行政区域，相互之间没有隶属关系。在现行行政管理体制下，处理纠纷需要协调的层级较多，甚至需要共同的上级部门参与，才能有效推进污染纠纷的调解处理，这是此类污染纠纷容易丧失最佳处理时机的重要原因。二是污染者与被污染者由于行政辖区的限制，分属不同的利益格局，在长期的生产生活中，没有形成共同的利益和感情基础。一旦出现污染纠纷，双方的敌视心理较重，容易造成事态恶化，加大纠纷处理的难度。因此，当发生跨行政区域环境污染纠纷时，当事者双方的环保部门必须打破常规，摒除行政界线，加强沟通，密切配合，步调一致，讲究方法，尽快予以处理。三山矿业跨省污染纠纷之所以得到及时圆满处理，正是浙江、江西两省环保部门强力介入、通力配合、措施有力、方法得当的结果。

36 环境影响评价绝不是“纸上谈兵”

——江西美雅颜料化工有限公司关停的启示

江西美雅颜料化工有限公司（下称美雅化工）是弋阳县重点招商引资企业，其主要产品酞菁蓝颜料性能优良，生产工艺先进，是一个颇有发展前途的新型化工企业。美雅化工在建设之初进行了环境影响评价，并通过环保部门审批，但在建设过程中未按照环评批复和“三同时”要求建设环保治污设施，环境影响评价行政批复沦为“一纸空文”。

美雅化工“纸上谈兵”的代价是沉重的。企业在投产的 1 年间污染事故层出不穷，环境纠纷此起彼伏，投诉上访绵绵不绝。2008 年 6 月，在美雅化工多次整改仍达不到环保要求后，被当地政府依法关停，企业直接经济损失达 600 余万元。

一、美雅化工是一个重点招商引资企业

美雅化工是弋阳县政府 2005 年重点招商引资项目，由浙江客商总投资 2 000 万元，年产 1 500t BGS 酞菁蓝。公司位于弋阳县龟峰镇中屋村舒家港附近，占地 1.33hm^2，紧靠 320 国道。

酞菁蓝颜料是一种色泽鲜艳、着色力强、性能稳定、耐光耐热、耐溶剂性好的化工产品。它具有性能优良、制造方便、价格低廉等优点，被广泛应用于涂料、油墨、橡胶和塑料等行业。

目前，全世界酞菁蓝颜料年总产量在 10 万 t 左右，年需求增长达 3%，中国占 20%的份额。从总体发展趋势看，除日本、美国等国家的大公司外，中国是世界最大的酞菁蓝颜料供应商，并且有优势占据更大的市场份额。行内专家认为，中国国内有一定规模的颜料企业仅占 20%左右，80%的企业规模都很小。国内企

业有些厂家能生产高质量的酞菁蓝粗品，而且部分出口，但多数厂家不仅质量有待提高，而且成本很高，还没有把粗品真正做精做细，衍生开发的深度不够。中国加入 WTO 后，国际上对颜料产品的品质要求特别高，如果国内企业特别是小企业不尽快改进技术和工艺，将很难生存。

酞菁蓝是浙江巨化某化工有限公司的老产品。近年来，由于工艺技术的不断改进，其成本不断下降，再加上优良的性能，正逐步取代铁蓝、铬蓝等无机颜料。美雅化工正是采用该公司提供的成熟技术，因此，只要解决好“三废”问题，美雅化工的前途可谓一片光明。

二、美雅化工是一个化工型污染企业

美雅化工是染料化工企业，生产酞菁蓝的主要原料是：苯酐、尿素、氯化亚铜、钼酸铵、盐酸（30%）、烧碱（30%）、二甲苯等。该项目的生产工艺为：粗酞菁蓝的合成采用苯酐—尿素法中的烘焙法，粗酞菁蓝颜料加工采用盐磨法中的球磨法。生产过程中会产生废水、废气、废渣等污染物。

废水主要有：粗酞菁蓝水洗后产生水洗废水，粗酞菁蓝净化过程产生酸碱洗废水。废气主要有：缩合工序产生含氨废气，酸煮工序产生二甲苯废气，干燥与包装工序产生含尘废气，干燥工序热风炉产生燃煤烟气。固废主要有：热风炉燃煤煤渣。

美雅化工印染废水对生态破坏的现状

“三废”主要的问题还是废水能否治理达标排放。美雅化工产生的废水主要是酸碱洗废水（酸碱洗废水产生于粗酞菁蓝纯化过程，即酸煮、碱煮后的压滤、漂洗废水，统称为酸碱洗废水）。该废水呈酸性，具有色度深、污染物浓度高的特性。根据监测，美雅化工生产废水COD浓度高达3 000mg/L、氨氮达600mg/L、色度800（倍）。废水日排放量为100t左右，所有废水排入附近水体舒家港，流淌2km后汇入信江。

三、美雅化工是一个不该发生污染事故的企业

2005年，美雅化工年产1 500t酞菁蓝颜料生产线项目立项开工建设。2006年4月，项目环境影响报告书通过环保部门审批。

由于废水中氨氮和COD_{Cr}浓度高、色度较大、处理困难。按照环评批复要求，该项目废水处理应采用“化学置换—沉淀—生化法”联合处理工艺。该处理工艺流程为：将废水泵入一级调节池，加硫酸搅拌调节pH为4.0，进入充满铁刨花填料的置换池，停留5～6h，可使废水中的铜离子得以置换，浓度降至0.5mg/L以下，铜的去除率达98%以上；废水自置换池进入二级调节池，向池中投加石灰乳搅拌混合均匀，调节pH为11.0左右，使废水中的氨氮主要呈游离氨（NH_3）形式逸出，此时用泵将澄清液送入吹脱塔并向塔内鼓入空气，同时通入蒸汽将NH_3吹脱，经排气筒送至高位吸氨器吸收；通过上述物理方法去除部分氨氮，使氨氮质量浓度降至100.0mg/L左右，进入三级调节池，调节废水pH为8.0～9.0，以达到生化处理对碱度的要求；随后将废水送入“A－0生化处理系统”，经生化处理后再经砂滤池过滤，去除残留悬浮物后外排。

经过以上系列处理后，废水中COD_{Cr}去除率为95%、BOD_5去除率为96%、氨氮去除率为98%、色度去除率为85%。外排废水中污染物浓度：$COD_{Cr} \leq 150mg/L$；$NH_4\text{-}N \leq 15mg/L$；色度≤120（倍）。能够满足《污水综合排放标准》的二级标准。

美雅化工在建设初期虽得到环保准入，但却没有严格按照环评要求落实“三同时”制度，项目在主体工程完成后，未建设各项污染防治设施，只是简单建设中和处理池。2007年4月，项目未经审批机关同意就投入试生产，造成废水排放达不到《污水综合排放标准》（GB 8978—1996）Ⅰ级标准，对受纳水体舒家港及信江造成很大影响，陷入环境污染纠纷的困境。市、县环保部门在检查中发现企业违规试生产，对该企业进行处罚，并责令停产治理。

美雅化工由于缺乏治污设施配套建设，经多次整改仍达不到环保要求。2008

年6月，当地政府依法关闭该企业，企业也为此“埋单”600余万元。

四、启示

1．经济利益至上，为环评而环评只能是“纸上谈兵”

美雅化工之所以从沿海发达地区选择到内地办厂，主要是因为内地土地价格低、税收优惠、劳动力价格低廉等。这些有利于降低生产成本的经济因素直接左右着任何一个企业投资者的决策。

同时，大部分外来客商对内地的环境保护在认识上存在着严重偏差，有些地方政府也把“落后比污染更可怕”奉为至理名言。两者心照不宣、一拍即合，导致“纸上谈兵”式的环评大行其道。在本案例中，美雅化工虽然进行并通过了环境影响评价，但企业把环评仅仅看成是项目顺利落户、开工建设的敲门砖和通行证，在随后的项目建设中，不但没有遵循环评的要求，反而反其道而行之，自此埋下环境污染的祸根。

2．社会责任是企业的良心，“三同时”制度是检验企业良心的标准

法国大文豪雨果有句名言：下水道是一个城市的良心。一个企业的良心又是什么呢？社会责任。从环保角度看，一个企业就是一个污染源。企业污染物超标排放的根源在哪里？根源在于企业良心的缺失，在于企业没有承担起其应承担的社会责任！而技术水平先不先进、管理水平是高是低，只是问题的表象。环境影响评价为企业的环境保护提供了科学的理论指导，企业环境保护工作的好坏，只能通过“三同时”制度落实与否来检验。作为环境保护两项最基本的制度，环境影响评价制度是前提和手段，而“三同时”制度才是归宿和目的。美雅化工被关停，不是因为企业生产技术的落后，也不是因为企业管理水平不高。美雅化工被关停的根本原因在于企业把作为手段的环评当作目的，从而为环评而环评；置作为归宿与目的的“三同时”于不顾，本末倒置。

3．落实“三同时”制度需要下“猛药”

美雅化工由于急于投产，在项目建设中未严格执行“三同时”制度，导致污染设施建设不到位，从而埋下安全隐患。企业在生产管理中也存在缺陷，多次发生环境违法行为从而引发污染纠纷。在社会付出高昂环境代价的同时，企业也付出关停的惨重代价。此案例警醒人们：建设项目“三同时”制度执行率、验收率

偏低的弊病由来已久，根深蒂固，落实“三同时”制度需要“猛药治沉疴”。

4．重审批，轻验收是影响制度落实的根本原因

在各级政府狠抓招商引资，大力发展外向型经济的大背景下，只要新建项目符合国家产业政策，各职能部门就必须通力合作，确保审批顺利通过，而且要尽快投产见效。一些投资者抓住领导这种心态，把污染防治设施建设“三同时”抛在脑后。有些项目治污设施虽然在建设，但治理工艺落后，建成后不能达标；有些项目一直沿用原有的治理设施，在生产能力扩大后，出现小马拉大车的现象，达不到验收条件；有些项目甚至竣工投产几年后，也不申请“三同时”验收，环保部门一旦对其实施行政处罚，业主又四处反映投资环境不好、环保部门刁难，造成环境管理工作相当被动。

5．中小企业是影响“三同时”制度执行率的关键所在

投资规模大的建设项目，关注的人群较多，地方领导、企业法人也深知其中利害。一旦企业在生产过程中造成环境污染事故，不但企业法人要负法律责任，地方各级相关部门也要受到责任追究，故在“三同时”制度执行上循规蹈矩认真落实。而一些中小型企业，总以为小企业不属于重污染行业，污染不大，因而对“三同时”制度落实置若罔闻，久拖不决。殊不知环境污染是一个积累渐进的过程，无数个小污染积累叠加在一起，就必将酿成环境污染大灾难。

37 环境监管要从污染防治向生产环节延伸

——玉山江凯生化有限公司关停的启示

在部门利益和区域利益的驱动下，有些建设项目甚至是污染较重项目都能轻易绕过环评关。投资方不办理环评手续照样开工建设。“未批先建”和“上车补票”等不正常现象使环评审批成为“一扇虚掩的门”或一个“橡皮图章”。

一些企业即便中规中矩取得环评批复，但在建设过程中不落实环评要求。而环保部门对此缺乏有效监督检查，致使有些项目环保治理设施“三同时”形同虚设，这是企业长期超标排污得不到有效治理的根本原因。更有甚者，有些企业不但“未批先建”、不执行“三同时”，而且在工艺、设备、原料上偷梁换柱、以次充好，可谓“五毒俱全”。玉山江凯生化有限公司（下称江凯生化）就是一个例证。

一、江凯生化基本情况

1．企业概况

江凯生化是玉山县某镇招商引资项目，总投资 2 000 万元，达产后可年产 2 000t 磷酸二氢钾。项目占地 1.53hm^2，厂址与江山市毗邻，距 320 国道、沪昆高速公路玉山入口处 21km，距浙赣铁路 14km，交通便利。

2．企业周边环境

江凯生化地处玉山某镇工业小区。该小区基础设施条件较差，前期既没有统一规划，又缺乏统一管理，更谈不上环保基础设施建设。该区域环境矛盾错综复杂。在江凯生化落户前已有石煤加工厂、石灰厂和电解锌厂 3 家小型企业。石灰厂与江凯生化相隔约 20m，以土窑烧制石灰，日耗石煤约 20t，未办环保手续，也无任何环保设施，排放废气导致附近松树全部枯死。石煤加工厂与江凯生化相隔约 80m，日处理石煤约 60t，主要污染物是粉尘和噪声，已对周围环境造成一定的污染。电解锌厂与江凯生化相隔约 100m，办理了有关审批手续，但一直处于停产状态。随着江凯生化的落户，进一步加剧了该区域的环境矛盾。

江凯生化选址较为敏感，项目东南面背靠山丘，西北方与农田相连。每逢雨季，稍有不慎，山丘雨水和厂区污水就会夹带有毒有害化工物料进入农田，极易产生环境污染事故。

3．项目环评及审批情况

2006 年 5 月，江凯生化委托环评单位编制了《环境影响报告书》；2006 年 8 月，项目开工建设；2007 年 2 月，建成并试生产；2007 年 5 月，项目通过环保部门审批，该项目为未批先建项目。

环保部门在受理项目环评文件后，经过多次实地勘察，认为项目选址存在很大风险，要求建设单位停止建设和生产，等候审批结果。但企业在利益的驱动下，仍然一意孤行。期间，镇领导迫于完成招商引资和年度财税任务的双重压力，对项目建设睁一只眼闭一只眼，任由企业继续违法建设。鉴于此，环保部门作出暂缓审批的决定。2007 年 3 月，政府从招商引资形象考虑，多次派人到环保部门协调沟通，请求予以环评审批。同时政府也作出书面承诺，表示要加强监管，督促企业依法生产，妥善处理好厂群纠纷，极力维护当地社会稳定。江凯生化更作出了依法生产、全权承担违法责任的承诺。环保部门在经济发展与环境保护博弈中处于两难的境地，出于支持当地经济发展的考量，2007 年 5 月最终作出环评审批决定。

环保部门在环评批复中提出了严格的要求，特别强调作为原料使用的磷酸需外购，不得自行生产，以减轻污染排放和降低环境风险。必须使用新设备，不得利用淘汰关停企业拆卸的旧设备，以防止旧设备老化、拆卸后设备气密性差引起的跑冒滴漏。不得使用化工废料作为项目的原材料，以防止化工废料使用过程中的次生污染。生产废水必须全部循环使用，做到生产废水“零排放”。必须对背靠的山丘开凿截洪沟，防止雨水冲刷厂区产生污染。必须沿厂区周边设置截污系统，防止废水流入农田引发污染事故。必须建设废水污染事故的应急收集处理系统，防止事故情况下废水排放。必须建设厂区废水与周边环境自动隔离装置，防止事故情况下废水排放对周边环境的影响。

4．生产工艺和污染排放情况

在理想状态下江凯生化生产工艺为以磷酸、氯化铵、氯化钾等无机化工产品为原料，经氯化铵和石灰乳反应，产生氨气经磷酸吸收，产生磷酸二氢铵。用氯化钾与磷铵进行复分解，产生磷酸二氢钾后加入氢氧化钾，经冷却结晶可得磷酸氢二钾，母液中磷酸二氢钾浓度降低后再回流，生产磷酸二氢钾。整个生产工艺没有废水外排，只有废气排放。

企业废气主要有燃煤烟气和工艺废气。燃煤烟气来源于燃煤锅炉，工艺废气主要为氨气，采用水喷淋吸收处理，可以有效去除。

二、污染事故及处置情况

然而，理想状态下的生产工艺和污染物排放仅仅是一个“梦想”。现实情况是，江凯生化从试生产开始就沦为一个新的污染源。

1．违规试生产埋下厂群冲突隐患

2007 年年初，江凯生化在补办环评过程中，未经环保部门核准同意，违规试生产。由于设备调试不到位和管理上的疏忽，试生产期间排放大量废气，对厂区周边山场林木和农田造成了一定的损害。虽然农民得到相关损失赔偿，但还是引起部分村民的不满，周边村民对江凯生化的抵触情绪由此产生。

2．长期违法生产导致冲突全面暴发

江凯生化被环保部门责令停止试生产后，却置若罔闻，与环保部门玩起猫捉老鼠的游戏，仍然偷偷摸摸生产，周边村民的积怨逐步加深。江凯生化的一意孤行使该区域原本就存在的厂群环境纠纷雪上加霜，厂群关系更趋紧张。2008 年 8 月 2 日，以玉山某镇萤石选矿厂废水大量排入该镇小溪为导火索，村民长期以来对江凯生化、萤石选矿厂等违法排污企业的愤懑情绪被迅速点燃，大规模群体性事件全面暴发。

8 月 2 日上午，200 名群众到该镇工业小区聚集，砸坏企业部分生产设施。8 月 4 日上午，50 余名群众到县信访局上访，要求江凯生化、萤石选矿厂等企业搬迁，并解决饮用水问题。9 月 14 日晚，近 400 名群众聚集到该镇工业小区，要求关闭企业。个别群众借机砸坏厂内供水管、抽水房、主要机械设备及生活设施。10 月 17 日上午，30 名群众再次到镇政府上访，要求企业搬迁和尽快解决饮

用水问题。

3．及时有效处置防止事态的蔓延

为防止事态的进一步扩大，玉山迅速成立维稳领导小组，立即启动责任追究制度，对在处理厂群纠纷中存在失职行为的镇主要领导作出停职处理决定。环保部门对江凯生化依法下达责令江凯生化停止试生产的通知，并采取拉闸限电等强制性措施，责令企业搬迁。同时，实施人饮工程、改善集镇居民饮水条件，加强对小溪水质的监测，及时向村民通报监测结果，消除恐慌情绪。

江凯生化考虑到以企业现有能力即使整改也无法达到环保部门的要求，决定关停现有生产线，彻底退出玉山。

三、江凯生化环境违法事件的启示

磷酸二氢钾生产工艺流程短、技术要求低、污染程度轻、治理技术成熟，如果项目把好选址关、加强生产管理、规范污染治理，就不易发生污染事故。江凯生化被关停值得深思。

1．未批先建使企业输在选址不当的起跑线上

项目选址对企业来说是生死攸关的大事。项目选址必须遵循环境保护法律、法规，合理开发和充分利用各种自然资源，严格控制环境污染，保护和改善生态环境。一个新建项目的选址，必须考虑建设地区的环境容量和质量，分析其主要的污染源和主要污染物，从而选择相应的生产工艺和治污设施，而这一切只能由环境影响评价来完成。

未批先建使江凯生化一开始就步入了选址不当的歧途。假如项目在建设之前按规定开展环评工作，就不会把厂址选在矛盾复杂的环境敏感区域，企业也就不会在错误的道路上越走越远、越陷越深。

2．企业不按照环境影响评价要求出牌等于自掘坟墓

环境影响评价制度是环境保护管理的一项基本制度，法律赋予环境影响评价文件及其批复对建设项目具有强制性约束力。环评一旦批复，企业在项目建设、生产时必须无条件执行。但从现实情况看，企业对环评要求虚与委蛇、阳奉阴违的现象较为普遍。江凯生化存在一系列违反环评要求的做法。主体设备（如反应釜、锅炉等）均为关闭拆迁企业淘汰的生产设备，设备老化，经拆除和重新安装

后，跑冒滴漏现象严重。主要原材料为化工企业生产废料，成分复杂，危害严重。污染治理设施简陋，虽然建有氨气吸收处理和废水中和沉淀处理等环保治理设施，但设施建设不规范、施工质量差，难以保证稳定达标排放。厂区雨水收集排放系统不完善，江凯生化厂区紧邻农田，该公司在建厂初期，并未在厂区背靠的山体建设截洪沟，厂区也未建设雨水收集系统，后虽进行整改，但厂区冲刷雨水与外环境仍然没有彻底隔绝。管理混乱，生产粗放。这些均与环评批复背道而驰。使项目的环境保护工作失去重要依据，项目的环境污染处于失控状态，环境污染事故、环境风险隐患大增。当多种不利因素聚集时，极有可能产生污染事故，引发大规模的厂群冲突。当生存环境岌岌可危之时，企业被彻底清洗出局也就为时不远了。江凯生化就是一个有力的证明。

3．重结果轻过程的环境监管模式是污染治理难达标的根源

长期以来，环保部门对企业主要侧重于对污染治理设施的末端监管，只注意污染治理设施是否正常运行，污染物排放是否达标，并没有延伸至生产管理系统，并未深入到污染的产生节点、产生量和产生方式。这种监管方式虽然最易掌握，也最为便捷，但其弊端也十分明显。首先，从宏观上讲，只重视末端治理不注重生产全过程污染控制，将丧失实现真正意义上的监管作用。其次，从微观上讲，若不通过生产全过程污染控制，彻底了解污染产生情况，在末端监管时极有可能被企业所蒙蔽，无法了解企业是否存在偷排漏排行为，末端监管将失去效果。

生产全过程污染控制的意义在于通过采用先进的生产工艺、设备和清洁的生产技术，达到降低污染产生、环境风险、减轻治理压力、减少污染治理投入的目的。要改变“重审批、轻管理”之弊端，对建设项目不能“一评了之”。要花时间、花精力对建设单位落实环评要求的全过程进行有效监督检查，不能将项目工作仅仅停留在竣工验收阶段。环保部门要建立项目跟踪监察制度，动态掌握建设单位落实环评情况，在项目发生变更时，及时督促建设单位重新进行评价，在建设单位遇到环保技术难题时及时提供协助解决。

第八篇
严把建设项目选址关

“天时、地利、人和”是成就事业不可或缺的三大要素，建设项目选址对企业的生存与发展生死攸关。企业若只偏重眼前利益而不顾长远利益；只看重狭小“地利”而不关注广阔“人和”，必将自食“选址不慎之苦果”。严把建设项目选址关是企业长久生存与发展的基本前提条件，选址缺陷是企业生存与发展的环境风险隐患，政府和有关部门要为企业选址全力做好参谋与服务工作。

38 环保要重防严管化工企业

——江西华华化学有限公司污染事故带来的思考

化工企业在生产过程中绝大多数都会发生事故，化工企业发生事故必然会造成对环境的污染和破坏。江西华华化学有限公司（下称华华化工）建成以来，多次发生安全生产事故，周边环境被污染，群众恐慌不已，给社会稳定造成很大影响、给群众身心带来很大创伤、给政府造成很大压力、给环保部门环境监管增添很大难度、给企业增加沉重经济负担。

避免或最大限度减少化工企业事故的发生和将化工企业发生事故造成的损失降到最低限度的最佳办法就是：企业要高度重视治污设施的建设和运行，环保部门要重防严管化工企业的环境安全。

一、华华化工基本情况

1．华华化工的坐落位置

华华化工坐落在弋阳县，该区域以山地为主，周围村民较少，适合兴办工业企业。但该区域又是一个环境较为敏感的地区，华华化工选址紧靠信江，厂区围墙建在河堤之上，企业排污口离信江只有 20m。上水方向由上饶市管辖，下水方向与另一省辖市毗邻。江西五大河流之一的信江穿村而过，沿江有许多集中式饮用水自来水厂。

华华化工是弋阳县招商引资项目，2006 年由华华化工有限公司独资创办。华华化工有限公司是省级高新技术企业，荣获过国家科技进步二等奖和省级科技进步一等奖，公司三氟甲苯系列产品生产技术水平在国内领先。

2．华华化工的主要产品

华华化工是一个有一定生产规模的多品种化工企业。据该厂《环境影响报告书》批复，建设项目主要有 2,4-二氯-3,5-二硝基三氟甲苯、4-氯-3,5-二硝基三氟甲苯四条生产线。

华华化工主要原材料为无水氟化氢、液氯、甲苯、对氯甲苯、硝酸、硫酸和液氨等。中间体和产品主要有对氯三氟甲苯、三氟甲苯、对氯三氯甲苯、对三氟甲苯苯胺、2,6-二氯-4-三氟甲基苯胺、2,4-二氯-3,5-二硝基三氟甲苯、间羟基三氟甲苯、苯胺、硝基苯等。这些原材料和产品绝大部分都是有毒物质。

例如甲苯，具有特殊芳香味的易挥发液体。甲苯蒸气有毒，通过呼吸道侵入对人体会造成危害。表现为对皮肤、黏膜有刺激性，对中枢神经系统有麻醉作用。短时间内吸入较高浓度甲苯可出现眼及上呼吸道明显的刺激症状、眼结膜及咽部充血、头晕、头痛、恶心、呕吐、胸闷、四肢无力、步履蹒跚、意识模糊，重症者可有躁动、抽搐、昏迷。长期接触可发生神经衰弱综合征，肝肿大，女性月经异常及皮肤干燥、皲裂、皮炎等。甲苯还具有易燃易爆等危险特性，其蒸气与空气可形成爆炸性混合物，遇明火、高热极易燃烧爆炸。所以，国家制定了严格的环境排放标准，包括有组织和无组织排放监控浓度限值。

二、华华化工的环境影响评价审批之路

1．项目“未批先建”

2006 年 3 月，华华化工开工建设，2007 年 8 月一期工程两条生产线建成并投入生产。华华化工从项目洽谈、选址再到开工建设的初期，一直未办理任何环保审批手续，属于一个环保“未批先建”的建设项目。在项目建设 3 个月后，委托环评单位编制项目《环境影响报告书》。报告书于 2006 年 8 月完成，环保部门于 2006 年 9 月通过对该项目的审批。项目又从环保“未批先建”演变为环保“边批边建”的建设项目。

2．华华化工的主要污染物

华华化工的主要污染物是工业废水。废水污染防治设施主要有：3 000m^3 的循环水池和每小时 1 000t 的凉水冷却塔；日处理 80t 高浓度废水处理装置及日处理 200t 的生化处理装置；盐酸循环槽、盐酸灌区、成品灌区等安全围堰，1 000m^3

的事故应急处理池及配套设施；车间实行“清污分流、雨污分流”，整个企业设一个总排污口；在总排污口上安装了在线监测装置，与环保部门环境监控中心联网；2009 年，企业筹资 1 000 多万元从德国引进了一套催化氧化塔装置。

3．华华化工环境影响审批时有争议

华华化工在先期审批时被环保否决，主要原因是：一是企业建设程序违反环保法律的规定，属于“未批先建”或“边批边建”的违法建设项目。二是企业选址违反地方性规定。松花江污染事故后，为了规避环境风险，环保部门规定，禁止在全省主要河流沿河两岸 1km 范围内新上工业建设项目。华华化工建设项目选址在江西五大河流之一的信江沿河岸边，属于禁止建设的范畴。三是企业污染物排放口离下游饮用水源取水口太近。企业污染物拟建的总排放口离下游辖区市饮用水源取水口只有 20km，虽然达到饮用水源保护条例规定的防护距离要求，但由于化工企业的特性，存在安全事故引发次生环境污染事故的风险。四是环境影响评价时部分群众否决该项目的选址。按照《环境影响评价法》和《环境影响评价公众参与暂行办法》的规定，环境影响评价编制部门在对该项目进行环境影响评价公众调查时，邻近县市提出许多否决意见，特别是下游辖区市政府和群众多次上书和上访，要求环保部门否决对华华化工的环境影响审批。

华华化工在进行环保审批时，当地政府和企业已经投资 3 000 余万元，如果遭到否决，必将造成较大的经济损失和社会负面影响，环保部门在“两难”的博弈中徘徊。根据当地政府的强烈要求和企业的多次申请，环保部门在首次否决后又派出环境专家评审组，深入实地考察和多次奔赴下游辖区市召开相关单位和群众代表座谈会。同时，针对上述否决原因向企业提出整改意见。一是针对建设项目违反《环评法》，给予企业行政处罚 15 万元。二是针对选址违反地方性规定，在厂区内增加排污出水管道长度，使企业污染物排放总排污口延长到 1km 以外，达到地方性规定限制的要求。三是针对污染物排放口距下游饮用水源取水口太近，要求企业增加建设事故处置池，并将处理池存储废水容量放大到规定值的 3 倍，提高规避环境风险的能力，消除群众顾虑。四是针对下游相关地区群众要求否决对该项目的审批，对该企业制定专门的监管实施方案。具体为：安装在线监控设施，在线监控做到与省、市、县环境监控中心联网；加大废水监测力度，每两周对总排污口废水中硝基苯和苯胺等特征污染物进行一次定期监督性监测；派出驻厂环境监督员，定期不定期地开展监督性检查，每周例行一次现场环境检查；公布投诉电话，动员群众参与监督。

在上述整改措施落实到位后，最终环保部门对该建设项目给予环评审批。

三、环境污染事故及其处置

尽管当地环保部门对华华化工制定了一整套监管措施，加大了环境监管力度，但由于种种原因，企业在生产过程中，安全生产事故仍不断出现。自 2008 年 8 月试生产到 2009 年 9 月共发生大小安全生产事故 8 次，在这 8 起事故中，有 2 起造成了环境污染。

1．第一起环境污染事故及处置

2008 年 10 月 20 日，当地环保部门接到群众举报，弋阳信江河段出现死鱼现象，怀疑出现工业污染，要求环保部门派人查处。接到举报后，当地环保部门立即安排环境监察人员现场勘察，并对事故展开调查。

经环境监察人员现场勘察，10 月 18 至 20 日连续三天，信江河弋阳清湖段水面出现了数量不等、大小不一的死鱼。此段河面在华华化工废水总排放口入信江河下游约 2km 范围的水域内。根据现场情况初步判断，河面出现死鱼原因与华华化工工业废水排放有关。

环保人员根据现场分析情况立即对存在重大嫌疑的华华化工展开调查。通过对该公司环保设施运行情况的调查证实：2008 年 9 月，华华化工污水处理站硝化废水收集池破裂，导致未经处理的高浓度污水通过地下渗漏流入信江，加上未经处理的工业废水与冷却水混合后直排，致使附近河流水体污染，出现死鱼现象。10 月 17 日，该企业在例行检查环保设施运行时，已经发现硝化废水收集池破裂问题，但是没有引起足够重视，没有立即采取停产整修等措施，从而发生这一污染事故。

依据现场调查结果，当地环保部门立即启动应急预案。一是立即责令该企业采取应急措施，立即停产整治和封堵总排放口，同时将渗漏到总排放口的超标废水用提升泵引入事故应急池，经处理达标后排放。二是请具有环境监测资质的监测单位对华华化工废水总排放口废水进行采样和环境监测分析。经过监测，外排废水中的硝基苯类污染物在企业排污口内仍超过《污水综合排放标准》，要求企业继续利用提升泵将未外排的废水抽入到事故应急池。采取应急措施后，2008 年 10 月 30 日至 11 月 1 日连续 3 天采样监测结果显示：华华化工排污口下游信江河不同水域的水质各项指标均符合《地表水环境质量标准》（GB 3838—2002）的要求。三是环保部门对企业作出挂牌督办和行政处罚 15 万元的处罚决定。

华华化工水污染事故所造成的影响虽然没有进一步扩大，却带来较为恶劣的社会影响。事故发生后，弋阳县 3 个乡镇多个村庄村民提出高额的经济赔偿。由于达不到要求，数百村民多次到当地政府和环保部门上访。后历经数月，几经周折，多方做思想工作，企业付出一定资金用于赔偿群众的损失，此事才得到阶段性解决。

2．第二起环境污染事故及处置

2009 年 10 月 1 日晚，华华化工污水处理站的催化氧化塔出口处一根管子破裂。而催化氧化塔出口管子是企业在生产中收集工业废水到生化处理池的连接管道，当时由于污水处理站值班人员脱岗，值班领导也未发现，导致未经生化处理的生产废水外排，从而发生突发性事故。废水持续外排一个小时后，被路过企业排放口的附近村民发现。村民根据水体状况，怀疑该企业有故意偷排工业废水行为，随即找到企业反映情况。企业负责人经过自查核实，确认企业治污设施发生事故，工业废水已经外排，附近水域已经产生水体污染。反映情况的村民根据污染事实，要求企业补偿污染损失费。企业为了平息事态，决定与上访村民私了。经协商，企业决定给予 3 名村民每人 3 万元的现金补助。

后来，因补助现金分配不公，附近村民遂将此情况举报到当地环保部门，环保部门立即派出环境监察人员到华华化工进行稽查。一是查实企业污染事故与村民举报的基本相符，属于治污设备损坏导致废水直接外排。后经企业停产抢修，终止了废水外排。二是对氧化塔出口处废水进行监测。结果表明：氧化塔总排放口硝基苯浓度为 26.6mg/L，高出该企业执行的一级排放标准 13.3 倍。三是当地环保部门监督企业工业废水经过达标处理后外排。对此，环保部门对企业下达 5 万元行政处罚的决定。同时，要求公安部门协助，追回企业与村民私下交易资金上缴县财政。

四、华华化工污染事故产生的主要原因

华华化工多次发生安全生产事故引发水污染事故主要原因是：企业偏向注重自身利益、缺乏健全的内部管理机制、治污配套设施建设滞后、环保监管缺位。

1．企业偏向注重自身利益导致选址缺陷

化工企业的选址是一个敏感的问题，业外人员由于缺乏专业知识，往往非常尊重企业的意愿。企业追求的目标是少投入多产出、利益最大化。为此，反映在建设项目选址上，企业十分注重自身效益，把交通便利、原料供应方便、节约投

资、节省工期作为落户选址的先决条件。而对于环境安全则缺乏认真的考虑，缺少足够的认识。假如华华化工选址远离江湖，当生产安全事故发生后，防止水污染就有足够的缓冲地带，生产安全就不一定会引发环境污染事故。

2．企业缺乏健全的内部管理机制

华华化工在 2008 年 9 月就发现污水收集池发生破裂，但一直没有采取补救措施。事故发生后，企业又存在侥幸心理，认为不会造成严重后果，没有采取积极的应对措施。继而又出现污水处理站值班人员脱岗、管子破裂无人知晓、值班责任人检查不及时，造成再次发生污染事故。这是企业内部管理不规范，企业员工安全、环保责任意识淡薄，企业管理者存在侥幸心理的后果。

3．企业治污设施配套建设滞后

环保治污设施建设是保证企业污染物达标排放的首要条件。按照规定，项目在可行性研究阶段必须报批环境影响评价文件，环境影响评价文件中对产生的污染物提出了拟处理意见、建设相应的环境保护设施，并且核算由此产生的费用，也就是项目的环保投资。但是，企业在偏向注重自身利益中，环保设施建设投资有的难以满足治污需要，有的基建工程质量难以保证。华华化工从建设到投产时间短，为了赶工期有的工程质量难以保证。污水处理站由于质量问题，仅运行一年时间就发生破裂损坏。环境污染事故具有突发性、不可预见性。华华化工治污设施建设又没有备用设施应对环保设施损坏的风险，当治污设施损坏而企业生产正常运转的情况下，必将造成污染物直接排放，引发环境污染事故。

4．环保监管缺位

华华化工环境污染事故的发生，环保部门从主观和客观上分析，在监管上都存在较大的缺陷。一是在线监控没有发挥应有的作用，企业污水直排，在线监控没有立即报警；二是上级环保部门针对华华化工污染排放的情况，要求当地环保部门派出驻厂环保监督员，但监督制度不健全，驻厂环保监督员有时缺岗；三是核准企业试生产时，对环保设施“三同时”建设审查把关不严；四是企业试生产后，没有及时对企业进行环保“三同时”验收；五是对企业行政处罚太轻，没有起到震慑作用。

五、启示

化工行业属于高危行业，绝大部分化工企业都会发生大小不等的安全生产事故，化工企业发生安全生产事故又会引发环境污染事故。如果发生污染事故，轻则对生态环境造成影响，重则危及人民生命财产安全。华华化工污染事故教训：化工企业选址必须慎之又慎；化工企业治污设施工艺流程建设必须保质保量；化工企业对生产管理必须严上加严；环保部门对化工企业的环保审批必须严之又严；环保部门对化工企业的监管必须严之又严。加强对化工企业的环境安全监管是环境保护的一项重中之重工作。

1．化工企业选址必须慎之又慎

目前，中国有 21 000 余家有一定规模的化工企业，分布在长江、黄河流域的就有 50%以上。很多化工企业由于选址不当，不同程度存在安全隐患。一旦发生事故，必将对沿江河地区饮用水安全构成严重威胁。同样，这些企业临江而建，虽然在建设初期节省了部分资金和时间，但由于选址上存在明显缺陷，给企业的生产管理和污染防治带来重重困难实属得不偿失。

化工企业选址必须慎之又慎，必须把规避环境风险放在首位。长期以来，化工企业选址缺乏公开化、透明化。企业在选址时往往注重眼前利益，缺乏长远利益考虑，普遍存在“以经济为先，弃环保于不顾”的现象。所以，要把对化工企业选址慎之又慎的理念作为化工企业规避环境风险、防范环境污染的“拐点”。

化工企业选址的标准和依据是项目环评报告。环评报告必须做到科学准确、可信公平，把周围环境质量、公民生存问题作为决定选址的首要条件。同时，环评报告要公开、透明。环评报告和企业选址只有得到绝大多数民众支持，化工企业的环境风险才能降到最低，落户的企业才能一心一意稳步发展。否则，化工污染“遍地开花”，化工灾害层出不穷，环境毁灭性地被破坏，公众则在毫不知情的情况下成为最大的受害者，政府的公信力将会遭到质疑，化工企业也将成为众矢之的。

2．化工企业治污设施建设必须保质保量

化工企业治污设施建设质量是确保企业污染物达标排放的前提条件。民营企业由于缺乏一整套严格的监管制度和措施，个别企业甚至以少投入多产出，片面追求利益最大化为目标，环保治理设施建设难以达到质量要求。华华化工为了抢

工期、争效益，在污水处理池地基开挖后，松土回填未经夯实，就浇筑水泥混凝土，加上水泥混凝土未达到设计要求，当污水处理池投入运行时，水泥混凝土因受压过度，多处产生裂痕，使污水处理池内未经处理的污水直排，最终导致环境污染事故的发生。

为了确保化工企业治污设施建设质量，必须按照项目在可行性研究阶段报批的环境影响评价文件规定，将治理设施与主体工程置于同等地位，同步设计、同时施工、同时投产。以同样的程序确保环保投资全部落到实处，治污设施质量全部合格。

3．化工企业对生产管理必须严上加严

环境污染事故具有突发性、不可预见性。减少环境污染事故的发生，关键是预防。化工企业的环境污染事故往往是由生产安全事故引发的次生事故，确保企业生产安全是消除环境污染事故的根本措施。企业要消除生产安全隐患，就必须强化内部管理，把企业内部管理抓得严之又严。华华化工发生环境污染事故完全是由于企业管理不严造成的。假如污水处理池保质保量建设，仅运行不到一年的设施就不会出现破裂；假如污水处理站值班人员不脱离工作岗位，催化氧化塔出口处一根管子破裂，也不会导致废水大量直排；假如企业管理人员尽职尽责，就能“吃一堑长一智”，不至于一而再、再而三发生安全事故和环境污染事故。

化工企业要把安全生产制度建设摆在首要位置。健全规范的内部管理制度是企业持续发展的根本保证。万事人为本，“三分技术、七分管理”，理念先于制度，制度重于技术。化工企业要特别注重制度建设。实行严格的领导值班制度。通过领导值班督察，以“铁腕”方式抓好生产安全。通过督察，对随时出现的机械、工艺上的故障及时进行处理，从而确保机械的正常运行。

4．环保部门对化工企业的环境审批必须严之又严

华华化工由于是一个“边批边建”、“未批先建”的建设项目，环保部门对其进行环境影响评价审批时一开始就处于“两难”的困境。如若对项目建设采取否决意见，必将造成一定的经济损失，必将有损当地政府的信誉和形象，造成很大的社会影响。如若对项目建设采取批准的决策，虽然照顾了项目建设主体的利益和当地政府的面子，但是增加了项目建设环境保护投资的成本和企业治污设施运行成本，增加了对企业环境监管的成本。所以，从长远来说，环保部门对化工企业的环境审批必须严之又严。

5．环保部门对化工企业的监管必须严之又严

环保部门对化工企业的监管是确保区域环境安全的重要手段。环保部门对化工企业的监管除了常规监管外，特殊情况下要派出环保驻厂监督员，要做到环保监管深入到辖区各地，不留死角，严厉监管企业的环保违法行为。驻厂监督员要监督检查企业预防事故的情况，制定可操作性的事故应急预案，落实事故预防责任制。督促企业积极筹措资金，加大对安全生产和环保设施投入，检查环保治理设备运行情况，确保企业污染物达标排放。

环保部门对化工企业违法排放和事故性排放要迅速采取停产整顿、限期整改果断等措施。

环保部门对污染事故的处罚要严，处罚要起到教育与震慑的作用，使企业真正认识到违法成本大于守法成本。处罚要执行到位，瓦解企业侥幸心理，使企业要生存与发展必须先过环境保护关成为共识。

39 发展经济"先上车、后买票"不受保护

——上饶贝斯特化工有限公司建设项目被环保否决的启示

上饶市贝斯特化工有限公司（下称贝斯特化工）是一家生产农药原料的化工企业，由于地方政府发展经济急功近利，招商引资盲目承诺，致使企业提前开工建设，后因项目选址不当而被环保否决。这是一个典型的"先上车、后买票"不受保护的案例。

一、背景资料

1．类似企业污染环境案例

2007年3月，山东省济南市某经济开发区村民因抽取已被污染的河水浇地，造成2.67hm^{2}小麦、蒜苗遭受不同程度损害，部分麦苗、蒜苗死亡，同时土地受到不同程度污染，含盐量临近盐碱地标准。

环境监测结果表明，受污染土壤中灭多威肟含量异常高。另外，受污染土壤中全盐量达0.51%，几乎成为盐碱地。经专家认定，造成麦苗、蒜苗死亡的污染物是灭多威肟和盐分。该事件中受损农户最终按小麦每亩800元、蒜苗每亩3 500元的标准获得赔偿。

经调查，山东省济南市某经济开发区内生产灭多威肟的企业仅此一家公司。环保部门发现，该公司在未向环保部门申请试生产、未按照环评审批意见配套建设污水处理设施的情况下，擅自投入生产，污水不经处理直接排放，造成村民农作物死亡和土壤污染。济南市环保局对其进行了行政处罚，报经政府同意后，责令其立即停产整顿，同时将该公司的所有案卷材料移交公安部门，由公安部门依

法追究有关责任人的法律责任。这是济南市第一起移交公安部门调查的违法排污环境案件。

2．国家严格控制农药生产

2008 年 2 月 26 日，原国家环保总局公布的第一批双高（高污染、高环境风险）产品目录中，农药类涉及 24 种，包括毒蝇磷、甲拌磷、氧乐果、异柳磷、甲基异柳磷、水胺硫磷、克百威、涕灭威、灭多威肟、杀螨醇、三氯杀螨醇、杀鼠灵、乙酰甲胺磷等。据测算，每生产 1t 农药灭多威肟产品将会产生 20kg HCl 及 Cl_2 废气、9～10t 废水。灭多威肟属于高毒农药，储运、使用不当易污染环境，易被黏膜吸收引起中毒；其具有危险化学品及有毒化学品特征而被列入 141 种"高污染、高环境风险"产品名录。

"高污染"产品是指在生产过程中污染严重、难以治理的产品，在生产中付出了巨大的环境代价。由于这些产品的价格、税收政策没有真实反映其环境成本，企业的利润在很大程度上是靠牺牲环境获得的。"双高"产品生产过程所排污染物的正常治理成本，一般占生产总成本的 10%～30%；有些产品生产过程所排污染物更是难以治理。

"高环境风险"产品是指在生产、运储过程中易发生污染事故、危害环境和人体健康的产品。它在生产和使用中对人体健康存在巨大风险，必须予以高度重视。如镉镍电池含有大量镉，生产过程中很容易发生慢性职业病和急性中毒事件，进而引起相关人群的肺障碍病症和肾功能严重损害。即使只是微量的镉，如果长期摄入，也会引起骨骼病变并带来剧痛，日本统称"骨痛病"。日本富山县神通川流域因受镉污染，引起成千上万的居民遭受"骨痛病"之苦，成为全球著名的污染公害事件。

从总的发展趋势看，高毒品种、"双高"品种在今后会受到政策的限制或被逐步禁产禁用。

二、案例回顾

2006 年，上饶县花厅镇政府赴浙江省招商，引进浙江商人王某投资 3 164 万元，组建上饶市贝斯特化工有限公司，选址在上饶县花厅镇，新建两条年产 2 000t/a 灭多威肟生产线。

项目拟选址在上饶县花厅镇牛山一山坳中。花厅镇位于上饶县东南部，东邻广丰县横山镇，南与上饶县前程乡接壤，西毗田墩镇、北与广丰县枧底乡溪西村隔河相对，丰溪河铜山港横贯南北。厂址周边主要自然村有大坡村、叶家、金鸡口、里村等，覆盖人口150余人。

按项目可研报告，项目建成投产后每天将产生高浓度工艺废水26.4t，COD浓度高达25 000mg/L以上，主要工艺废气为氯气、甲硫醇。

氯气是黄绿色有刺激性气味的气体，对眼、呼吸道黏膜有刺激作用，可引起急性中毒：轻度者有流泪、咳嗽、咳少量痰、胸闷，出现气管炎的表现；中度中毒发生支气管肺炎或间质性肺水肿，病人除有上述症状的加重外，出现呼吸困难、轻度发绀等；重者发生肺水肿、昏迷和休克，可出现气胸、纵隔气肿等并发症。吸入极高浓度的氯气，可引起迷走神经反射性心搏骤停或喉头痉挛而发生“电击样”死亡。皮肤接触液氯或高浓度氯，在暴露部位可有灼伤或急性皮炎。长期低浓度接触，可引起慢性支气管炎、支气管哮喘等；可引起职业性痤疮及牙齿酸蚀症等慢性影响。

甲硫醇为无色恶臭气体，吸入后可引起头痛、恶心及不同程度的麻醉作用；高浓度吸入可引起呼吸麻痹而死亡。

该建设项目在未取得环保部门批准许可的情况下，就开工征用土地和开展土地三通一平工作。2006年年底，有关部门经过考察，认为该项目废水排入丰溪河，位于上饶市城区上游，涉及上饶市饮用水安全，项目周边又有不少村庄，环境敏感点较多。生产产品原材料种类较多，含毒成分复杂，运输困难，建议紧急叫停项目工程。2007年年初，该项目的环境影响评价文本上报环保部门审批时，经专家评审，认为该项目选址不当，其理由是安全风险和环境风险大，最终项目被否决。该公司因无法按计划继续实施，造成直接经济损失200多万元。

三、案例分析

1．盲目引进高污染高风险项目，是项目难以落户的重要因素

农药行业还存在显著的行业竞争结构改善效应。农药的生产和施用对环境存在较大污染，原国家环保总局2008年3月发布的《第一批“高污染、高环境风险”产品名录》80个产品中，就有24个品种是农药。国家出于减少对环境污染的考虑，限制对高毒农药的生产和使用，这将为新型低毒或无毒农药的销售打开空间。例如，自2007年1月1日起，国内禁止甲胺磷、甲基对硫磷、对硫磷、久效磷、磷胺五种高毒有机磷农药的使用，这五种农药及制剂的使用量占农药总使用量的25%左右，高污染农药品种的退出将为新型低毒环保替代农药留下很大

市场空间。为此，在国家致力于引导农药企业产业升级，提高出口门槛的背景下，拥有技术和环保优势、生产低毒、低污染品种的农药企业将获得更好的发展空间。

2．项目选址环境不适合化工企业落户

贝斯特化工项目选址在上饶县花厅镇牛山，由于花厅镇位于上饶县的东南部，东邻广丰县横山镇，南与上饶县前程乡接壤，西毗田墩镇、北与广丰县枧底乡溪西村隔丰溪河相望。项目的化工废水最终进入丰溪河，一方面丰溪河位于上饶市城区上游，涉及上饶市饮用水安全隐患；另一方面将来项目竣工投产后容易引发跨县域水污染纠纷。况且，项目拟选址处周边自然村较多，有大坡村、叶家、金鸡口、里村四个自然村 150 余人。项目产生的工艺废气氯气是有毒有害气体，甲硫醇为恶臭气体。一旦企业环境管理出现问题，必将造成严重的大气污染事件，进而引发周边村民环境纠纷。

近年来，江西省相继出台一系列针对高能耗、高物耗、高排放、高污染项目的环境保护准入相关政策。主要内容有：在江河源头水保护区、五河（赣江、抚河、信江、饶河、修水）干流两侧 1 公里范围内、城镇集中式饮用水源取水口上游和湖库区域禁止新建直接排放废水的化工中间体、农药、电镀、制革、印染、造纸、焦化、染料等水污染严重或环境风险大的建设项目；在城镇规划区内，居民区、疗养院、学校等环境敏感区主导风上风向禁止新建燃煤电厂、石油加工、化工中间体、农药、有色金属冶炼，黑色金属冶炼、焦化、水泥熟料等大气污染严重或环境风险大的建设项目；禁止新建选址、布局不符合城镇总体规划或环境保护功能区划的项目；禁止建设现有设施污染物排放达不到国家排放标准和 SO_2、COD_{Cr} 总量控制要求，不能通过“以新带老”、“以大代小”的措施实现“增产不增污”或增产减污的改建、扩建和技术改造项目一律禁止环保审批。这些相关的规定都限制了该项目的建设。

3．企业未严格遵照法律法规要求，造成投资失误

根据《中华人民共和国环境影响评价法》、国务院《建设项目环境保护管理条例》等有关法律法规的规定，建设对环境有影响的项目必须依法进行环境影响评价，项目环境影响评价文本未经批准的项目，建设单位不得开工建设。贝斯特化工在该项目未取得环保批准情况下，却作出了未批先建的违法决策，公司在取得土地使用权后即开始着手项目建设，造成了重大的投资失误。

四、贝斯特化工建设项目被环保否决的教训

1. 企业未批先建蕴涵着巨大的投资风险

贝斯特化工违反国家法律法规，采取未批先建的错误决策，最终导致公司因此直接经济损失 200 多万元。贝斯特化工项目占地 1.33hm^2，设计规模年产灭多威肟 2 000t，如全部建成投产，一年能给当地政府上缴利税 500 万元。因为违规而被叫停，引进该项目原本是地方官员政绩所在，如今却成为政府盲目招商引资造成投资失误教训的一个负面典型。

2. 保增长求发展切忌盲目招商引资

当前一些地方政府为发展经济，把招商引资作为重要工作来抓，为了招商引资而招商引资，为了完成任务而招商引资。

淘汰落后的生产工艺，甚至是国家产业政策明令禁止的项目，在一些经济发达的地区具有极高的转移热情。而一些经济欠发达地区的地方政府为了发展地方经济，完成招商指标，对招商引资有着空前的盲目热情，两者一拍即合。这是一场富含商机但蕴涵着极度危险的产业转移。但“经济饥渴”的中西部欠发达地区对此似乎视而不见，招商引资热潮席卷各地。各地也在开足马力，极力想利用外来资本振兴地方经济，这种借鸡下蛋的初衷固然很好，但盲目招商引资做法不可取。

在国际金融危机的大背景下，保增长的重要意义自不待言，它关系民生、关系稳定，关系中国国民经济能否持续健康发展。然而，保增长并非易事，更容不得弄虚作假，急功近利。

在一些经济欠发达地区，由于经济总量小，发展速度慢，追求增长幅度的欲望更为强烈，加上外贸、消费疲软，只能靠投资拉动，投资拉动又只能凭借招商引资。有的地方政府为了尽快出政绩，要求党政部门全员招商引资，层层下指标，逐级派任务，盲目招商引资，酿成种种弊端：破坏生态环境。为了招商引资，不惜对发达国家乃至发达地区限制和停产的高耗能、高污染企业大开绿灯，只求一时增长，无视对环境造成极大破坏。牺牲土地资源。为了吸引外商，在投资环境没有明显优势情形下靠廉价出让土地资源，有的商家趁机圈地，并不建厂，而是转手倒卖，或改变土地用途进行房地产开发，牟取暴利。一方面使国家失去宝贵的土地资源，另一方面使一些被征地的农民失去生存之本。只顾投入，不顾产出。

有的招商项目，论证不科学，市场调研不充分，便盲目上马，投入亿万资金却不能按计划投产、达产，酿成沉重的债务负担，骑虎难下。这类反面例证，可谓屡见不鲜。

3．发展经济必须坚持以科学发展观为指导

科学发展观要求把以人为本、全面协调可持续发展真正贯穿于招商引资的各个方面、每个环节。如何引进一批综合效益好、资源消耗低、环境污染小、自然资源充分利用的好项目，把资源优势转变为经济优势，实现可持续发展，要求我们在招商策略上做出相应的调整，切实转变观念，创新发展思路，促进科学招商。

花厅镇政府根据环保部门的建议，最终决定放弃该项目。把成功引进的项目否决，无论如何对地方经济建设与发展是个遗憾，放弃了有点可惜，短时间内会难以理解，但从长远利益看，这是好事，有利于保护当地的生态环境。

勇于放弃与一味追逐给人以双重启示，引进项目要立足于长远利益，要有利于提高和改善人民的生活环境、生活水平。相反，急功近利的思想只能是害民误国。环保部门通过对招商引资项目实施严格的环保一票否决制，既能从源头上杜绝高污染项目的进入，又能积极引导地方政府实现从招商引资向“选商选资”的转变。希望本案能给那些还沉迷于求得短期效益，不顾牺牲环境的决策者一些启示。

40 严管行政交界区域的环保真空地带

——取缔广丰夏界人电镀厂的启示

“小电镀”是《国务院关于加强环境保护若干问题的决定》中明令取缔关停的“十五小”重污染企业之一。广丰县夏界人电镀厂（下称夏界人电镀厂）是含氰小电镀企业。该建设项目无任何审批手续、无正规设计、无污染治理设施，设备非常简单、工艺极其落后，是典型的“十五小”重污染企业。企业生产中电镀废液直排小溪，污染水体，破坏生态环境，威胁区域民众身心健康，造成极坏社会影响，企业仅投产一个多月时间就被环保等部门拉闸断电、依法关停。关停取缔夏界人电镀厂对环保如何监管跨区域交界企业、防范区域环境污染具有一定的借鉴意义。这类企业通常有哪些特点，如何监管，相邻环保部门应当如何沟通，相关部门如何配合等值得深思。

以厂大门中心线为界，图左边由浙江省管辖，右边由江西省管辖

卅二都溪大坝水面归属江西省管辖，坝下水系归属浙江省管辖

一、企业的基本情况

1. 企业坐落地理位置

夏界人电镀厂坐落在福建、浙江、江西三省交界的浙江江山市凤林镇荷花墩村与江西广丰县东阳乡龙溪村，其办公房区建在浙江省江山地界，生产厂房则建在江西省广丰地界，是地理上较为罕见的"骑墙"式跨省企业。花墩村和龙溪村属于半山区丘陵地带，地理位置比较偏僻，远离县城和集镇，人口密度相对较少，村民以农业为主，纯属农业村落，生态环境较好，是环境监管容易被忽视的"盲区"。

浙江省江山市某电子厂纽扣式电池外壳电镀加工时使用氰化物等化学品，对周围环境产生严重污染，被当地环保部门立案查处，责令停止生产。业主为了逃避当地环保部门的监管，铤而走险地将电镀车间转移至处于环境监管"盲区"的三省交界区域，创办夏界人电镀厂。

2. 企业的生产规模

夏界人电镀厂实质上就是电镀生产车间。业主在办厂时没有办理包括环保在内的任何手续，厂区没有正规设计的厂房和生产线，只投资 400 余万元用于建设办公和生产厂房，没有建设治理电镀废水的基本环保设施。企业于 2006 年 8 月开工建设，2007 年 3 月初开始投料生产，成品则运回到江山市进一步加工，完全是一个作坊式的电镀加工厂。

3．企业的生产工艺

企业的镀件为纽扣式电池外壳，在去油滚光、清水清洗、5%硫酸侵蚀后、再用清水清洗，然后装桶电镀，最后清洗、脱水、烘干、装袋入库检验。电镀液的主要成分有硫酸、硼酸、氯化镍、重铬酸钾、重铬酸钠等。其生产的各个环节，均有废水产生，经厂区后侧的一水泥条沟，流经一个长宽高约 8m×8m×4m 的水泥结构的废水池沉淀池，再流入一个 15m×15m×3m 左右的自然水塘，等候夜间偷排，企业排放废液是通过预留排污暗管排出。据现场估计，若企业满负荷生产，该水塘三四天即可存满。

4．企业污染物对环境的影响

小电镀工艺废水成分复杂，特别是本案的纽扣式电池外壳电镀加工，光洁度要求较高，其废水成分主要有氰化物、六价铬、铅、镍和锌等重金属及其化合物。氰化物是极毒物质，特别是在酸性条件下，它变成剧毒的氢氰酸。含氰废水必须先经过处理，才可排入水道或河流中。长期饮用含氰 0.14mg/L 的水会出现头疼、头晕、心悸等症状。氰化物对鱼类及其他水生物的危害较大，水中氰化物含量折合成氰离子（CN^-）浓度为 0.04～0.1mg/L 时，就能使鱼类致死。另外含氰废水还会造成农业减产，牲畜死亡。六价铬的毒性比三价铬高 100 倍，可在人、鱼和植物体内蓄积。六价铬对人体皮肤、呼吸系统以及内脏都有伤害，能致呼吸道癌，主要是支气管癌。铅和铅化物对人体是有害元素。铅经饮用水或食物进入人体消化道后，有 5%～10%被人体吸收，当蓄积过量后，在骨骼中的铅会引起内源性中毒。镍和镍化合物进入人体后主要存在于脊髓、脑、五脏中，以肺为主。其毒性主要表现在抑制酶系统。镍及其镍盐类对电镀工人的毒害主要是镍皮炎。锌和锌化合物虽然是人体必需的微量元素之一，但正常人每天从食物中吸收锌仅需 10～15mg，过量的锌会引起急性肠胃炎症状，如恶心、呕吐，同时伴有头晕、周身无力等。

电镀行业投资最大的是污水处理系统，约占整体投资的 75%，而夏界人电镀厂投资规模小，没有废水治理投入，废水基本是晚间直排偷排。2007 年 4 月 13 日，经对夏界人电镀厂污水塘检测，其废水中的 pH 为 3.8，总铬 163mg/L，氰化物 4.07mg/L。这种未经治理直接排放的污水，严重影响排污口下游的江山市凤林镇 12 个行政村，约 11 000 人口的生产生活用水安全，也对当地生态环境带来严重危害。

二、案例处置过程

1．死鱼事件引发群众上访

夏界人电镀厂投产以后，电镀废液未经处理直接对外排放，有毒有害物质污染周边水系，造成水系沿途鱼类等水生物中毒死亡，当地村民多次发现后自发到厂里调查，但因企业偷排污染物手段较为隐蔽，调查一直未果。为此，村民先后到当地政府和江山市环保部门上访，经过江山市环保部门初步了解，认定夏界人电镀厂污染物排放是直接原因。2007 年 4 月 2 日下午 4 时，浙江省江山市环保局电告江西省广丰县环保局，江山港支流卅二都溪出现死鱼事件与夏界人电镀厂电镀废水排放污染水系有关，要求协助处理。因涉及跨省污染纠纷，当地环保部门迅速向上级环保部门汇报。浙江、江西两省环保局先后发出“关于商请进一步加强广丰县夏界人电镀厂环境监管”的函件，一场处置死鱼事件环境污染调查，摆上两省环保部门重要的议事日程。

2．处置死鱼事件发现重大污染原因

4 月 3 日，广丰县环保局派出环境监察人员奔赴东阳乡龙溪村，找到夏界人电镀厂。由于该厂地处省际交界，办公房建在江山市境内，生产车间、排污口建在广丰县境内，经济运行在江山市，用电由广丰县供给，属地理“骑墙”式跨省企业，当地村民对之了解甚少，乡村行政管辖处于三不管状态，广丰县环保部门包括当地乡村从未发现有该企业存在。环保部门到该厂督察后，认定该厂电镀废水排放与江山市环保局电告说明情况完全相符。该厂项目建设未经环保部门审批，是一个非法企业，企业污染治理一片空白。环保部门当即下达责令改正通知书，要求该厂立即停止生产，按照环保法律规定办理环保审批许可手续后，方可投入生产。

该厂地理位置特殊，污染物排放情况非常复杂。该厂电镀加工生产后，将未经处理的电镀废液排放到厂区内的水塘存放，尔后时隔三天，一般在深夜 1 时左右，将未经处理的电镀废液通过暗管排放到卅二都溪水系。卅二都溪是浙江省江山港支流，该水系在两省交界处有一座小水坝，自夏界人电镀厂内水塘至水坝上游 150m 范围区域由江西广丰管辖，企业在此处设有一条排污明管，一般情况下，

不作排污使用，所以，水体内水生物质包括鱼类生长很好。水坝下游由浙江江山市管辖，水系沿岸有荷花墩、王家等 12 个行政村，村民达 1 万多人，卅二都溪是村民的生活饮用和农田灌溉水源，企业在水坝坝体底部埋建一条暗管，电镀废液通过暗管排放到此处，每排放一次，就造成重大生态环境危害，影响极大。广丰县环保局立即将处置情况电告江山环保局，避免引发两省交界群众误解，商请该局共同加强对该厂的关注，防止事态扩大。

电镀厂区内存放电镀废液的水塘

在卅二都溪大坝底部埋设的排污暗管

在卅二都溪大坝上游埋设的排污明管

3．部门配合彻底关停违法污染企业

夏界人电镀厂业主接到广丰县环保部门停产整顿通知书后，并未引起足够重视。当环保人员离开后，采取白天休息，夜间继续偷偷生产的阳奉阴违手段，与环保人员玩起“躲猫猫”。广丰县环保人员三天一次的日常督察中并没有发现。4月19日下午，广丰县环保人员到现场虽然未发现生产，但厂区内存放电镀废液的水塘污水明显增多，当即询问企业原因，却被告知是地面冲洗水所致。

4月20日早上，江山市荷花墩、王家等几个村村民发现卅二都溪河流水面漂浮着大量泡沫，并出现死鱼现象，村民提供了现场拍摄的照片。江山市环保局接报后立刻电告广丰县环保局，该厂昨日非法排污，已经造成下游河流中的鱼大量死亡。广丰县环保局一边向上级环保部门报告，一边立即赶赴现场，会同江山市环保部门人员共同到该厂调查情况。经江山市环保部门当日对该溪水体监测结果显示：废水中 pH、总铬、总氰均严重超标，危害极大。两市县执法人员随即对排污口进行排查，收集相关非法排污的证据。电镀厂的水塘“绿”水已变成清水，厂外排污明管出口处清水汩汩，似乎未曾排污。经仔细察看，才检查出该企业装有一条排污暗管，暗管埋在河坝下，河坝水流急，企业排污时，不易被发现，比较隐蔽。经询问企业生产工人时，证实企业凌晨1时直排厂内水塘电镀废液，从而引发此次污染死鱼事件。跨省交界建厂，假排污口设在江西境内，真排污口建在浙江境内。利用其所处的特殊地理位置，企业排污演出了一场“明修栈道，暗度陈仓”的闹剧。

当天上午 10 时许，上饶市环保执法人员也赶到现场处置。此时，电镀厂周围有许多村民情绪非常激动，厂群纠纷一触即发。当地政府和环保等相关部门迅速采取应急处置措施：一是使用石灰对电镀厂厂区内水塘残存污水进行中和处理，防止发生次生污染；二是责令该厂对排污口用水泥彻底封堵；三是对电镀厂采取拉闸断电措施，强制该厂停止生产，并要求未经环保部门同意，不得供电生产。

然而，5 月 23 日，广丰县东阳乡供电所反映，该厂私自接通电源，夜间又违法生产。广丰县环保部门立即向县政府报告，该地不宜办电镀厂，不关停取缔难以解决问题，要求采取强制措施，同时电告江山市环保局一起赶赴该厂。当日，经县政府同意，环保部门随即下达处罚通知书，供电公司拆除电镀厂高压供电线路，电镀厂被彻底取缔。到此，这起跨区域交界的违法企业处置终于画上圆满句号。

三、取缔夏界人电镀厂的启示

夏界人电镀厂从投产到关停仅存一个多月时间就寿终正寝，时间虽短但影响极坏。该厂遭受群众反对，被政府依法取缔，在处置这一安全案例中引发许多启示。

1. 区域交界地区，是“十五小”企业的“温床”

企业主选择跨区域地方办厂，相当一部分是心存侥幸，企图逃避执法部门的监管和社会的监督，其办厂的初衷就存在“打一枪换一个地方”的错误想法，因此也不想在环保设施上投入，一旦被执法部门立案查处就卷铺盖走人，不顾留下社会和环境污染问题的后果。夏界人电镀厂把厂址选在跨省交界线上，污染物通过暗管偷排，这是一起环保违法的典型案例。区域交界地区和偏僻山区往往是生态环境较好而又是环境容量较小，环境十分脆弱的地区，交界区域政府管理和部门监管力量相对比较薄弱，是环保违法排污企业降低治污生产成本建厂的首选地。山区水沟小溪流量小难以适应涉水企业排污自净，山区地形难以满足涉气企业排气扩散自净。因此，各级政府和环境保护等相关部门要特别加强对这一区域的环境监管，不能留有环境保护工作的死角。

2. 区域交界地区环保部门要加强联系和沟通

区域交界地区，在平面与空间界限上，在经济利益与社会关系上，在历史与现实联系上，都没有一个一清二楚明确的界限。因此，在环境监管上，区域交界地区环保部门要加强联系和沟通，在处置环境污染事故时，主动互通情况，信息对称，以取得各方面配合、支持和信任，绝不相互推诿。浙江、江西两省，江山市和广丰县的环保部门在处置夏界人电镀厂违法排污事件中做到了环境执法人员第一时间赶到现场、环境信息第一时间相互通报、群众工作相互调解、处理意见及时交换，确保了对这一事件的顺利处置。此举也为两区域在交界处加强环境监管增添了友谊和信任。

3．环保部门对区域交界地区要主动开展和加强环保工作

发展是硬道理。村民要发展经济，必然有企业要在该区域投资办厂。环保部门要主动把环保知识宣传到区域交界地区，帮助当地政府引导选好企业。同时，引导投资业主遵守环保法律法规，完善环境影响评价等环保审批手续。再是要多和企业主交流环保监管的经验和教训，讲清发生环境污染问题的利害关系。否则，小问题也容易演变成大问题，一般问题也会演变成敏感问题，可以解决的问题也可能蜕变成为不可解决的问题。要加强对企业的环境监管，绝不能以偏僻山区为由放松对企业的监管，最终导致企业重大损失和区域生态环境的严重破坏。

41 小型企业选址不当也会引起大的环境纠纷
——江西鄱星特种精密铸造有限公司污染纠纷处置的启示

精密铸造是环境污染较小的工业企业，根据《建设项目环境保护管理条例》和《建设项目环境影响评价分类管理名录》规定，该项目在环保审批中，只要填报环境影响登记表。

退伍军人张某投资670万元在鄱阳县田畈街镇莳山牌楼村创办了江西鄱星特种精密铸造有限公司（下称鄱星公司），生产大型客车涡流缓速器铸件。公司自2006年年底开始筹建，2007年办理工商注册和安全生产许可等手续。但由于与居民区毗邻，造成选址上先天不足，环境污染纠纷不断，民众怨声载道，群众纷纷投诉，企业不能正常生产。

企业被关停后残留部分的厂房一角

政府和环保部门费尽周折，几经调解，2009 年最终以企业停产关闭搬迁而告终。仅仅两年时间，鄱星公司经济损失达 600 余万元。昔日热闹辉煌的厂区，如今遍地杂草，满目凄凉。鄱星公司污染纠纷处置一案告诉我们：污染较小或轻度污染的企业，建设项目也要把好选址关。只有这样，才能避免因环境纠纷而造成业主不必要的损失，减少社会不稳定的因素。

一、企业选址缺陷是关停的重要原因

鄱星公司属于小型铸造生产企业，主要生产销售各类铸造件，企业总投资 670 万元，年产铸件 1 000t，是一个轻度污染类型企业，企业法人张某自 2000 年开始承包鄱阳县第二减速机厂，经过几年打拼，初步完成原始资金积累。2005 年，张某借当时招商引资东风，决心实施战略扩张，另建新厂。新厂于 2006 年筹建，在未办理环境影响评价手续，未建设任何环保处理设施的情况下于 2008 年下半年开始生产。

企业主要以石蜡、钢材、石英砂、盐酸、氯化铵等为原料生产铸件。企业主要工艺流程为：首先用石蜡制成蜡模，然后在蜡模外裹上石英砂，在氯化铵溶液中浸泡，再用蒸气退蜡制成砂模，后将钢材融化成铁水注入砂模内浇注成型。废水主要来自铸件表面冲洗水，每天排放约 1t。由于回收使用的石蜡中含有少量盐酸，模壳在浸泡中黏附少量氯化铵，模壳存放车间地面，致使有部分盐酸、氯化铵和石蜡进入地面冲洗水。大气污染主要来自焙烧炉和 1 台 1t 锅炉，两台炉子均以煤为燃料。

该企业在从建厂到投入生产仅两年，创产值 800 余万元，上缴国税 80 余万元，安置下岗职工和富余劳动力 40 余人，取得较好的经济效益和社会效益，企业多次受到政府表彰和群众好评，法人张某也因此当选为县政协常委。可就是这么一家有着较高技术含量和良好发展前景的民营企业，却因群众投诉，纠纷难以调处，于 2009 年元月被当地政府关停。

鄱阳县地处鄱阳湖生态经济区核心区，是传统的农业地区、鱼米之乡。鄱阳县田畈街镇莳山村原是一个农业垦殖场，2002 年企业改制后，垦殖场建制被撤销，该村划归田畈街镇管辖。垦殖场撤销后，遗留下办公区和旧剧院成为闲散地。

2004 年，为了盘活农村国有资产，鄱星公司把新厂址选在原垦殖场遗留下的办公区，将旧剧院改建成生产车间。但垦殖场又是一个居民密集区，周边住户有 3 000 多户，离企业最近的村民住宅直线距离不足 20m，离企业不到 200m 处是一座拥有 800 多名师生的学校。传统农业地区的村民习惯了宁静的生活，对环境的要求比较敏感，对污染物排放要求很严，而新办企业又正是选择在严禁办企业的环境敏感区。企业选址毗邻居民区，已造成先天不足，这为以后的环境投诉埋下祸根，选址缺陷成为企业关停的重要原因。

二、企业建设项目未办理环保手续是被关停的前提因素

长期以来，农业地区的环境状况较好，环境纠纷也少，环保意识也比较淡薄。鄱星公司法人张某生长在农村，对于办企业的环保管理规定也是一无所知。在筹办鄱星公司时，考虑得更多的是如何简化程序，加快进度，尽早产生效益。所以，按照传统做法，在办理工商注册登记和税务登记后，鄱星公司就立即开工建设，企业生产线建成后即投入生产。

企业厂房与住户紧密相连的一角

近年来，招商引资企业由城市发展到农村，企业的生产打破了农村宁静的生活环境；环境管理由城市延伸到农村各地，环保审批管理越来越规范。按照《中华人民共和国环境影响评价法》和《建设项目环境保护条例》规定，所有建设项目都必须办理环境影响评价审批手续。环境影响评价批准是企业立项、注册的前置条件。《江西省建设项目环境保护条例》明确规定：对未办理环境影响报告审批手续的建设项目，计划主管部门不得批准可行性报告，建设部门不得办理建设用地规划许可证，土地管理部门不得办理用地手续，工商行政管理部门不得办理营业执照，设计单位不得进行设计，银行不得贷款。因此，鄱星公司是一家环保“未批先建”的违法企业。

鄱星公司投入生产后，由于没有建设环保治理设施，工业废水、废气直排，造成环境污染，群众投诉。群众投诉理由：鄱星公司项目建设没有经过环境影响评价，企业没有建设环保设施，企业污染物排放物质不明确，企业生产废水、废气排放已经污染环境，对当地群众生产、生活带来影响，强烈要求政府和环保部门依法关停这一环保违法企业。

三、企业污染治理不力，诱发群体投诉是企业被关停的根本原因

2009 年元月，群众就鄱星公司废水、废气排放严重污染周围环境问题，不断地向当地环保部门和新闻媒体投诉。当地环保部门接到举报后，迅速派出环境监察人员到企业现场进行核查。经核查：认为群众举报基本属实，鄱星公司是环保违法企业，企业缺少环保治污设施，废气和废水均未经处理直接排放。该企业排出的工业废水，影响周围村民地下水水质。经监测：2008 年年底，居民方某家井水 pH 值为 5.4；2009 年 5 月 10 日再一次监测，pH 值为 3.5；2009 年 7 月 1 日，对该村 5 户住户用水进行取样监测，结果均未达到国家规定的饮用水标准。企业污染物排放已经污染周围环境，给当地群众生产、生活造成了一定的影响。

当地环保部门立即作出决定：一是企业立即停产；二是召开群众代表座谈会，由群众决定企业的生存。经代表座谈会协商同意，责令企业停产后建设废气、废水环保治理设施。企业环保治理设施建成后，对废水、废气处理效果进行验收监测。一个月后，完成焙烧炉和锅炉烟汽水膜除尘设施、废水四级沉淀处理设施建设，处理效果经环境监测，大气污染物排放达标，废水也得到有效治理。但出人意料的是，一周后，企业废水污染水库，导致大量鱼类死亡，再次发生群体上访、投诉，多家媒体跟踪报道，污染事故骤然升级。

由于投诉一浪高过一浪，地方政府经多方做工作，但效果甚微。虽然企业对死鱼是否因企业废水污染持有异议，觉得停止生产对企业不公平。但企业未批先建，擅自生产，却是不争的事实。最后当地环保部门报请政府要求对该企业进行强制关停。2009 年 7 月 22 日，鄱阳县政府下达“关于要求鄱星精密铸造公司停止生产的决定”。鄱星公司于当月停产，并将企业搬迁到异地。

四、企业因污染关停搬迁，造成巨大的财产浪费

鄱星公司按要求实行关停搬迁，并在田畈街工业园区辟地重建。但由于铸造厂资金投入土建占绝大部分，实际搬迁的只有 60 多万元设备，厂房土地一直闲置至今，企业直接经济损失超过 600 万元，间接经济损失超过 2 000 万元。

铸造企业是污染相对较轻行业，铸造企业污染物比较单一，治污设施简单、工艺成熟、容易处理。鄱星公司却因污染投诉遭关停，表面上是因为项目选址不当，事实上真正导致企业关停原因是污染和没有办理环境影响评价审批合法手续。建设项目没有办理环境影响评价审批在环保上是最大的违法，皮之不存，毛将焉附？大前提站不住脚，后面工作哪怕做得再好，也有违法之嫌。政府和环境保护主管部门在处置环境污染纠纷时，必须把握环境守法这个前提。

鄱星公司法人张某痛定思痛，对环保工作有了正确的认识：假如在建厂之初，就办理环境影响评价审批手续，企业就不会选择在居民区。即便项目选址在居民区，也会建设污染治理设施，做到污染物达标排放，绝不会因环境污染问题而使企业蒙受如此大的损失和不良影响。张某深有体会地说：由于企业被关停，我一个近 40 岁的人一夜间满头白发，600 多万元学费交得有点冤枉。

目前，鄱星公司搬迁到工业园区后，给企业选择了一个好的发展环境。企业开始筹建时，就办理环境影响评价环保审批手续，认真落实环境保护“三同时”制度，为企业发展创造新机遇，2010 年，企业产值突破 2 000 万元。

当前，在环境保护上普遍存在“违法成本低，守法成本高”的弊端，助长了企业顶风作案、违法生产的歪风。但是，这些违法生产者忘记了一句至理名言：魔高一尺，道高一丈。一切违背群众意愿、违反发展规律、违犯法律法规的所谓“发展”，只不过是在给导演这些“发展闹剧”的“聪明人”挖掘坟墓而已。环境影响评价是“花小钱办大事”的好事。如果企业不通过环境影响评价就不可能进行科学选址，就不可能对排放污染物进行科学测算，就不可能制定有的放矢的污染治理方案，就有可能万劫不复、血本无归，鄱星公司关停搬迁就是一个典型的案例。

企业搬迁后治污设施废气处理装置的一角

42 端掉偏僻山村污染小窝点

——广丰宏丰镍业有限公司关停的启示

2010 年 4 月，广丰县环境监察人员在日常环境监察中，发现了一家隐藏于偏僻山村中的违法排污企业——广丰宏丰镍业有限公司（下称宏丰镍业），并当即作出关停该企业的处罚。这个案例告诉我们：随着经济社会快速发展，人们对生活质量的追求越来越高，城市和市郊环境保护管理工作越来越规范，越来越严格，查处、打击环保违法企业的力度越来越大。偏僻山村已经成为办厂选址的新目标，环境污染的小窝点。政府和环保部门只有及时端掉这些小窝点，才能制止企业污染向农村转移，保持农村良好的生态环境，还农村一片清洁的天空、新鲜的空气、一流的水质。

一、企业基本情况

2007 年 8 月，金融危机席卷全球，镍的价格一度从 40 万元/t 降到 10 万元/t 以下。2010 年以来，镍的需求和价格有所回升，攀爬回到 15 万元/t 左右，镍的冶炼又慢慢恢复。镍冶炼的废气治理复杂，环保投入要求高，因此小企业一般难以承受。但就投资者个人来说，镍冶炼具有投资小、利润空间大的特点，是有“钱途”的短、平、快项目。

镍是稀有金属，宏丰镍业建设项目属于有色金属冶炼，其环境影响评价应由省级以上环保部门审批，是从严审批项目。镍是略带黄色的银白色金属，是一种具有磁性的过渡金属。镍具有抗腐蚀性，合金中添加镍可增强合金的抗腐蚀性能，因此，广泛应用于不锈钢与合金生产领域。全球约 2/3 的镍用于不锈钢生产，在不锈钢中增加镍后形成奥氏体晶体结构，从而改善不锈钢的可塑性、可焊接性和韧性等，所以镍被称为奥氏体形成元素。目前全球有色金属中，镍的消费量仅次于铜、铝、铅、锌，居有色金属第5位。因此，镍被视为重要战略物资，一直为各国所重视。我国镍矿稀少，有一部分是从废品中重新提炼利用，宏丰镍业即属于利用含镍废品提炼镍产品的“十五小”企业。

1．企业概况

浙江商人王某一直在原籍办厂，因当地环保部门打击违法排污企业力度加大，企业在本地已经没有发展的空间。王某为了把企业做大，经过考察来到了江西省广丰县创办独资企业宏丰镍业。该企业注册资金100万元，2009年12月办理工商营业执照和税务登记，在未办理任何环保手续的情况下，把厂址选在广丰与玉山两县交界的广丰县湖丰镇徐家村一个人烟稀少的偏僻山沟里。该企业于同月开工建设，2010年3月进行调试，4月份开始投料生产。

2．企业生产工艺

宏丰镍业采用鼓风炉工艺。鼓风炉工艺是最早利用红土镍矿冶炼镍铁的技术。但该生产工艺因消耗大量优质焦炭、大气污染严重而为人诟病。1985年，日本矿业公司下属佐贺关冶炼厂的最后一座镍铁高炉熄火，标志着鼓风炉冶炼镍铁技术在欧美、日本等发达国家寿终正寝。

生产工艺流程为：废镍（含量为5%～30%）→回转窑烘干→制块→配入磷铁→鼓风炉冶炼→粗镍铁→精炼降Si、C、P、S→镍铁（浓度为50%～65%）。该工艺在冶炼设备结构方面与高炉法冶炼镍铁有相似之处，冶炼过程中以焦炭燃烧放热作为热源。

3. 企业污染物对环境的影响

宏丰镍业在熔炼过程中有镍及其化合物排出，包括不溶于水的硫化镍（NiS）、氧化镍（NiO）和金属镍粉尘等，成为大气中的颗粒物。燃烧生成的镍粉尘遇到热的一氧化碳，会生成易挥发的、剧毒的致癌物羰基镍［$Ni(CO)_4$］，精炼镍的作业工人，患鼻腔癌和肺癌的发病率较高。生产废水主要是冷却水，但循环利用不排放。企业的固体废物包括炉渣、烟尘等。炉渣可作为副产品外销，无固体废物外排。镍可在土壤中富集，含镍的大气颗粒物沉降、含镍废水灌溉、动植物残体腐烂、岩石风化等都是土壤中镍的来源。植物生长会吸收土壤中的镍。镍含量最高的植物是绿色蔬菜和烟草，可达 1.5～3mg/kg。镍对水稻产生毒性的临界质量分数是 20 mg/kg。我国规定车间空气中羰基镍的最高允许浓度为 0.001mg/m^3，地面水中镍的最高允许浓度为 0.5mg/L。

二、案例处理过程

2010 年 4 月 26 日，广丰县环境监察人员在湖丰镇徐家村发现一个山沟里有浓烟冒出，环境监察人员遂赴该地现场察看，原来是一家新办企业——宏丰镍业正在生产。环境监察人员通过调查，认定这是一家违法排污企业，立即要求企业停止生产，听候处理。

湖丰镇徐家村人烟稀少，村民主要以发展农、林、果业经济为生，生态环境状况良好。但自 2009 年年底开始，由于受毗邻的大南镇大南村石煤开采废水、废气污染，周围的环境状况逐渐恶化，村民正在组织向上级政府和环保等有关部门上访。宏丰镍业产生的环境污染又成为该地村民上访的新内容。4 月 27 日上午，离企业最近的柴家岭村村民自发组织冲击企业，砸破厂区围墙和生产设备，拉走企业十多辆半斗车等生产工具和部分生产原料。村民与企业主同时通过电话向政府和环保部门举报与报告。村民举报：企业污染物排放影响群众生产、生活，坚决要求关停企业。企业主报告：当地村民冲击企业，无理取闹和砸坏生产设备等，要求政府迅速派人予以处理。

环保部门接报后，立即赶赴现场，并将初步调查的情况报告当地政府。经查实：宏丰镍业未办理环境影响评价和环保审批手续，是一家环保违法排污企业。企业规模很小，属于国家明令禁止建设的“十五小”企业，企业不可能获得环保部门的环境许可；宏丰镍业在项目建设过程中没有配套建设污染物处理等环保设施，在生产中废气直排已经污染当地环境。环保部门已经下达了《行政处罚事先告知书》，并要求当地政府依法对企业作出关停处罚，取缔宏丰镍业，案件正在处理当中。

广丰县政府根据环保部门要求于 2010 年 5 月 5 日下达取缔宏丰镍业决定书，次日环保部门对宏丰镍业实施关停处罚。

三、关停宏丰镍业的启示

1．环境监察只有加大日常巡察的力度，才能及时发现各种不法现象

宏丰镍业是环境监察人员在日常监察中发现的，而企业早在 2009 年 12 月就已开工建设。虽然环境监察日常工作任务重、人员少，在实际工作中很难做到及时发现，特别是企业选在人烟稀少的地区。但是，只要加大日常巡察力度，就能及时发现违法企业，及时依法处理，防止事态扩大。如何及时发现不法企业，杜绝各种环境违法事件的发生，是一个长期的艰巨任务，是新形势下环保部门值得认真研究的一个课题。

2．群众环保意识不断提高，环境监察要与时俱进

虽然宏丰镍业所处地理位置较为偏僻，村民对这家未批先建的企业进行了冲击，是否合法有待进一步商榷。但从中说明群众的环保维权意识增强是不争的事实。改革开放以来，随着我国经济发展的突飞猛进，一方面，企业不断增多，环境的压力不断加大，环境质量不断下降，时有酸雨损害农作物、江河不能作为饮用水源、湖泊大面积暴发藻类污染等事故的发生，环境恶化问题已经越来越让人无法坐视不管；另一方面，随着政府政策的透明化，公共媒体的不断发展，广播电视、互联网、交通信息等的不断进步，居民生活水平在不断提高，群众参与环保意识也在增强。环保部门如果处理环保违法问题不及时，不能依法办事，就很有可能带来工作上的被动，甚至引发群体性事件。

3．提高基层组织环境意识，群策群防是防止污染向农村蔓延的有效办法

环境监管触角不可能覆盖整个区域，所有角落。特别是在偏僻的小山村，一些小型不法排污企业极易逃避环保部门监管，而一旦发生环境纠纷则木已成舟，极难调解处理。造成不法排污企业在偏远小山村落地生根的原因很多，但主要有：一是企业业主环境意识薄弱，有意逃避环境监管；二是群众环境维权意识较差，

企业稍给利益，就置身体健康不顾，对污染置若罔闻；三是企业与基层的利益相关，基层组织对污染采取纵容甚至是包庇、隐瞒的态度。企业落户生产可以绕过环保部门，但绝不可能绕过当地政府、周边群众。因此，只有提高基层组织的环保意识，才能在源头上防止非法企业落户，只有提高群众的维权意识，才能有效监督企业非法生产。只有这样，才能利用所有有利因素，群策群防，让不法企业无藏身之地。

第九篇
挂牌督办和限期治理

挂牌督办和限期治理制度是整治违法排污企业、保障环境安全的有效手段。企业依法整改是其生存的最后底线，绝不允许“挂而不办”、“限而不改”。环保部门要充分利用这“两项制度”的强制约束性，强化对挂牌、限改企业整改监管，维护法律严肃性，使之成为刺向违法排污企业的一把“利剑”。

43 环保挂牌督办不能“挂而不办”
——铅山信江、恒利纸业关停的启示

铅山县信江纸业有限公司（下称信江纸业）和恒利纸品加工厂（下称恒利纸业）是两家小型造纸企业，也是该县招商引资企业。两个企业自办厂到被关停这一过程，可以说是环保部门与企业斗智斗勇、相互博弈的过程，留下很多令人深思的问题，也带给我们一些有益的启示。

一、信江纸业基本情况

信江纸业位于河口工业园区，是一家民营股份制企业，项目共投资900万元，年生产能力为1.1万t高中档涂布白板纸。

1．信江纸业属补办环保审批手续的建设项目

信江纸业经铅山县发改委立项后，于2003年9月破土动工。而环境影响报告书在2004年2月才编制完成。2004年5月19日，企业环境影响报告书通过环保部门批准，属于补办环保手续的企业。

在环评报告书及审查意见中，确认信江纸业利用废纸造纸，外购部分商品漂白木浆及白边纸进行生产。废纸回收利用加工工艺采用机械处理工艺，废纸经水力破碎离解后制成废纸浆，通过除渣器除去杂物后直接送去抄纸，再经涂布而成涂布白板纸。项目废水主要来源于废纸碎浆清洗产生的废水（浓度较高，但水量不大）和抄纸产生的白水（水量较大，但污染物浓度不高）；废气污染物主要为锅炉烟尘；固体废物主要为锅炉灰渣，废纸碎浆，洗浆过程中剔除的非纸类异物及废水处理过程中产生的污泥。

环保审查意见中要求建设单位严格执行环境保护“三同时”制度，加快环保

设施建设进度，确保环保设施与主体工程同时完成，项目完成后，外排废水必须达到《造纸工业水污染物排放标准》和满足排污总量控制指标要求，项目建成后在试生产期内必须按规定程序向省级环保部门申请办理项目竣工环保验收手续，未经环保验收或验收不合格不得投入生产。

2．信江纸业未通过环保验收

2005 年 6 月，信江纸业项目建成，同年 9 月进行试生产。经企业申请，省级环保部门于 2006 年 8 月组织对信江纸业年产 1.1 万 t 涂布白板纸进行建设项目竣工环境保护验收。验收小组认为：企业没有按照环评要求建设废水深度处理生化池，外排废水达不到《造纸工业水污染物排放标准》要求，也没有按环评要求将抄纸废水循环使用（要求白水循环使用率应达到 78.3%），废水排水量远大于环评审批意见中所确定的最高允许排水量≤$60m^3/t$ 纸的标准，项目因此未通过验收。

3．信江纸业长期以试生产为名进行非法排污

信江纸业从 2005 年 9 月开始试生产，企业为了减少成本没有按照环评及环评批复的要求对废水进行治理，迟迟没有申请环保验收，一直以试生产的名义进行生产。在当地环保部门的一再督促下才报请环保部门给予验收，但未通过。之后企业不但没有进行实质性的整改，反而继续以试生产名义断断续续地进行生产，直到 2008 年下半年被政府彻底关停。企业非法排污 3 年整，对环境造成了极大的影响。

二、恒利纸业基本情况

1．恒利纸业是一个报建不符项目

企业老板陈某为浙江省富阳市人，2002 年，其在当地的小造纸厂被富阳市政府关停。此时，恰逢铅山县到富阳市招商引资，陈某决定把当地的小造纸厂搬到铅山。“吃一堑，长一智”的陈某这次决定以纸制品加工生产名义进入铅山县。其在该县发改委所立项目为：外购原纸，进行纸制品加工生产。然后到县环保部门报批了建设项目环境影响登记表和其他相关审批手续。但企业实际投入生产后却摇身一变，成为一个自制纸浆、年产 1 000t 迷信纸的小造纸厂，是一个典型的“挂羊头，卖狗肉”的企业。

2．恒利纸业生产工艺

恒利纸业生产工艺为：利用当地丰富的毛竹资源，将竹丝用烧碱腌制生产纸浆，用自制浆进行抄纸生产迷信纸。该工艺是国家产业政策早已明令禁止的淘汰落后生产工艺，属于明令禁止的“十五小”企业。

3．恒利纸业未采取任何污染防治措施

恒利纸业在制浆和造纸过程会产生大量的高浓度有机废水，但企业没有采取任何污染防治措施，导致大量有机废水直排信江。

三、案例处置经过

1．在初期环保部门要求企业限期整改

恒利纸业建设初期，鉴于当时的社会大环境影响，各级政府的首要任务是发展经济，地方政府环境保护意识还比较淡薄。该县环保部门迫于外界的压力，也只有默认此违法企业存在。只是加大对该企业的监管力度，要求企业进行整改，将绝大部分废水进行回用，并建设环境保护设施，对少量不能回用的生产废水进行处理，达标后外排。但业主置若罔闻，反而利用距离信江不到 20m 的地理优势，在废水池下面埋设一条暗管，距河岸约 30m 处排放，排放时间大多安排在夜深人静之时，使环保部门都被蒙在鼓里。

2．发现企业偷排行为后，环保部门第一次采取关停取缔行动

在一次环境稽查行动中，上饶市环境监察人员发现恒利纸业偷排的暗管。据此，对企业发出责令停产整改通知。但企业却和环保部门玩起了“躲猫猫”的游戏。环保部门进厂进行检查，他们就停产；环保部门一离开，企业就开机生产，所有废水直接排入信江。长期的违法排污对信江流域铅山段造成极大的污染，严重地破坏了当地水体水质，群众多次向当地环保部门举报，环保部门也多次下文责令企业停产，但企业却一直我行我素。鉴于恒利纸业的严重违法行为，2005 年 11 月，铅山县政府依法对恒利纸业下达关停取缔决定书。

在政府下达关停取缔决定后，供电部门切断了企业生产电源，但生产设施没有拆除。企业停产一段时间后，迷信纸市场行情一路看涨，恒利纸业在暴利驱动下，千方百计疏通供电部门有关人员给企业接上电源，被关停的企业又死灰复燃，第一次关停取缔行动宣告失败。

3．在上级环保部门的监督下彻底关停取缔恒利纸业

铅山县环保部门在对企业的日常环境执法检查中，发现恒利纸业又在违法生产，当即向县政府提交《关于请求对恒利造纸厂再次死灰复燃采取强制措施的报告》，要求政府采取强制措施。同时，函告县供电部门，要求供电部门立即切断恒利纸业的生产电源。在县政府的协调下，供电部门切断了企业的生产电源。但由于关停不彻底，企业又以其他形式多次出现死灰复燃现象。2008 年，恒利纸业被列为江西省环保挂牌督办企业，全部生产设施被强制拆除，该企业才彻底被关停取缔。

四、信江、恒利纸业被关停的启示

1．招商引资要综合考虑社会效益、环境效益，要招商“选资”

改革开放以来，我国经济发展取得了举世瞩目的成就，但是区域之间的差别很大。中、西部地区虽然也在发展，但和沿海发达地区相比，不可同日而语，努力追赶沿海发达地区，成了中、西部地区的共同的目标。而招商引资作为迅速扩张经济发展规模的有效途径，理所当然地成为各地党委政府工作的重中之重。本案例两个造纸厂都是招商引资企业，都是污染较大企业，恒利纸业还是“十五小”企业。这两个企业最终被关停取缔，给招商引资工作提出了新要求，招商引资必须综合考虑社会效益和环境效益，变“来者不拒”为“适而择之”，变招商引资为招商“选资”。

西方国家工业化发展进程和东部沿海发达地区的发展经验，充分说明一个地区的环境容量和土地资源是有限的，盲目地引进高污染企业，必将占用大量的环境容量和土地资源，也必将影响这一地区的长期发展潜力。

随着资本跨区域流动、产业转移步伐的加快，产业投资由沿海地区向中西部地区、由大城市向城市郊区与周边地区的转移十分明显。用地、用工、用电、用水紧张开始凸显，企业扩张速度与当地资源和环境的承载力发生矛盾，造成东部沿海企业饱和性外溢。很多企业为了能在中、西部地区安家落户，都玩起了“挂羊头，卖狗肉”的伎俩。在招商引资的幌子下，大批在发达地区已经被淘汰的落后生产工艺与设备，堂而皇之地进入中、西部地区；一些批建不符的项目，名不正言不顺地在中、西部地区得以长期生产、长期非法排污。这种例子屡见不鲜，

本文中的“恒利纸业”仅是其中的一例。为了关停“恒利纸业”，该县投入了大量的人力物力，动用了许多国家行政资源。在“恒利纸业”违法生产的几年中，它对该县的经济发展并未发挥多大的作用，却极大地破坏了当地的环境，严重污染了信江流域的水质。企业几年缴纳的所有税款与污染环境所需的治理成本相抵，只是“杯水车薪”，得不偿失。

2．履行环境保护社会责任是企业的生存之本、发展之基

产业结构调整是科学发展的必然要求。造纸、冶炼、水泥等“三高一低”行业是产业结构调整的重中之重。这些企业有的是当地的经济支柱，但若不能实现节能减排、降低能耗，同样难逃被关停的命运。

严格履行环境保护责任和义务，已经成为企业生存和发展的前提。随着我国环境保护法律法规的不断完善，国家环保政策和标准的提高，以及各级环保部门监管力度进一步加大，环境违法企业的生存空间将越来越小。

履行环境保护的社会责任，是企业提高发展质量、转变发展方式的重要推动力量。在新的形势下，企业以牺牲环境来换取经济效益是肯定行不通的。企业要顺应历史潮流，坚定不移地走承担环境责任，优化经济增长的路子，把财富与责任相结合，塑造独具特色的现代企业形象，只有这样，企业才能有更好的发展空间。

3．提高基层环保队伍素质，是做好环境保护工作关键所在

从本案例我们可以看出，不法排污企业是异常狡猾。信江纸业采取稀释方式降低污染物排放浓度、恒利纸业采取暗管偷排的方式来蒙混环保部门，可以说是各有各的招。而环保部门长期不能发现企业的环境违法行为，也充分暴露了基层环保队伍素质不高的问题。随着经济的发展，新技术、新工艺的不断出现，环境保护工作的压力越来越大，对环保队伍的素质要求也越来越高。由于对企业工艺、产污环节不了解，不能有效地实施监管，面对环境污染事件和环境纠纷束手无策的现象屡见不鲜。

基层环保队伍是第一线环境执法者，是环境保护事业发展的基石，是环境监督管理的基本力量，素质高低直接影响到环境保护工作的水平。但是由于各大专院校开办环保专业较迟，各地环保部门组建时严重缺乏环保专业人员。近几年毕业的大批环保专业毕业生却因用人单位编制缺乏问题进不了环保部门，造成没有环保专业人员承担执法工作，严重影响环境保护工作的开展。因而，提高基层环保队伍的素质是一个亟待解决的问题，是做好环境保护工作关键所在。

4．环境执法处罚力度小，缺乏直接的强制措施，是不法排污企业敢于和环保部门玩“猫捉老鼠”游戏的主要原因

信江纸业、恒利纸业等不法排污企业为什么敢于和环保部门玩“猫捉老鼠”游戏？为什么对环保部门要求的停业整改等决定置若罔闻？其主要原因是环保部门拿不出具有足够强制性、威慑性的具体措施。当政府、法院采取强制措施时，企业早就赚了一大笔。如恒利纸业设备原本是淘汰的设备，根本不值钱，即便被取缔关停，“卷铺盖走人”也不会有太大的实质性损失。

44 “厂中厂”是滋长环境污染的温床

——玉山怀玉山活性炭有限公司“厂中厂”处置的启示

江西玉山怀玉山活性炭（集团）有限公司（下称怀玉山活性炭）是老牌国有企业。企业因设备老化、产品单一、管理不善、效益低下而不堪负重。同时，企业对周边环境污染严重，2003 年被列为江西省环保挂牌督办企业。举步维艰的企业为了生存，抱着“死猪不怕开水烫”的态度，不但自己不治污，而且“独辟蹊径”把闲置厂房租赁给 3 个未办理任何环保手续的化工小企业，在厂内发展“厂中厂”。

改革开放以来，随着社会主义市场经济体制改革的不断深入，一些国有企业在转型、改制过程中，出现部分厂房、设备闲置。“独具慧眼”的中小企业却在这些满目凄凉的国企中发现了无限商机：把企业办到这些落魄的国企中去，既可以节省新建厂房资金，又可违规违法生产，更有老牌国企“保护伞”罩着，可谓一箭双雕。走投无路、饥不择食的国企为了生存，与这些不法企业一拍即合，“厂中厂”因此大行其道。

一、怀玉山活性炭的“厂中厂”基本情况

1．怀玉山活性炭基本情况

怀玉山活性炭的前身属于国有农垦企业，始建于 1968 年。1985 年从怀玉山乡搬迁到原文成乡十里山塔脚背，占地面积 20 余万 m^2，年生产活性炭 3 000t。后经 1991 年和 1993 年两次扩建，年生产规模达到 10 000t，成为当时全国活性炭生产龙头企业。

2．“厂中厂”的产生

1997 年至 2004 年期间，怀玉山活性炭先后将闲置厂房出租给 3 个小化工类“厂中厂”。

一是玉山天华实业有限公司。该公司始建于 2004 年 3 月，投资 20 万元，年产量 30t 三氨基苯基硫代磷酸酯，2004 年 6 月，投入试生产。三氨基三苯基硫代磷酸酯称硫代磷酸酯三苯基三胺，难溶于水，易溶于有机溶剂，微毒，主要用于医药、农药、染料等中间体。

二是玉山县磷酸盐化工厂。该厂始建于 2002 年初，投资 60 万元，主要产品是工业磷酸，同年 9 月开始试生产。磷酸是无色晶体，易溶于水、不易挥发，是一种无机酸。主要用于制药、食品、肥料等行业，可用作化学试剂。

三是玉山氯化锌厂。该厂始建于 1997 年初，投资 80 万元，主要产品为氯化锌，同年 11 月开始试生产。氯化锌是一种具有腐蚀性的有毒化学品，毒性很强，能剧烈刺激及烧灼皮肤和黏膜，长期与氯化锌蒸气接触会发生变应性皮炎。吸入氯化锌烟雾后，能引起阵发性咳嗽、恶心，对上呼吸道、气管、支气管黏膜有损害。氯化锌是无机盐工业的重要产品之一，应用范围极广，主要用于制造干电池、染织工业、硬纸板、电镀、医药、木材、防腐、农药和焊接等。

3．“厂中厂”的共同特点

“厂中厂”以租赁怀玉山活性炭闲置车间为厂房，属于小企业，以怀玉山活性炭为“庇护”所。“厂中厂”是典型的“短、平、快”，企业从建成到生产，时间短、投资少，生产工艺简单，企业管理落后。“厂中厂”是典型的“游击队”，所有的一切都服从于创造自身的经济利益，从主观上就有逃避环保监管的意图，也就不可能办理任何环保审批手续，建设任何污染防治设施，污染物直接排放，特别是废水直排信江，影响下游饮用水的安全。

二、催生“厂中厂”的原因

1．困难企业生存的产物

单一的国有体制如同一扇陈旧的“大宅门”，困扰着经济的发展。进入 21 世纪后，因市场、体制及管理等种种原因怀玉山活性炭进入衰退期。出于企业自身生存的需要，只好将部分闲置厂房分别租赁给玉山天华实业有限公司、玉山县磷酸盐化工厂、玉山氯化锌厂三个小化工厂。

2．地方保护主义的产物

怀玉山活性炭建厂已有 40 余年，拥有职工 600 余人，历史包袱较重。许多职工因为生计问题经常向政府有关部门上访，反映困难和诉求。当地政府考虑到企业实际困难情况，一方面给予企业优惠政策，另一方面又默许企业出租厂房办“厂中厂”。

3．部门执法缺位的产物

怀玉山活性炭由于经济效益不佳，长期处于停厂或半停产状态，环保部门对其也疏于监管。3 个“厂中厂”又分散在不同车间，较为隐蔽，更容易成为环境监管的“盲点”。

4．失去社会监督的产物

节能减排，节约资源是企业应尽的社会责任。同情弱者是普遍的社会心态。原本就因污染问题而麻烦缠身的怀玉山活性炭，同样得到了社会的格外“眷顾”。“厂中厂”在怀玉山活性炭这棵大树的庇护下轻轻松松躲过了几年无人过问监管的“神仙时光”。直到下游信江出现饮用水异味事件，这个“厂中厂”才现出“庐山真面目”。

三、“厂中厂”的处置情况

2006 年 12 月 4 日和 2007 年 1 月 25 日，上饶城区饮用水源出现两次异味，居民反应强烈。为此，环保部门对饮用水源上游的污染企业进行了“拉网式”排查。在排查中，发现怀玉山活性炭内有 3 家小化工企业，而且其所排放污染物与引发城区饮用水源污染的特征污染物相吻合。这些未经处理直接排放的化工废水是造成下游城区饮用水源异味的主要原因，是污染“真凶”。随即，环保部门分别对 3 家企业依法下达责令改正通知书，要求立即停止生产和建设，全面停厂整改，制定治理方案，并分别处以 20 万元、8 万元、10 万元行政处罚。

四、对“厂中厂”违法行为查处的启示

作为国有企业，怀玉山活性炭曾经有过辉煌的历史，为当地经济社会发展作

出了很大贡献。同时，也是一个污染大户，给当地生态环境和群众生产生活带来不可估量的影响。怀玉山活性炭始终未能解决好经济发展和环境保护的关系，污染治理一直不能到位，引发周边群众投诉不断，环保部门也多次对其下达限期整改通知。但百病缠身的怀玉山活性炭不但不思悔改，反而错上加错，在厂内办起3个“厂中厂”，以致成为滋长环境污染的温床，酿下污染恶果。

企业为谋求发展而想方设法值得肯定，但企业为生存而沦为非法企业的“庇护所”则应坚决制止。

1．正确处理经济发展与环境保护的关系

处理好经济发展与环境保护的关系，必须坚持“发展为要、环境优先”的原则，既要金山银山，更要绿水青山。保护环境，是政府的责任，企业的责任，也是每一位公民的义务。环境权益不仅仅属于个人利益，更属于社会公益。环境保护是实现经济和社会发展的基础。社会的和谐发展离不开企业，企业的发展也离不开社会。任何一个企业，对于推进社会的有序发展都有着不可推卸的责任。企业从事生产经营活动，不能单纯地追求经济增长，要落实环境保护责任。虽然，企业是一个以盈利为目的的生产经营单位，利益最大化是其关注的首要目标，然而从社会角度讲，社会是一个有机整体，企业是构成这个有机整体的单元。经济与社会互为前提，经济发展与环境保护是不可分割的统一整体，因此，企业的眼光不应仅仅局限于眼前的利益，还应考虑与社会、环境的和谐关系，这样才能获得长期的生存和发展。众所周知的例子不胜枚举，如果以污染环境为代价来发展经济，以经济发展为目标而无视生态破坏，无异于杀鸡取卵，竭泽而渔。怀玉山活性炭经过搬迁、扩建、改制等历程，但始终未能解决好企业发展与环境保护的关系，日积月累，环境欠账增多，引起周边群众纷纷投诉。

2．正确处理社会稳定与环境保护的关系

环保关系发展，发展关系全局。环境问题既是经济问题，又是政治问题，也是社会问题。我们不能片面地看待环境保护，要注重算好“三本账”：一是算好“经济账”，做到同等的资源消耗、相同的环境容量创造最大的财富；二是算好“社会账”，做到创造同等的经济效益社会成本最低；三是算好“环境账”，做到等量的经济利益造成的污染损失和生态破坏最小，切实把环境保护与经济发展、社会稳定结合起来整体推进，促进和谐发展。

3．正确处理监管与执法的关系

坚持多还老账，不欠新账，算好长远账。加大整治力度，最大限度地解决已经发生的污染问题，同时尽最大努力完善环保基础设施。坚决把好门槛，实行环保“一票否决”，控制污染项目上马。着眼大局、立足长远，坚持把人民满意不满意作为检验环保成效的最高标准。破除把关就是卡关的观念，在日常环境执法工作过程中，充分体现服务水平。只有切实做好服务工作，才能拉近与企业之间的距离，有效化解监管与被监管之间的矛盾，增进企业隐患排查整改的主动性、积极性，不断提升环保队伍形象、树立执法权威。一要主动服务。坚持把环保法律法规宣传与日常环保执法工作紧密结合起来，向企业业主宣传环保法律法规及典型案例。二要贴近服务。帮助企业排除事故隐患，有效预防和控制污染事故发生。对轻微违法行为，实行首查不罚制，以教育为主，主动帮助企业制定科学可行的整改方案。三要跟踪服务。对每起案件实行跟踪督察回访，并做好记录，及时督促企业完成整改。

4．正确处理社会监督与规避监管的关系

社会监督是积极有效推动社会各项事业健康发展的重要举措。作为企业应主动公开企业的排放污染物种类、数量、浓度和去向以及环保设施的建设运行等环境信息，接受群众监督。而不应该采取躲避、隐藏的方式，逃避政府部门监管，缺失社会责任感。各级政府要大力加强环境宣传教育工作，在全社会形成自觉保护环境的强大合力，营造良好的舆论氛围，进一步提高群众整体环境意识，动员全社会力量全方位加强环境保护监督管理工作。

45 制止工业污染向农村蔓延

——上饶棉麻厂污染监管的警示

目前，农村环境污染已成为阻碍农村生态文明建设和社会主义新农村建设的突出问题。农村环境污染主要来自农业面源污染、生活污染、养殖污染和工业污染。随着招商引资的大力推进，农村工业化速度逐步加快，工业对农村环境的污染呈蔓延态势。上饶市东郊棉麻针织厂（下称上饶棉麻厂）只是众多乡镇中小企业中的普通一员，其发展历程充分说明：严厉管制乡镇中小企业，制止工业污染向农村蔓延已成为当前和今后环境保护工作的重中之重。

一、上饶棉麻厂基本情况

上饶棉麻厂位于信州区沙溪镇，紧邻 320 国道，距上饶市区约 24km。该厂建于 2004 年，是沿海经济快速发展后进行产业梯度转移、依靠家族资金滚动发展起来的产物，为典型家族式管理的乡镇小型企业。主要进行针织、漂染棉毛布生产内衣，属重大涉水涉气排放企业。

1．上饶棉麻厂是一个家族作坊式小企业

上饶棉麻厂企业法人王某为信州区人，其在浙江某纺织公司工作多年并掌握纺织工艺技术和销售渠道。2004 年，受招商引资热潮的影响，王某决定回乡投资建厂，得到了其家人积极响应和当地政府的大力支持。建厂伊始，受资金所限，企业只得向家庭成员集资筹款，并按照家庭作坊管理体制进行建设，2005 年 5 月正式生产。随后，由于市场需求加大，企业扩大生产建设规模，增加漂染生产线。目前企业总投资达 1 200 万元，年可处理棉毛布 2 500t，其中麻灰布 500t、保暖棉布 500t，占总量 40%（只漂白、不染色）；漂染浅色棉毛布 1 500t，占总

量 60%（色布均为浅色布，无深色及黑色品种，染料不含重金属成分）。

2．上饶棉麻厂主体工程和主要生产工艺

主体工程：一个织布车间，设有 162 台棉布织造机；一个印花车间；一个漂白、染色车间，设有绳状染色机 8 台；配套工程有供水设施、4t 蒸汽锅炉一台和日处理 300t 废水处理站一座。

生产工艺：漂染采用“一浴法”，生产工艺为分类织布、煮练及漂白、染色、水洗、烘干、定幅轧光。

3．上饶棉麻厂污染物和治污措施

废水：该厂直接从信江河抽取工业用水，经沉淀处理后用于生产，年新鲜用水量约为 70 000t。正常情况下，企业日排放废水量 300t，直排废水的 pH 为 6.03～11.08、色度 64～256 倍、COD 1 128～2 240mg/L，水温 50～60 度。废水采用混凝沉淀+接触氧化法处理，经小溪最终排入信江河。外排废水执行《纺织染整工业水污染物排放标准》（GB 4287—92）1 级标准，pH 为 6～9。色度 40 倍、COD 100mg/L、COD 排放量控制在 12.24t/a。

废气：该厂废气主要是锅炉烟气，污染物中含有烟尘及二氧化硫。目前使用一台 4t/h 燃煤锅炉，全年用煤 1 200t。采用炉膛内加煤+石灰进行预脱硫处理，烟气采用水膜除尘脱硫处理后经 35m 高烟囱排放，冲灰水经沉灰池沉淀后排放至污水处理站调节池。锅炉外排废气执行《锅炉大气污染物排放标准》（GB 13271—2001）二类区二时段标准，烟尘 200mg/m^3，二氧化硫 900mg/m^3，林格曼黑度 1 级，烟尘排放量控制在 1.92t/a，SO_2 排放量控制在 8.64t/a。

锅炉废气直排时的情景

4．上饶棉麻厂选址存在很大环境风险

上饶棉麻厂位于信江上游，距离上饶市区居民饮用水取水口约 22km，离新的市区居民饮用水取水口约 16km。项目产生的废水水量大、色度与 COD 很高，而且碱性较强。如出现废水直排或废水处理站运行不正常情况，大量的高浓度有机废水排入信江将直接危及鱼类、水生物的生存，对市民饮用水源安全具有一定威胁。特别是在枯水季节这种影响将更为严重。如果出现其他突发性的污染叠加，很可能对饮用水源安全造成严重威胁。

二、案例处置过程

1．上饶棉麻厂是环保“未批先建”违法企业，被责令限期整改

该厂是一家典型家族式企业，环保意识淡薄。企业从简易厂房开始纺织、整理棉毛布到大规模投入生产均逃避了环保部门的监管。随着市场需求加大，又擅自建设漂染生产车间，每日排放未经处理废水 300t，对周边农田、小溪造成严重污染。

废水直接排放的情景

废水直排后污染农田

企业锅炉燃料为烟煤，没有除尘设施，通过 10 余米烟囱直接排放，对邻近居民身体健康构成威胁，环保部门在接到群众反映后责令其停产并限期整改。迫于环保部门的压力，企业调整内部管理层，指定专人负责环保，同时委托环评单位进行环境影响评价，并于 2005 年 5 月通过省级环保部门的行政审批。

2．上饶棉麻厂通过了原省环保局建设项目竣工环保验收

通过环境影响评价审批后，企业筹资 100 多万元，按照环评批复要求，委托江西环保股份有限公司承建日处理 300t 的废水处理站，并于 2007 年年底正式投入运行。同年，企业还安装锅炉烟气脱硫除尘装置，采用水膜除尘脱硫工艺对锅炉烟气进行处理，并重建一座 35m 高的烟囱。同时，企业开始改进工艺技术，推行清洁生产，生产过程中产生的各类污染物均按要求采取了相应的污染防治措施，在环保设施正常运行的情况下各类污染物都能达到排放标准和总量控制指标的要求，也顺利通过省级环保部门组织的建设项目竣工环境保护验收。

3．上饶棉麻厂污染物偷排仍屡有发生

在当地政府和环保部门监管下，上饶棉麻厂补办了环保审批手续，投资新建了废水和废气治理设施，落实了环保“三同时”建设制度。但是，在后来多次明

察暗访中发现该厂存在着与环保部门玩“猫抓老鼠”游戏的现象。污染处理设施不运行，污染物偷排现象屡有发生，环境污染问题依然严重，对上饶市饮用水源安全、周边农业生产、群众的生活和身心健康仍然构成威胁，受到环保部门多次处罚。

三、上饶棉麻厂污染监管的警示

1．乡村企业已经成为新的环境污染隐患，是新时期环境保护工作的重中之重

随着经济的发展，很多外出务工并掌握一定生产技术和销售渠道的人员纷纷回乡创业。这些企业投资小、规模小、生产工艺与设备落后，星星点点分布在广阔的农村地区。同时，这些人员环保意识大多不强，企业污染物直排或偷排屡屡发生。上饶棉麻厂废水处理站运行一个月需消耗电费、人工费、药剂费不低于 1 万元，这对一个中小企业来说是一笔沉重的经济负担，如果企业直接偷排成功，企业就可“节省”下一笔相当可观的费用，对企业极具诱惑力，直排偷排也在“情理之中”。

2．发动群众监督，是加强乡村企业监管的有效手段

乡村企业分布广、隐蔽性强，仅仅依靠环保部门的监管，难免会出现顾此失彼的情况。俗话说“群众的眼睛是雪亮的”。一方面通过加强环保宣传，提高广大群众的环保意识，对乡村企业的不法排污形成强大舆论压力；另一方面建立适当的奖励机制，对举报不法排污行为的群众予以适当的奖励，充分调动群众监督的积极性，这些不法排污企业将无所遁形。

3．加大对乡村企业的环保执法监督力度

一是有关部门要严格落实环保审批的前置条件。对未经环保审批的乡镇企业，项目投资主管部门不得办理相关手续，银行不得贷款，供电部门不得供电等，从源头上控制污染。二是凡新建、改建、扩建乡镇企业必须严格按照《中华人民共和国环境影响评价法》和国务院《建设项目环境保护管理条例》等法律法规的规定，认真履行环境影响评价制度和三同时制度。未经环评审批的项目不得开工建设；未按要求建设环保设施，未经环保验收或者验收不合格的，不得投入使用或营业。三是对那些不符合国家产业政策、布局不合理、选址不当、严重污染环

境和造成生态破坏的乡镇企业，要依法予以关停或者取缔。四是环保部门应加强日常监督管理，对乡镇企业的环境违法行为严厉查处，形成政策高压，起到杀一儆百的示范效应，促使乡村企业依法生产，确保污染物达标排放，确保周围居民环境安全。

46 企业要做“三同时”制度的执行者，而不是糊弄者

——江西绿兴炭素有限公司被关停的启示

活性炭作为吸附剂具有优异特性，现已广泛使用于工业、农业、国防、科技以及人民生活各个领域，成为国民经济不可缺少的重要物质。在我国，活性炭被广泛用于液相和气相中起吸附、脱色、精制、分离、催化及催化剂载体等。在发达国家，活性炭用于水源、饮水净化及工业废水、生活废水处理约占总量的1/3。近年来，活性炭朝着高、精、尖方向发展，在碳纤维、碳分子筛、高比表面积、高吸附值活性炭研究方面取得较大进展。

江西是活性炭生产大省，上饶原有 13 家活性炭厂，位居江西省前列。这些活性炭厂大都采用落后的氯化锌生产工艺，且污染处理设施不完善。经常是厂内乌烟弥漫、污水横流，厂外浓烟滚滚、废水直排，给当地的环境造成严重污染。近年来，上饶市对这些污染严重的活性炭厂加大了取缔关停力度，活性炭厂锐减至5家。

2010 年 10 月，采用磷酸法木屑生产活性炭工艺技术的江西绿兴炭素有限公司（下称绿兴公司）的黯然关停却在业内引起轰然反响。那么，是什么原因导致这个生产工艺技术先进、产品市场需求广阔、颇具发展前途的企业被强制关停的呢？

一、绿兴公司基本情况

1．绿兴公司是一个招商引资企业

德兴是一个林业大县，拥有丰富的木屑资源，活性炭企业也给当地带来可观

的财税收入。绿兴公司位于德兴市铜都工业园虎头岭工业小区，2006 年 11 月开工建设，产品为活性炭，年产量 5 000t。

2．绿兴公司生产工艺

绿兴公司采用磷酸法木屑生产活性炭工艺。即原料木屑浸渍后在炭化炉内炭化，经活化后在回收池内用不同浓度的低度磷酸水进行回收，最后烘干、粉碎包装成品。该工艺属国内首创，比氯化锌法工艺先进。项目配备工艺废气收集装置，在活化炉门口外侧设置吸气罩、回收房集中收集磷酸酸雾等，并将所有的工艺废气汇集后用水喷淋处理，吸收其中的污染物，经处理后的废气通过炉窑烟囱排放。燃料是木材，不会产生二氧化硫。生产中产生的废气、废水等通过合理的管理与再利用，不会对环境造成污染。

绿兴公司充分利用附近木业公司的废弃资源作为原材料，体现了废物综合利用的循环经济生产理念，产品畅销国内外市场，有着广阔的发展前景，项目普遍被看好。

3．绿兴公司污染物产生及处置

废水：煮铁、漂洗是废水的主要来源，废水的污染危害主要来自两个方面：一是含量较高的残存磷酸，使废水的 pH 值较低。pH 值一般为 2.5～3.5，在这样的 pH 值范围内，将危及水生生物的生存。研究表明，pH 值在 6～9 的范围内，能确保鱼类的生存。二是洗炭废水中含有大量悬浮物，废水中的细炭粉一般不会造成水体的重大污染，但使感官质量恶化。每生产 1t 产品，能从漂洗废水中流失 36～144kg 的细粒活性炭，使工厂的经济效益大大降低。绿兴公司对废水采取了石灰乳中和沉淀除磷措施，但由于除磷工艺条件要求较高，总磷难以达标排放。

废气：绿兴公司生产工艺废气主要来源于炭化活化炉产生的烟气以及物料炭化过程中产生的含有磷酸雾和木材馏分炭化废气，炭化废气虽然采用水喷淋处理，但由于废气酸性较强。治理设备极易腐蚀，再加上该废气有难闻的气味，是活性炭企业引发环境纠纷的主要原因。

绿兴公司生产管理混乱

二、绿兴公司关停的原因

1."三同时"制度未落实到位，企业长期超标排放

绿兴公司活性炭项目于2006年11月开工建设。在项目建设期间，该公司为了赶工期、早投产、早出效益，在环保设施的设计、施工和使用上未按照"三同时"制度的要求去执行。

2007年3月，该项目主体工程竣工。投入试生产后，其环保设施立即出现问题，未能通过环评单位的验收。但此事并未引起绿兴公司的重视。尔后，该公司继续非法试生产，最终为日后埋下严重的环境污染隐患。随着试生产时间的延续，该公司主要的生产设备平板炉出现不同程度的开裂，无组织排放的废气明显增多，且伴有较强的酸味，引发周边群众大规模投诉。2008年10月，全球暴发金融危机，该公司受到较大冲击而停产。2009年3月公司恢复生产，由于在停产期间未对环保设施进行妥善维护，致使部分环保设施不能正常使用，外排的废水、废气均超过国家排放标准，周边群众对该公司怨声载道。

2009年3月至2010年1月，环保部门多次对该公司提出停产整改决定。2010年3月，该公司向环保单位递交《关于要求恢复生产的报告》。环保单位认为该公司虽然进行了整改，但尚未完全达到整改要求，认定该公司不具备恢复生产的条件，不同意该公司恢复生产。

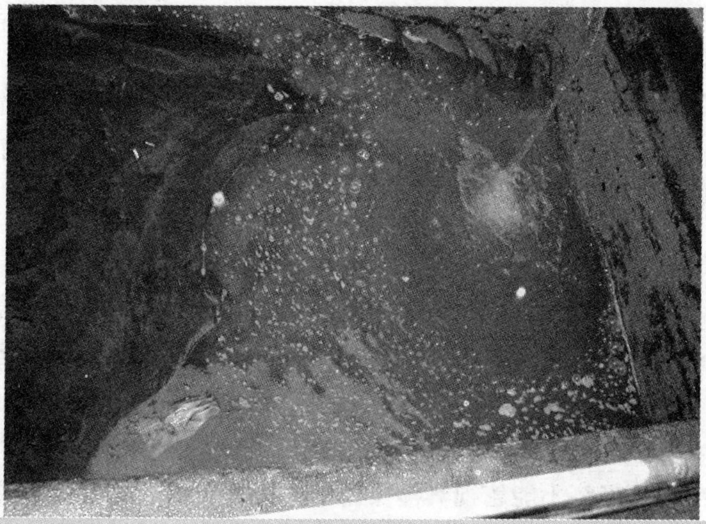

企业排污口超标排放时的情景

2．环保意识淡薄，无视群众利益

在项目建设期间，绿兴公司将重点完全放在主体工程上，忽视环保设施的建设进度和施工质量。企业领导环保意识淡薄，无视“三同时”的规定，在环保设施存在缺陷的情况下急于生产。2007 年 3 月，绿兴公司刚投入试生产时，周边群众就发现有酸性废水超标外排的现象，并向该企业提出意见。但企业只是应付了事，对环保部门提出的整改意见也以试生产的借口进行推诿。同年 7 月，企业外排废气明显含有异味，引发群众投诉，该公司也将责任推到居民头上，认为居民别有用心，一味与群众和环保部门狡辩，千方百计为自己找理由，以致错过最佳治理时机。在整改治理后期，眼看治理无望，企业更是对群众的合理要求置之不理，拒不执行环保部门的停产决定而继续生产，摆出一副“死猪不怕开水烫”姿态，绿兴公司被强制停产完全是咎由自取。

三、绿兴公司被强制关停的启示

1．企业要做落实环境保护“三同时”制度的执行者而不是糊弄者

古语云：不以规矩，不成方圆。环境影响评价制度和“三同时”制度就是企业环境保护的规与矩。在环境保护呼声日益高涨的当今社会，环境影响评价制度

和“三同时”制度早已成为企业发展的根基。根基扎实，企业就能获得长久发展。根基不牢，地动山摇。绿兴公司生产工艺先进、产品有广阔的市场、企业有光明的发展前景、政府有优惠的政策扶持，但最终黯然出局，原因就在于企业不按“规矩”出牌，把“规矩”当成糊弄的对象。殊不知，天理昭昭，玩火者必自焚、忽悠者必被忽悠。

2. 企业要做推行循环经济的实践者而不是曲解者

所谓循环经济，本质上是一种生态经济，它要求运用生态学规律而不是机械论规律来指导人类社会的经济活动。循环经济在宏观上要求把经济活动组织成一个“资源－产品－再生资源”的反馈式流程，其特征是低开采、高利用、低排放。在微观上，在循环经济的具体实践中，仍要注重细节上的生态保护和与污染治理。重视宏观上的循环经济不能忽视具体操作中的环境保护。绿兴公司没有完全把握循环经济的要点，简单地认为将废弃物转换为产品就是循环经济的全部，忽视了循环经济低排放的特点，没有在战略高度重视环保问题，从而走上一条不归之路。

3. 企业要做追求经济效益和注重环境效益的统筹者而不是割裂者

在一个负责任、有远见的企业眼里，追求经济效益和注重环保治理不但不矛盾，两者之间还是相辅相成、互相促进的。而在目光短浅者眼里，只有所谓的“追求利益最大化”，认为环保治理是吃力不讨好、有投入无产出还要搭上运营费的“傻瓜才会做的事”。绿兴公司就是一个这样的“聪明人”。

在项目建设竣工时，绿兴公司配套的环保设施就没有能够同时投入使用。引发群众投诉后又没有引起高度的重视，沿用旧思维、老观念，依然在走先污染，后治理的老路。企业的发展思维明显落后于时代的发展。在长达两年的治理时间内，公司却不按照环保部门停产整改的要求去治理，而是采取边生产、边治理的办法，以追求经济利益的最大化。公司如果从治理初期就能下定决心彻底停产，进行科学、系统的环保治理，结果也许就会迥然不同。错误的理念导致企业付出了巨大的代价却没有达到预期的效果，最终无路可走。

第十篇
污染事故应急处置

伴随着经济社会的快速发展，环境污染事故已进入高发期。科学制定突发污染事故应急预案，及时处置污染事故已经成为政府公共事务管理的重要内容，成为衡量政府及相关部门公共事务管理水平的一把尺子。处置环境污染事故措施必须因事而异、因地制宜、快速有效，未雨绸缪，防患于未然，及时处置于既然。

47 化工企业防范突发性污染事故是生产管理的重中之重

——江西中迪化工有限公司环境污染事故处置的启示

江西中迪化工有限公司（下称中迪化工）是一家以制造和经营氟化学品为主的合资企业。试生产期间因多次发生环境污染事故，引发群众上访、围堵企业、打砸企业设施，造成社会不良影响。该企业一度被勒令停产整顿，造成很大的经济损失。教训深刻，化工生产企业一般安全隐患较大，污染较重，企业若要生存和发展，就必须杜绝发生突发性环境污染事故。

一、企业基本概况

中迪化工创办于 2004 年 8 月，位于江西玉山县境内，由浙商和美籍华人合办。该企业总投资 1.2 亿元人民币，项目工程分两期建设，2005 年一期工程建成投产，2008 年二期工程建成。设计生产规模为 2.5 万 t 无水氟化氢。2009 年，中迪化工年产无水氟化氢 116 980t，产值 6 246 万元，上缴税收 248 万元。

二、中国氟化工行业概况

中国氟化工产业历经 50 余年的发展历史，取得长足的进步。在江浙、沿海地区已形成一定的产业布局，氟材料生产骨干企业产品年销售额达 155 亿元，占全球年销售额 50%以上。中国氟化工生产企业从先前的原料出口、生产技术进口转为自主创新、新产品研发，产品市场呈现出勃勃生机。特别是近年来，随着国内经济持续、高速发展，对氟化学品的需求也以平均每年约 12%的速度快增长，为世界氟化工行业注入了新的动力，成为全球氟化工的佼佼者。氟化工作为具有重要先导性、战略性行业，已列入国家重点鼓励发展的高新技术产业。其产业门类广、关联度大，产品广泛应用于军工、电子、化工、纺织等领域，为经济社会发展做出了积极贡献。但是，由于氟化工产品生产过程常会伴有高腐蚀、高毒性、易爆、废水难处理等污染环境、破坏环境安全的问题，以及萤石不可再生资源的无序开采与浪费，氟化工同样面临可持续发展问题。

三、氟化学品污染来源

氟化学品在生产、使用与使用后三个阶段对环境污染情况与产品自身性能、用途有着密切的联系。

1．固体含氟材料

其污染主要来自产品生产阶段，少部分来自使用阶段。如聚四氟乙烯、氟橡胶生产以及特氟隆涂层的加热分解。此类物质生产过程中产生的污染可通过相应的化学方法、生化处理等技术得到控制。产品报废后，可通过回收进行化学方法处理或直接进行定点深埋处理，达到有效控制的目的。

2．气体含氟产品

其污染主要来自产品生产阶段，部分来自使用阶段，如氟利昂在使用中泄漏等。此类气体产品在生产及使用阶段较难控制，使用后回收有一定难度，可采用产品升级、换代，替代原有产品。如使用对环境相对安全的氟利昂代替原来生产、使用的氟利昂等，实现对环境污染的控制。

3．液体含氟产品及小分子固体含氟产品

其污染主要来自产品生产、使用及使用后三阶段。此类产品以含氟医药、含氟农药、含氟中间体、含氟织物整理剂等有机小分子化合物居多。其中部分产品，如含氟农药、含氟织物整理剂等，由于其使用后无法回收，含氟物质将直接进入植物内部、土壤、草地、水系、动物体内等，对生活环境造成直接影响，其环境安全性研究关系到我们人类的生存。1957 年之前，全世界还没有含氟药物，之后的数十年中，含氟药物取得突飞猛进的发展。目前，已有超过 150 个含氟药物被批准上市，占到药物总数 20%左右。而含氟农药在农药中的比例更是高达 30%。研究人员已经越来越深刻地认识到氟原子或含氟基团在有机分子中的引入，将可

能给有机分子带来生物活性上的微妙变化。

中国自 20 世纪 70 年代开始开展有机氟中间体及其精细化学品的研究与开发。20 世纪 90 年代，中国含氟中间体研制步入加速发展期。目前，已经成为全球含氟有机中间体的主要生产国与供应国。但是，伴随着含氟有机化合物的大规模生产与使用，环境污染问题变得日趋凸显。

四、企业污染事故发生的原因及危害

无水氟化氢生产是一个高危行业，在生产管理过程中以及具体操作上要求非常严格，稍有不慎会出现泄漏、爆炸等事故，给生命财产安全和生态环境安全带来严重危害。其使用原料中有危险化学品——硫酸，生产产品中有危险化学品——无水氟化氢。无水氟化氢是一种无色透明液体，在空气中冒白烟，具有强烈刺激性气味，剧毒，并有强烈的腐蚀性。对皮肤有强烈的腐蚀作用，灼伤初期皮肤潮红、干燥，创面苍白，坏死，继而呈紫黑色或灰黑色。深部灼伤或处理不当时，可形成难以愈合的深溃疡，损及骨膜和骨质，灼伤疼痛剧烈。人接触其蒸气，可发生支气管炎、肺炎等。

中迪化工在建成后试生产期间，因为生产管理和人工操作不当，曾先后发生过 4 次污染事故，印证了以上观点。

2005 年 9 月 22 日，中迪化工的硫酸池地基下沉，拉裂硫酸储罐连接管道，少量硫酸泄漏。当时组织了员工用石灰中和方法进行处理，但由于处理不到位以及地面残留物清理不完全，下雨时地面残留物随雨水流进鱼塘，导致鱼塘部分鱼出现死亡。

2006 年 2 月上旬，中迪化工的尾气处理系统运转不正常，导致含氟化氢废气超标排放，对厂区周围少数敏感植物产生不良影响。

2006 年 5 月 11 日，中迪化工因生产用煤煤质不符合要求，职工违规操作，导致煤气发生炉管道发生堵塞，煤气泄漏 2 个多小时，对周边的农作物、果树、竹木等造成危害。

2006 年 7 月 4 日早晨，中迪化工又因气温偏高，循环泵未开，有水氢氟酸贮罐压力偏高，导致少量氟化氢气体外泄时间达 4 分钟之久，对邻近山场松树和当地农作物造成危害。

五、污染事故的处置

事故发生后，周边群众反映非常强烈，要求中迪化工停止生产、赔偿经济损失。其间还出现群众到企业打闹、围堵等过激行为，并且集体群访、重复访，要求中迪化工异地搬迁等，这些事件引起各级政府、有关部门高度关注。当地政府为妥善处理环境污染事件，专门成立工作组对污染事故发生原因、污染程度、污染损失等进行调查、评估，做好群众的稳控工作，防止群众过激行为发生，并及时做好污染控制和处置工作。环保部门及时下达企业停产通知，邀请省市环保专家，对企业生产、管理中出现的问题进行逐一分析、梳理、列出整改意见。

中迪化工先后投资500万元，完善环保治理措施和经济赔偿。强化废气管理，对烘干除尘增加喷头，加高烟囱。对尾气收集处理系统进行技改，在尾气排放口安装4道水喷淋塔，渣气排放口安装6台水喷淋塔。在尾气排放口安装自动在线监控系统，与省市环境监控中心联网。加强煤气发生炉用煤管理，对锅炉废气采用水膜除尘，加设CO报警器。强化废水处理，实现稳定达标排放。强化员工管理，加强业务培训，提高员工操作技能。

该环境污染事故发生后的一段时间，省、市环保部门又多次采取明察暗访的形式对该企业的污染排放情况进行现场督察，均未发现超标排放现象，企业周边三个村庄的环境质量均符合我国环境质量标准。至此，中迪化工环境污染事故才得以平息。

六、启示

中迪化工多次出现环境污染事故，不仅给当地环境造成污染，而且对周边群众身体健康以及动植物造成了危害，同时给企业带来很大的经济损失，教训十分惨痛！给人以启迪！

1. 化工企业必须落实环境保护责任，从源头上控制环境污染事故发生

化工企业要成立专门的环境管理机构，建立完善环境管理制度并纳入正常管理。制定环境污染事故应急预案，并定期开展环境安全应急管理队伍业务培训和环境安全突发事件应急演练，切实提高应对突发环境事件的专业化水平。配齐环境安全应急监测和处置装备，加强应对突发环境事件的人力、技术和物资保障能力，保证三种时态（过去、现在和将来）、三个状态（正常、非正常和突发状态）

的环境措施有效。

2．化工企业必须全面加强安全管理、安全技术和安全教育工作

化工企业安全事故、污染事故往往是由于工人疏忽、操作不当以及设备老化损坏造成的，因此，加强对一线操作人员的管理，提高操作人员的安全意识、环保意识，强化设备维护管理是化工企业防范突发性事故的关键所在。要加强安全教育，把安全生产人人有责落到实处，要求每位职工必须认真履行职责，提高环境风险的安全意识和自律意识，防止污染事故发生。加强设备运行维护，凡是通过检修、更换设备能够解决污染问题的，要及时停产检修、更换设备。加强生产技术和设备管理，杜绝跑、冒、滴、漏现象发生。充分利用各种资源、能源，提高原料、能源利用率，不产生或少产生废弃物。

3．化工企业必须严格环保技术规范

对生产设备所有排气口排放废气必须全部收集并采用回收、吸收、吸附、催化燃烧等措施进行处理后达标排放。对散发恶臭污染物等化工异味设施必须采取密闭处理，并对恶臭污染物采取净化回收措施处理，以达到企业厂界外无化工异味的要求。对生产装置排放的废水必须在清污分流前提下进行有效处理并达标排放。对废水输送管道及废水储存、处理设施必须采取密闭措施并设置废气回收处理设施，防止化工异味气体挥发。对工艺过程中产生的可用尾气以及不参加化学反应或反应过剩的化学介质，都要回收利用或处理，严禁直接排放。对生产和设备检修中产生的废酸液、废碱液、残液或有机溶剂必须做到本厂分档、循环套用于生产，或者经过加工处理后出售给具有资质的单位利用处理，不得随意排放。对设备检修过程中产生的废气、废水要统一收集处理，不得造成二次污染。对企业产生的固体废弃物必须严格按照《国家危险废物名录》进行分类处置。厂内要求建设固体废弃物临时储存场，并设置防止渗漏、密闭防止化工异味气体挥发以及污水、废气回收处理设施。

4．化工企业必须构建科学的防控体系

及时处置环境安全隐患，达到及时报警、及时处理，保证正常生产，将污染事故消灭在萌芽状态。严格落实建设项目“三同时”制度，不留环境安全隐患。在有可能引起火灾、爆炸的工艺装置部位，应设置超温、超压检测仪表、报警（声、光）和安全联锁装置。在有可能出现可燃气体泄漏扩散处，应设置可燃气体浓度检测、报警器和自动和手动紧急泄压排放处理装置。在各废气排放点源必须安装

在线监测设备，并与环保部门环境监控中心联网，确保环境安全。

5．化工企业必须增强科技创新能力，加大研发投入

利用先进技术改造化工产业，积极开展既对环境安全又具有优异性能的化工产品。培育具备核心竞争力的化工骨干企业，延伸产业链，调整产业结构，摒弃高污染、低技术含量的低端产品，提升产品价值，实现可持续发展。

48 危险化工废物绝不能非法转移

——铅山汪二镇处置非法转移危险化工废物的启示

一、案例背景

2009 年 7 月 15 日晚 7 点，江西铅山县环保局接该县汪二镇政府报告，在该镇港沿村西坞水库尾发现许多印有危险化学品标识的桶装物品，其中有两桶已经泄漏，周围大量树木被泄漏物烧坏，废水流入农田，还有三桶被当地村民转运到汪二镇公路边。当地村民怀疑是有毒有害危险化学物，一时人心惶惶，要求环保部门派人帮助处理。

铅山县环保局接报告后，迅速组织监测、监察人员，于当晚 8 点赶赴现场开展调查。经查：港沿村西坞水库处于四面环山，远离村庄的地方，水库库尾集中存放 245 只桶装容器。据当地群众反映，这批桶装容器是 2008 年年底运到此地，运送者称，这些物资是从浙江购买来的，作为今后办企业的原材料。技术人员又对桶装容器和泄漏物进行分析，桶装容器外壳印有“新安化工集团浙江开化合成材料有限公司、浙江合盛化工有限公司、浙江恒业成有机硅工业公司”等名称，初步认定这些物品与这三家公司有关。测试物品重量，桶装净含量 200kg/个，合计 49 000kg，两桶泄漏约 40kg。泄漏处周围土地杂草树木呈白色烧焦状，因长期天晴，残渣仍留在事故现场，附近水体和农田暂时还未造成污染。泄漏数量虽少，但已对周边环境造成较大危害，经初步分析认定泄漏物为危险化学品，但因物品泄漏时间较长，异味已经不存在，加上技术人员从未接触过此类物品，短时内难以确认该物品的性质。鉴于案情重大，处置不当可能引起重大环境污染事故，环保部门要求当地镇村立即在事故现场设立警戒线，派出工作人员，指定专人看守，严禁闲人靠近桶装容器和物品。

当天晚上，负责人立即将现场调查情况简要向该县主要领导作了汇报。铅山县接到报告后高度重视，在向上级主管部门报告的同时，立即启动《突发环境污染事件应急预案》，成立由县主要领导任组长，政府相关职能部门和当地镇政府负责人为成员的“处置汪二镇危险化学废弃物领导小组”，抽调专人，具体负责此项工作。

二、案例处置经过

1．采取措施保证人身和物品的安全

由于危险化学品数量大，仅仅其中 2 桶少量泄漏就造成周围 $10m^2$ 左右土地上的杂草树木呈白色烧焦状，如果一旦发生意外造成较大的泄漏，势必造成更大的污染事故，对周围环境以及人民群众生命财产安全带来更大的损失。当县领导和大批专家亲临现场对桶装容器进行处置时，许多围观群众怀着一种好奇心，纷纷靠近现场，目睹现场处置过程。为了避免发生处置事故时再发生连带事故，事故处置应急小组对事故现场继续设立警戒线，派员看守，严防人畜靠近，只允许群众保持在现场警戒线外观望，并在白天高温时对物品进行遮阳降温处理，防止事态扩大，确保对事故的安全处置。

2．查清物品成分

查清桶装容器中物品名称，对于处置这起事件具有举足轻重的作用。环保部门一方面根据废弃物容器上注有新安化工集团浙江开化合成材料有限公司、浙江合盛化工有限公司、浙江恒业成有机硅工业公司 3 家公司名称及联系方式的线索，立即与这 3 家公司取得联系，并要求他们速派人员到现场协助处理。另一方面与省内多家单位联系，希望能对该批危险化学废弃物作定性分析，进而确定处置方案。

7 月 16 日下午 5 点，新安化工公司人员到达现场，现场取样后速返浙江分析化验，经新安化工公司专业部门监测和技术人员鉴定分析，该物品为甲基二氯硅烷混合物（容器里部分含有甲基二氯硅烷）。17 日下午，该公司将监测和分析情况通过电邮告知铅山县环保部门，要求按危险化学品废弃物办法对该物品进行处置。

3．应急处置

甲基二氯硅烷急性毒性：LC 501 410mg/m^3，4 小时（大鼠吸入）；它的危险特性是：蒸气与空气可形成爆炸性混合物。遇明火、高热能引起燃烧爆炸。遇水或水蒸气剧烈反应，放出的热量可导致其自燃，并放出有毒和腐蚀性的烟雾。与氧化剂接触会猛烈反应。对生命物种的健康危害主要是：吸入和食入时，对呼吸道有强烈刺激作用，可引起皮肤和眼刺激或灼伤；口服导致消化道灼伤；慢性影响会产生皮炎、呼吸道和眼损害。泄漏应急处置方法是：迅速撤离泄漏污染区人员至安全区，并进行隔离，严格限制出入。切断火源。应急处理人员戴自给正压式呼吸器，穿消防防护服。不要直接接触泄漏物。切断泄漏源，防止进入下水道、排洪沟等限制性空间。小量泄漏：用沙土或其他阻燃材料吸附或吸收。大量泄漏：构筑围堤或挖坑收容；用防爆泵转移至槽车或专用收集器内，回收或运至废物处理场所处置。

根据甲基二氯硅烷的属性，首先，对事故现场泄漏物品的残渣物用沙土和石灰进行中和，直至事发现场土壤经监测到正常为止；其次，研究对现场封存物品的处置方案，选择联系就近单位：与江西省内有处理危险废弃物资质和经验的专业公司联系，请求支援帮助处理，但因价格问题未能谈妥。最后，还是由生产厂家拉回浙江进行处理。

4．案件的调查和处理

新安化工公司通过电邮告知：这些物质并非该公司的产品，而是下游厂家的废弃物。通过查找产品的编号，该批次产品确由新安化工公司发往浙江绍兴袍江工业区的恒业成有机硅有限公司。浙江合盛化工有限公司根据铅山县环保局电话中对容器的描述，当即表示，他们公司自 2008 年起就改用塑料材质的容器装盛产品，与现场的金属材质容器不符，并且表示他们的产品主要销往浙江恒业成有机硅有限公司。

为了查明这些危险废弃物的出处，铅山县派出由县领导带队的工作组赴浙江进行调查，并请浙江省绍兴市环保局协助处理。21 日，绍兴市环保局袍江工业区分局领导带领浙江恒业成有机硅有限公司有关人员赶赴废弃物遗留现场，该公司人员对废弃物查验后表示，他们公司的产品进出库物料平衡，没有外售该批废料。至此，危险废弃物的出处成了一个谜。

7 月 22 日，公安部门根据群众提供的线索，立案侦查嫌疑人。刑事拘留两名嫌疑人。据嫌疑人交代，该批危险化学废弃物为浙江省绍兴市袍江工业园区的一家名为“浙江恒业成有机硅有限公司”企业花钱雇请他们俩将这些物品运往江西自行处理。他们俩是铅山人，对铅山汪二镇港沿村西坞水库周围环境比较了解，也不知道这些物品是危险化学品废弃物，所以，收钱后，就将其转运到此地。当群众发现询问此事时，他们俩就随口回答，是今后办企业的原材料，以此来应付群众。随着案情的深入侦查，可以认定，这是一起危险化学废弃物有意违法转移案件。根据案情发生的情况，公安部门立即派员赴物品转移企业“浙江恒业成有机硅有限公司”进行调查，但该企业对此予以否认。

为尽快查清事实，依法妥善处置铅山县汪二镇危险化学废弃物。维护社会稳定，保护生态环境，在浙江省环保部门和绍兴市公安、环保等有关部门的大力协助下，通过依法责令的手段，要求浙江恒业成有机硅有限公司派出专业人员到铅山处理此批物品，该企业在事实面前不得不承认非法转运的事实。于是派出人员和车辆将该批危险化学废弃物运回原地进行处理。7 月 31 日下午 17 时 30 分，随着最后一桶危险化学废弃物运离铅山，历经 15 天，标志着一起从浙江跨省非法转运危险化学品废弃物到江西铅山汪二镇境内的 245 桶装容器物品顺利处置完毕。

事后，经多方协调，铅山县政府认为该批物品由于处置及时，未造成较大的经济损失和社会影响，考虑到与兄弟省的关系，企业已经自行合法处置这批物品，从而未对企业作出经济处罚和追究法律责任的处理。

三、启示

危险废物给环境造成的危害有目共睹：土壤污染，微生物死亡，土壤盐碱化、毒化，无法耕种。稻田土壤因渗入重金属废渣，致使稻米镉、铅等重金属含量超标，无法食用。废物全部无害化处理成本太昂贵，发达国家往往为保护本国环境而采取向境外转移倾倒的办法。国内一些企业也仿效此举，向外省（外地）输出难以处理的危险垃圾。有的还打着“可作为原料利用”的幌子，通过将其直接出售给买方运作的方式绕过环境法律监管。

异地转移、倾倒危险废物，不管是国际性还是国内跨行政区域的行为都是法律所不允许。少数生产企业将处理固废的成本进行转移，用别人的健康换取自己的经济效益，既违法又不道德。我国固体废物污染防治法明确规定，“产生危险废物的单位，必须按照国家有关规定处置”；“转移危险废物，必须按照国家有关规定填写危险废物转移联单，并向危险废物移出地和接受地的县级以上地方人民政府环境保护行政主管部门报告”。接收危险废物的经营者并不具有危险废物处置经营资质，为了自己的眼前利益，采取简单的堆积、倾倒行为，危害、破坏环境同样是在犯罪。巨大的利益在诱惑驱使——既包括危险废物输出者逃避环境责任的利诱驱使，也包括输入者或者说倒卖者借此牟利的利诱驱使。公共监管部门监管手段不足、法规可操作性不够，给危险废物的转移、倾倒以可乘之机。杜绝异地转移、倾倒危险废物事件屡屡发生，必须从立法上寻找根源。目前，我国虽然已经建立了相对完善的污染控制法律体系，但在固体废物污染防治方面的立法尚存在法律控制范畴、管理体系监督、社会参与体系保障等方面的问题，尚有待通过有关法律法规的修改、修订加以解决。此外，有关部门还要进一步加大对固体废物尤其是危险废物污染的监管力度。只有这样，跨省倾倒危险废物的事件才不会再次发生，生活环境质量才能得到更好的保障。

1．生产企业从源头控制固体废物的违法转移是做好固体废弃物处置的前提

固体废物特别是危险废物是企业的废弃物，它的性能，处置的办法，只有企业非常了解。企业要提高对固体废物管理重要性的认识。固体废物被转移地方既对环境造成危害，又影响社会稳定，尤其是化学危险废弃物直接非法转移，当人们了解事实后，又会导致人心恐慌。所有企业都要顾全社会利益、群众利益和环境安全，不应考虑企业的得失，要严格按照《中华人民共和国固体废物污染防治法》的有关规定，认真负责地处理企业产生的固体废物，不能采取省钱、省力、省事的简单办法，非法偷运转移而使之流入社会。只有企业认真地履行此项责任，才能从根本上杜绝固体废弃物流入社会，扰乱社会、影响社会环境安全和群众身心健康事件的发生。

2．建立和健全环境突发事件快速反应处置系统是处理好任何环境污染事故的基础

铅山这起危险化学品废弃物事件从环保部门接到报告到最终处理结束，历时 15 天。在整个处理过程中，始终做到：环保部门自接到报告到组织技术人员赶赴现场只用了一个小时，达到了第一时间赶赴现场的要求；政府自接到报告到紧急召开应急会议、成立“处置汪二镇危险化学废弃物领导小组”、研究处理方案和各组工作预案都是连夜完成，达到了在第一时间完成工作处置方案的目的，从决策上为案件后续处理赢得时间。各个工作组都在第一时间赶赴现场，部门协调，高效运转、及时处置。县领导亲自带队赴省外调查非法物品的出处，破解难题；环境部门及时联系企业，调查物品的性能；当地群众及时提供破案线索，公安部门及时抓获非法转运犯罪嫌疑人；物品相关企业及时提供准确的处理办法；非法转运废物企业主动派车、出钱将物品全部运回予以处理，防止了污染的扩散和进一步扩大。处理铅山汪二镇港沿村西坞水库尾 245 桶危险化学品废弃物事件说明：领导重视、系统建全、部门配合、反应快速是处理环境污染突发事件的基础。

3．提高环境监测能力是应对各种突发性环境事件的技术保障

在处置铅山汪二镇港沿村西坞水库库尾 245 桶危险化学品废弃物事件时，环保部门接到报告后立即联系有关单位对该化学品进行检测，但江西省内环保机构竟没有一家有此类物质检测资质的单位。最后，在公安等部门的配合下，虽然最终确认了化学品的性质，事件也得到较圆满的解决，但也说明现有的环境监测能力亟待提高。目前，世界上化学品种类繁多、化学性质各异，假如铅山汪二镇港沿村西坞水库尾化学品废弃物桶装容器中没有标明企业名称，短时间内很难找到物品企业的出处；假如短期内不能确定物品的产生厂家，也就无法知道物品的名称、性能，也就无法确定如何对该物品的处置；假如已知物品的生产厂家，但生产企业不主动配合、不提供处置办法，必将影响对事件的处理。因此，各级政府和环保部门要加强环境监测能力建设，只有能及时、准确地提供各类物质的监测数据，才能为处理各种环境污染事故提供科学的决策依据，从而开展有针对性的预防、处置，达到减轻、减少污染以及做好环境恢复措施。

4．提高全民环境保护意识是防止污染向农村转移的关键

固体废物特别是危险化学品废物，经济发达地区的人们有的因为接触过、有的因为听说过，所以对其有所了解，会自觉地予以防范、加强管理。铅山是农业县，属于经济欠发达地区，人们对于什么是固体废物？什么是危险废物？它有什么危害全然不知。该县汪二镇港沿村西坞水库边的这批危险化学品废弃物，2008 年年底非法转运至此，2009 年 7 月村民才发现，而遗弃在此已达 8 个多月，非法转移者不知物品的性能和危害程度，只要有利可图，就会盲目地接收；当地村民既没有人留意它的存在，更不会怀疑到它有什么危害性；当这些物品产生泄漏、造成污染，附近村民开始怀疑是危险化学废弃物，人心产生恐慌时，才有人向政府部门报告。这次事件暴露出农村环境保护工作薄弱，村民环境意识不高的问题。由于时间间隔比较长，给处置工作带来许多困难，从而失去最佳处置时机。因此，加强环境宣传教育工作，提高农村村民（特别是边远地区农村村民）的保护环境意识，对加强农村环境保护工作具有十分重要的意义。

5．严厉管制固体废物特别是危险化学品废弃物是从根本上杜绝固体废物非法转移的保证

这起严重违反《中华人民共和国固体废物污染环境防治法》的案例发生，凸显环境保护主管部门在危险废物管理上的缺失和部分企业法制观念的淡薄。关于固体废物管理问题，1995 年，全国人大通过《中华人民共和国固体废物污染环境防治法》，该法明文规定：危险废物是指列入国家危险废物名录或者根据国家规定的危险废物鉴别标准和鉴别方法认定的具有危险特性的废物。危险废物产生者不处置其产生的危险废物或者不承担依法应当承担的处置费用；转移危险废物不按照国家规定填写危险废物转移联单或者未向移出地和接受地的县级以上地方人民政府环境保护行政主管部门报告的，由县级以上人民政府环境保护行政主管部门责令停止违法行为、限期改正，并处 5 万元以下的罚款。造成固体废物污染环境事故，由县级以上人民政府环境保护行政主管部门处 10 万元以下的罚款。造成重大损失的，按照直接损失的 30%计算罚款，但是最高不超过 50 万元。发生重大事故，造成严重后果的，处 3 年以下有期徒刑或者拘役；后果特别严重，处 3 年以上 7 年以下有期徒刑。固体废物特别是危险废物是企业的废弃物，处置需要花费较多的人力、物力和财力，所以，许多企业胆敢以身试法，往往采取偷运转移的方法予以处置。要防止此类事件的产生，一方面要大力宣传《固体废物污染环境防治法》等有关法律法规，让法律深入人心，促使企业规范自己的生产经营活动；另一方面必须加强对危险废物的管理，有关部门要认真履行职责和义务，利用法律武器严厉管制、严厉打击违法犯罪行为，保证法律的威慑力，迫使企业和个人按照法律法规的要求规范一切行为。

49 矿山尾砂坝泄漏是环境安全重大隐患

——德兴银山矿尾砂坝泄漏突发环境事故处置的启示

2009年11月25日22时，江西德兴银山矿业有限责任公司（下称银山矿业）尾砂坝1万余立方米尾砂泄漏，引发安全生产和突发环境事故，由于没有造成人员伤亡，仅造成一定的经济损失和社会影响。虽然此事没有引起“轩然大波”，很多人甚至毫无知晓，但是，只要每个亲身参与事故处置者都会感到事故的后怕和危险。矿山尾砂坝是生产安全、环境安全的重大隐患，矿山企业必须时刻加强对尾砂坝安全管理，各级政府和安全、环保等部门必须时刻加强对尾砂坝安全监管。

一、大型国有矿山企业——银山矿业

1．银山矿业是一家大型国有采矿企业

银山矿业，创办于1958年，是一家大型采矿企业。位于江西省德兴市（县级市）银城镇西北1.5km的银山。2003年，企业改制重组，成为江西铜业集团下属全资子公司。采矿方式包括井下开采和露天开采，井下开采铅锌已有50年历史，目前规模为480t/d；露天开采始于1992年，初步设计生产规模为700t/d，2005年技术改造后，目前生产规模达到2 500t/d。

银山矿业尾砂坝尾砂泄漏点现场的情景

银山矿业尾砂坝尾砂泄漏后第二天银山小学现场的情景

银山矿业尾砂坝尾砂泄漏后三道拦截坝中的第二道坝现场的情景

2．银山矿业是一家重金属生产企业

银山矿业是一家以生产铅、锌精矿和铜精矿为主，采选联合的重金属生产企业。主要污染源有废水、废气、固体废物等，因此，也是一个重金属污染企业。

银山矿业选矿包括铜、铅、锌浮选生产线，主要产品为铅、锌精矿和铜、硫精矿等。企业采选过程中，采矿场、废石场及选矿场产生大量废水，所有废水排至尾矿库，经污水处理设施处理后一部分回用于生产，少部分通过尾矿库溢流水排放至尾矿库外，进入桐水溪，最终排入泊水河。废水中主要污染物有COD、Pb、Cu、Zn、As 等。企业虽然自身建有污水处理系统，废水经处理后与尾砂一同转送到尾砂坝沉淀后向外排放，但矿山企业尾砂坝建设一般都为露天型，一旦企业稍有管理不善、治污设施出现故障或丰水季节水量超出治污设施处理能力，就会有大量含重金属废水直排下游水系。

3．银山矿业尾砂库是一个运行多年的老坝库

银山矿业经历半个多世纪，是一家运行多年、不堪负重的老企业。尾矿库伴随着企业发展，也运行将近 50 年，先后经过两次扩容改造。该库位于德兴市区以东，选矿厂西北面 100m 狭长山谷中。尾矿库下游紧连矿山生产和生活区，距中心市区仅 1.4km。尾矿库初建于 1961 年年底，占地 7.67hm^2，最大库容 674.6 万 m^3。随着银山矿业的发展，1990 年 6 月进行第一次扩容，设计最大库容为 1 678 万 m^3。2001 年又进行第二次扩容设计，最终尾矿堆积坝坝顶加高至 130m 标高，最大库容达 2 225.3 万 m^3。目前，尾砂库已储尾砂 2 000 多万 m^3，接近饱和状态。

二、难以预见的灾害——尾砂泄漏

1．事故发生时间

2009 年 11 月 25 日 22 时，该公司尾矿库大约有 1 万 m^3 夹杂尾砂水的尾砂从扩容时报废的溢流斜槽中渗出。尾砂覆盖坝体下游农田 6.7hm^2，并流入附近银山小学，在学校操场和教室外堆积高达 1m 左右的尾砂，一部分尾砂直接流入泊水河。而后，由于自然原因，尾砂库泄漏约 1 小时后自行堵塞。

2．事故发生原因

据初步分析，尾矿库尾砂泄漏点在库区老溢流斜槽处。该溢流井斜槽盖板建于20世纪80年代初，至今已近30年，埋藏深度20m左右（该溢流槽服务期满已作了封堵处理），部分盖板因质量和超负荷重压产生断裂，造成尾砂和废水泄漏，从目前技术监控和管理监督检查来说，难以预见和不可控制。

三、有条不紊——卓有成效处置

当晚22时20分，事故发生后的20分钟内，该公司和当地政府就立即启动生产安全和环境安全应急预案，快速采取措施，防止事故扩大和事故引发次生安全问题，确保事故损失降到最低限度。采取了三项措施：一是派专人及时查明尾砂库尾砂泄漏事故始发点，并及时调运谷壳、树枝、毛竹、五合板、草袋等填充物进行封堵；二是根据尾砂泄漏量，确定尾矿库下游居民转移疏散范围，第一时间将受影响的居民紧急转移疏散到安全地带；三是制定系统应急处置方案，并迅速进行分工，予以落实。

1．采取措施，防止再次泄漏

尾砂泄漏点虽然已堵塞，为防止因下雨等客观原因导致尾砂再次泄漏，造成更大污染危害，一方面持续向尾矿库抛投堵塞物，总量达80余t。其中用灌木、茅草1 800m^3，稻草、草袋片12.5t，谷壳65t；另一方面联系尾矿库设计专家迅速赶到现场进行事故分析和处理；再是停止选矿厂生产，中止一切向尾砂坝排放尾砂行为，减轻泄漏点负荷，从源头上防止尾砂库尾砂向外排泄。

2．构建围堰，减少尾砂入河

尾矿库距离当地主河流——洎水河仅1.4km。发生泄漏时，已有部分尾砂经桐溪水流入洎水河，为防止尾砂和尾水再次入河，该公司迅速调集铲车、挖机等工程机械，组织力量在尾矿库4#副坝下游至银山小学之间抢筑三道临时尾砂拦截坝。第一道临时坝长30m，宽10m，高7m；第二道临时坝长60m，宽10m，高4m；第三道临时坝长80m，宽10m，高2m。在第二、三条拦截坝之间开挖明渠，实行清污分流。安排专人值班看守，进行安全警戒，防止暴雨等异常条件将外泄的尾砂冲刷入洎水河，避免对河水造成新的污染。同时，采取一切手段尽快清除已外泄尾砂。12月3日，历时4天，三号坝至学校水沟、草场等处尾砂清理完毕，学校恢复上课。

3．加强管理，控制污染发展

一方面迅速将事故情况向下游政府和环保部门进行通报，做好启动饮用水安全应急预案准备工作；另一方面，为防止已经流入河道的尾砂与污染物继续影响下游，加固下游河道拦河坝和停止洎水河上水电站发电，改为蓄水，使尾砂和重金属污染物在拦河坝、发电厂蓄水池中得到部分沉淀降解。

4．开展监测，提供科学依据

环境监测部门在事发当晚就赶赴现场，确定选择尾砂入河口上游（参照点）、天门桥、市污水处理厂旁大坝下、南墩水坝、王家山六个监测断面，每相隔 2 小时取一次水样进行监测，分析水体污染情况。并根据排放尾砂性质，确定悬浮物、pH 值、铜、铅、锌、镉、砷等污染因子为监测项目。经监测尾砂入河口、天门桥两个监测点水体重金属超标严重，到第六个监测点，经过坝体水体净化以后，洎水河监测断面水质达到《地表水环境质量标准》（GB 3838—2002）中Ⅲ类标准。结果表明，此次事故没有造成跨县域水环境污染。

5．修订预案，防患于未然

为有效控制再次泄漏，降低事故损失，结合“11·25”泄漏事故造成的影响和尾矿库具体情况，银山矿业修订完善《尾矿库泄漏紧急处置预案》，分别对一旦出现尾砂再次泄漏等情况，立即组织人员、设备除加固临时坝外，同时组织撤离下游居民、学校等。并且就假设在尾矿泄漏过程中遇到大雨乃至暴雨以及其他异常情况，立即启动《银山矿业公司尾矿库安全事故应急救援预案》，迅速组织全矿应急救援队伍，除加高、加厚临时坝。同时，发布危险警报，通知银山相关生活区内所有人员和德兴市政府，组织人员全部撤离到就近高山上。

12 月 10 日，全面完成封堵工作，从源头上彻底消除库内尾砂向外泄漏。至此，银山矿业尾砂泄漏事故处置工作基本完成。

四、不堪设想——尾砂泄漏事故的反思

1．假如大量尾砂泄漏，后果不堪设想

2008 年 9 月 8 日 7 时 58 分，山西省襄汾县新塔矿业公司尾砂矿库发生特别

重大溃坝事故，下泄尾砂量约 19 万 m^3，宽约 600m，长约 3km 的泥石流将下游一个农贸集市和两个村子部分房子冲跨。淹没面积约 35.9hm^2，造成 277 人死亡、4 人失踪、33 人受伤，直接经济损失达 9 619.2 万元。省长为此引咎辞职，副省长被免职，58 名涉案者分别受到刑事处罚。举国震惊！而银山矿业尾砂坝库存高达 2 000 万 m^3，是新塔矿业储量 20 余倍，银山矿业尾砂坝下游是矿部所在地和居民住宅区，居住 1 万多人口。尾砂坝又建在高山上，与居民区高低落差 150m 以上。尾砂泄漏事故又发生在深夜 22 时左右，泄漏时间只有几十分钟，泄漏量就达到上万立方米，已覆盖整个山沟、农田和学校操场等，如果尾砂泄漏点不是自行封堵而持续泄漏，或者是尾砂坝溃坝，势必覆盖大量居民住宅和学校，人员伤亡难以预料，后果不堪设想。

2．假如洎水河是饮用水源，后果不堪设想

银山矿业尾砂中除含有重金属外，还含有多种化学有害物质。尾砂坝处于鄱阳湖水系支流——洎水河。尾砂泄漏后，15km 长洎水河水系都受到污染，水质由Ⅰ类变成劣Ⅴ类。而尾矿下游有德兴市区和下辖二个镇，人口 20 余万。德兴是一个多矿山地区，早在 20 世纪 80 年代该市就将双溪水库作为市区居民饮用水源。假如洎水河是饮用水源地，那么，尾砂坝泄漏将会导致饮用水危机，人们生产、生活秩序将受到严重破坏，甚至引发社会不稳定因素，后果不堪设想。

3．假如事故又遇到“天灾”，后果不堪设想

银山矿业尾砂泄漏时逢旱冬季节，前后天气多为晴天，周围山沟与河流水量很少，有的已经断流。假如事故发生在丰雨季节或连续暴雨等恶劣天气，遇到“天灾”时，泄漏尾砂和废水与暴雨叠加，所到之处一定会挟带着泥土，形成强大冲击波，掩埋距离更远，破坏力度更强，下游部分城镇必将被淹，学校必将受到更为严重破坏，河水二次污染距离必将更长，跨区域污染不可避免，鄱阳湖“一湖清水”也将受到污染重创，后果不堪设想。

4．假如银山矿业不是大型企业，后果不堪设想

银山矿业是老牌国有大型企业，拥有雄厚财力，聚集大批人才。在尾砂泄漏事故发生短时间内，就能立即启动应急处置预案，调集各种器械、人员，有组织、有步骤、有计划地控制事态扩大，把事故损失降到最低限度，把影响降到最低限度。否则，没有人、财、物作后盾，处置措施杂乱无章，处置现场毫无头绪，后果不堪设想。

五、消除安全隐患——尾砂泄漏事故教训

1. 人民群众生命财产高于一切

矿山尾矿库下游大都有稠密的居民区、学校，且多与交通要道和河水相邻，溃坝泄漏造成后果不堪设想。因此，要时刻把人民群众生命财产安全放在头等重要位置，紧绷安全第一这根弦，做到警钟长鸣，常抓不懈，防患于未然。

2. 加强尾矿库管理刻不容缓

一是必须认真贯彻落实国家颁布的尾矿库安全管理法规规定，并结合矿山实际情况，建立健全尾矿库各项管理制度；二是必须选派有经验、善管理的人员负责尾矿库管理；三是定期对尾矿库尾矿设施安全运行状况进行检查，每天对尾矿库进行巡查，发现隐患，及时整改；四是制定相应事故应急预案，与当地政府及周围居民加强沟通，和谐共处，教育周围居民共同维护尾矿库安全设施，如何避险和防范尾矿库事故。银山矿业如能及时检查并发现老溢流槽盖板有问题，把事故消除在萌芽状态，就不会发生此次泄漏事故。

3. 事发后及时报告十分重要

突发事件有巨大破坏性、危害性和负面影响，突发事件一旦发生，应立即向上级有关部门及时报告，这样就能够在事故初始阶段为决策者赢得时间，掌握主动，采取有效应对措施。往往能使群众心理得以初步安定，社会秩序得以维持安定，也为顺利进行突发事故处置工作奠定基础。所以，银山矿业虽然发生较大尾砂泄漏事故，但是由于报告及时，抢险队伍赶赴现场及时，采取紧急处置措施及时，事态得到有效控制，没有造成人员伤亡和更大财产损失。

4. 提高应急处置能力非常必要

一是强化环境应急监测监察能力。突发事故一旦发生，往往情况紧急，波及面广，在极短时间内有可能使污染态势更趋于恶化，造成人员更大伤亡或财产更大损失。因此，要求环境监测监察人员应对污染事故有高度敏感性和快速反应能力，必须迅速赶赴事故现场，快速准确监测判断，并提出科学处置措施。所以，要进一步加强环境监测监察技术培训与实战演习，强化应急反应能力；二是提高应急环境监测监察技术水平。重点提升应急监测监察中检测手段、仪器、设备等

硬件技术，包括应急通信网络、先进通信设备、相应交通工具等。建立环境污染事故数据库以及事故处理处置查询系统，为污染事故处理处置提供科学依据。

5．开展尾矿库整治迫在眉睫

为确保尾矿库安全运营，杜绝类似银山矿业尾砂泄漏等事故发生，在对尾矿库安全现状和存在问题进行剖析的基础上，采取积极有力措施，加大尾矿库整治监管力度：一是加强对尾矿库环境监管。对于闭库、停产或转产矿山，严格执行矿山生态环境准出制度，制定矿山地质环境保护、水土保持和土地复垦实施方案等，并经有关部门验收。同时明确环境安全监管责任，防止发生环境安全事故。二是对正常生产尾矿库企业，进一步加强污染防治设施运行和排尾工作管理，对尾矿库达到使用期限的一律责令停止生产；三是强化项目管理。严把尾矿库企业项目审批关，对已执行环评制度、但未执行“三同时”制度的尾矿库企业，在企业未履行环保竣工验收前不得恢复生产。四是加大执法力度。进一步发挥多部门联合执法职能，重点检查尾矿库污染防治措施落实情况，坚决打击违法排尾砂企业，对违规建设而达不到环保要求的，坚决依法予以关闭。

6．加大尾矿砂开发利用

矿山尾矿砂排放量大，尽管堆放在尾矿库，但是，一方面它占用大量宝贵土地资源，另一方面又污染环境。应当加强尾砂综合利用，将尾砂用于制砖、建筑材料和混凝土等，以达到变废为宝、化害为利，保护环境的目的。

50 处置危险化学品交通事故必须先控制住污染源

——弋阳“12·24”交通事故处置的启示

一、案例背景

2008年12月24日上午10时15分，一辆牌号为皖H04419装载8t 30%的剧毒危险品——氰化钠液态槽罐运输车，由安徽安庆经沪昆高速公路运往上饶市弋阳县。在该县志敏大道与320国道圆盘交汇处，因紧急避让对方车辆而发生侧翻，造成大量氰化钠外泄。该路段距江西五大水系之一——信江河只有2km。一旦液态氰化钠流入信江，必然造成弋阳县城自来水厂停止供水。同时，信江下游的鹰潭、贵溪甚至整个鄱阳湖区也将受到污染，情况十分危急。

事故发生后，弋阳县政府立即启动《道路交通运输化学危险品应急预案》《突发环境污染事件应急预案》。县主要领导和分管领导迅速组织相关部门成立事故应急指挥部，下设现场处理、技术保障、安全保卫、后勤保障、新闻发布5个工作小组。按照危险化学品事故应急处置专家建议，首先封锁事故现场、进行先期处理，同时将此事上报上饶市政府及有关部门。上饶市政府获悉后立即指派市应急办、交警、消防、安监、环保等部门组成应急小组赶至事故现场指导、支援处置工作。由于处置及时有效，这起由交通事故引发的环境污染事故没有死伤一人，没有引发次生灾害。正如江西省环保厅现场指导事故处置的领导和专家所评：在处置弋阳县剧毒危险品运输车侧翻事故中，上饶市、县两级党委、政府和有关部门行动迅速、措施有力、处置方法得当，避免了一次特大环境污染事故的发生。

二、案例处置情况

1．采取措施管制现场

事故发生后，立即划定现场保护警戒线，封锁事故现场。同时，疏散现场围观群众，然后立即征用沙土对事故现场进行围护，防止氰化钠泄漏现场进一步扩大；禁止人畜接近和接触事故现场及其周边 1km 范围内所有地表水源；组织人员对污染点周边 1km 范围内的居民、住户进行走访，要求他们自觉配合政府对事故的处置，禁止使用地表和地下水；附近餐馆一律暂停营业。

2．处置槽罐内的液态氰化钠

经查：槽罐车侧翻后，氰化钠液态泄漏 4t 左右，罐内还残留约 4t。为防止槽罐车内液态氰化钠再次发生泄漏，处置人员当即决定将其余液态氰化钠进行倒罐，转移到最近企业恒安实业有限公司进行存储。在车辆运输过程中，进行逐车登记、检测，派专人跟踪护送。然后立即安排吊车吊走事故车辆，清理事故现场。

3．勘察危险物流向

环保等部门根据泄漏氰化钠的数量，对事故现场及周边地形环境进行勘测，分析查找危险品泄漏去向。经开挖事故点东侧（320 国道圆盘左侧）排水沟出口处，发现有囤积的液体，经检测确定含有氰化钠泄漏液。立即封堵事故发生地东、南两侧下水道排污管出口处，并在其下游 150m 处开挖 2 个各为 8t 以上容量的应急处理池，以预防泄漏的液态氰化钠流向信江河。从恒安实业有限公司调用硫代硫酸钠对泄漏液进行中和处置，并用槽罐将经过反复中和、冲洗处置的废水转运至该公司存放，直至经监测无氰化物检出为止。

4．迅速开展环境污染监测工作，为处置决策提供科学依据

市、县环保部门监测应急小组自事发后，根据勘察情况，决定对事故始发地周围商店、村民使用的压水机和事故始发最近的汤家小溪以及汤家小溪与信江河汇合处的信江河上下游、弋阳县自来水厂取水口处每隔 1 小时取一次样，送市环境监测站进行水质状况监测。市、县卫生疾控中心及时对自来水厂加强出水水质的监测。

截至 25 日下午 2 时，监测数据表明，事故始发地及其周边水源水系氰化物

指标均达到《地表水环境质量标准》（GB 3838—2002）中Ⅱ类标准，信江河水体未检出氰化物，水质达到国家Ⅱ类标准，符合饮用水标准。

5．及时向社会公布信息，告知事故处置和污染有关情况

事故发生后，为了确保饮用水的绝对安全，在危险物应急处置情况不明时，弋阳县政府为了配合做好该起事故的调查处置工作，决定提前启动城区元旦、春节前自来水管网检修工作。县自来水公司于当天中午1时停水。当时，泄漏事故引发的影响，特别是弋阳县城停水的影响已经波及县城居民和沿信江水系下游的鹰潭、贵溪。市民对环境尤其是饮用水安全非常担心，贵溪市政府派出副市长带着电视台记者赶赴现场，了解事故处置情况。弋阳县政府一方面每一小时向市政府报告事故的处置情况，加强市、县之间的信息沟通；另一方面，通过电视、短信等方式将处置情况在第一时间向群众公布，避免民众产生恐慌。

6．继续抓好后续问题的处理

事故应急处置基本结束后，弋阳县毫不放松逐一抓好善后工作：一是继续安排对整个水系的监测。特别是加强对事故始发地及其周边地表水、地下水的监测，对事故现场周围经监测发现存有氯化钠残留的地方及时用水冲洗、中和，直至监测无氰化钠检出为止，确保水系安全。二是对县城自来水公司信江河取水口每小时进行一次水体取样，持续送市环境监测站化验检测，及时掌握信江河水质变化情况。经监测表明：25日凌晨5时，事故现场和信江河入口处汤家小溪检测出有微量氰化物残留。25日上午10时，除事故现场周围还有氰化钠物质残留外，信江河入口处汤家小溪水质已达到地表水Ⅱ类标准，水质基本恢复正常。为了确保安全，根据监测结果，环保部门还保持对信江水质进行监测，并告知事故现场附近居民1周内暂停饮用地下水。25日下午，将所有被污染有淤积的下水道全部挖开，连同被污染的泥土全部清理送至恒安公司处理。并用硫代硫酸钠和清水自泄漏处向排污口再次反复中和冲洗，同时保持每半小时对水样取样检测。

27日下午，弋阳县组织气象部门对事故现场进行人工降雨处置，进一步消除氰化钠残留隐患。雨停后，对应急池附近地面和泄漏处下水道抛洒漂白粉进行中和处置和继续用清水反复冲洗，尔后取样进行检测。同时，连续监测自来水取水口处、信江入口处和事故附近群众井水的水质变化情况。经过连续四天的反复冲洗、中和，12月1日，事故现场水质和事故现场附近井水水质已达到二类地表水标准。城管部门外运泥土将应急处置池填满，彻底清理好事故现场。

2009年4月1日，弋阳县与安徽安庆曙光供销运输有限公司就事故赔偿问

题达成协议，赔偿资金到位，事故处置工作全部结束。

氰化钠泄漏后污染事故处理现场的情景

三、弋阳氰化钠泄漏污染应急处置的启示

1．处理有毒危险品运输交通事故必须先管住污染源

发生有毒、有害危险品运输交通事故时，政府及环保、公安、卫生、交通、安全等部门应当按照应急预案组织实施救援，不得拖延、推诿，应采取必要措施，先管住污染源，减少事故损失，防止事故蔓延、扩大。一要立即组织营救受害人员，组织撤离或者采取其他措施保护危害区域内的其他人员；二要迅速控制污染源，并对危险化学品造成的危害进行检验、监测，测定事故的危害区域、危险化学品性质及危害程度；三要针对人体、动植物、土壤、水源、空气造成的现实危害和可能产生的危害，迅速采取封闭、隔离、洗消等措施，四要对事故造成的危害进行监测、处置，直至符合国家标准。

2．环境突发污染事故处置必须建立科学的应急体系

专家指导，科学处置，各部门联动是成功处置的先决条件。弋阳氰化钠泄漏事故发生后，应急响应机制快速，当地党政主要领导和部门都在第一时间赶赴现场，应急隔离与疏散、现场调查与监测、泄漏处理处置既科学又及时、有条不紊。

（1）建立事故应急处理机制。一是要建立事故应急救援预案并加强演练。事故应急救援预案又称事故应急计划，是事故防御系统的重要组成部分，能保证应急救援组织迅速出动并有针对性地采取救援措施，保证事故发生时，能进行专业救援，能有效避免事故施救过程的盲目性。此次泄漏事故处理就得益于市县两级政府及时启动应急预案。二是要建立各部门协调机制。在事故处理中，应建立由政府领导，各相关部门参与组成的事故救援应急组织机构，负责对重大事故应急救援活动的统一指挥和救援。在此次泄漏事故处理中，各部门在当地政府领导下，各司其职，分工协作，事故处理工作有序开展，安监部门负责现场处理，消防部门负责降温灭火，环保部门负责监测和事故污染处置，交警负责通行管制，县乡镇街道负责动员疏散。三是要建立专家决策机制。专家是某一领域的行家，具有丰富的技术经验，专家参与救援决策，可确保事故处理的科学性、合理性和规范性，避免事故处理时发生意外事件。

（2）重视事故应急处理，提升应急能力。①准备充足的物资和完善设备配备。在消防部门配备各种应急处置需要的设备，以备随时调用。建设应急物资管理网络，形成网络化管理。将拥有能用于事故应急处理的物资单位作为应急物资供应单位，纳入应急处理网络，由应急指挥机构就近调度，处理时先征用后补偿。②进一步完善应急预案和应急机制。建立联网的应急救援指挥系统和应急信息系统，增加应急能力，定期开展应急演练。③加强应急能力培训，提高现场处置能力。目前，应急处置大都是发生事故后由消防、安监、环保、公安、交通等部门临时组织人员负责处置的，这样就难免由于临时抽调人员不适应处置工作或处置经验不足造成处置不力甚至不当。建议各部门成立专门小组负责事故应急处置，加强培训。④加强环境监测系统建设，特别是自动监测系统、监测网络系统和应急监测建设。

3．危险化学品运输必须构筑安全的预防体系

（1）完善危险化学品、危险废物运输制度和运输跟踪制度，运输车辆在做好标识和符合安全条件下，配备 GPS 系统，建设全国联网的危险化学品运输跟踪网络。认真贯彻《危险化学品安全管理条例》《剧毒化学品购买和公路运输许可证管理办法》等有关规定，加强危险化学品、危险废物运输安全管理和危险化学品运输许可证管理，落实安全生产责任制，加强运输车辆年检，定期开展安全运输检查。采用安全的运输工具，在加强出门检查的基础上，危险化学品运输车辆在上路前需作安全检查，不符合危险化学品运输条件的不得上路。加强危险化学品运输路线审批管理，其运输路线尽量避开主城区和饮用水源地。加强环境监

管，在排污申报的基础上定期报送危险化学品和危险废物的来源、使用、去向和处置情况。

（2）开展安全宣传教育，提高安全意识。提高企业和运输人员的安全意识，做到安全行车，按规定行车。加强运输人员安全培训，掌握运输化学品的技能和应急处理知识，提高运输人员应急处理能力，做到持证上岗。通过社区、单位和新闻媒体等各种组织和手段，开展一些常识类、技能类、处置类的环境安全知识教育，提升全民环境安全意识，提升应变突发事故的应急处理能力和自救互救能力。

4．采用先进的环境监测、预测和应急处置技术及设施，是成功处置的必要条件

目前，全世界化学品年产量已超过 4 亿 t，品种也是数不胜数，已知的就有 500 万～700 万种。在市场上流通的已超过 8 万种，每年还有为数不少的新化学品问世，要掌握所有化学品的性能是不可能的。弋阳氰化钠泄漏事故发生后，通过询问驾驶员和生产厂家，摸清了污染源的数量和性质。针对污染源的数量和性质，组建以环保为主，公安、卫生、交通等部门协同作战的应急监测体系。及时布点、采样分析、处理分析数据和质量保证等措施，确保在应急状态下的监测分析质量。及时收集应急监测信息，各项监测数据保持每小时报送，依照监测状况，为领导处置决策提供科学决策依据，依照监测数据告知社会，使整个处置工作有条不紊。